마음이 단단한 부모가
아이를 지킨다

아이를 키우며 무너진 감정을 회복하는 안내서

마음이 단단한 부모가 아이를 지킨다

힐러리 제이콥스 헨델 · 줄리 프라가 지음
정윤혜 옮김

서울문화사

내 아이들인 사만다와 브래킷,
내 의붓아이들 제시카와 나오미,
그리고 미래 세대의 모든 아이에게 이 책을 바칩니다.

— 힐러리 제이콥스 헨델

루시에게,
네 엄마로 살아갈 수 있어 참 감사해.
너는 매일 나에게 영감을 준단다.

— 줄리 프라가

아이를 키우는 일은 결코 쉽지 않다. 아기를 달래거나, 떼쓰는 아이를 진정시키거나, 반항하는 십 대 자녀와 마주할 때, 부모는 쉴 새 없이 감정의 롤러코스터를 탄다.

때로는 불안에 휩싸이고, 슬픔에 휘청거리며, 분노에 뒤흔들리고, 두려움에 얼어붙기도 한다. 기쁘고 자랑스러운 순간조차 왠지 낯설고 어색하게 느껴질 때가 있다. 아마도 감정을 받아들이고 마음껏 느끼는 법을 배워본 적이 없기 때문일 것이다. 내 욕구와 아이의 욕구가 충돌할 때는 죄책감이 밀려오고, 아이가 창피한 행동을 할 때면 민망해지기도 한다. 어떤 날은 모든 게 혼란스럽고, 버겁게 느껴지기도 한다. 감정의 파도는 어느 부모에게나 찾아온다. 종종 아이가 감정의 소용돌이에 휘말리듯, 부모인 우리도 세찬 감정의 파도 속에서 속절없이 흔들릴 때가 있다.

이 책은 자신의 감정을 알아차리고, 있는 그대로 인정하며, 건강하게 다루는 방법을 알려 준다. 이러한 능력은 부모와 자녀 도두의 정서적 안녕과 정신 건강을 든든히 지켜주는 힘이 된다. 감정을 다루는 기술은 모두에게 꼭 필요하지만, 우리는 학교에서도, 사회에서도 제대로 배워본 적이 없다. 이 책에서 다루는 감정의 기술은 당신이 지향하는 부모의 모습에 한 걸음 더 다가가도록 도와줄 것이다.

감정은 때로 두렵고 버겁게 느껴질 수 있다. 특히 당신의 부모가 감정을 잘 드러내지 않았거나, 감정을 어떻게 다뤄야 하는지 보여 주지 않았다면 더욱 그렇다. 우리는 감정을 이성으로 통제할 수 있다고 배워 왔지만, 사실 이는 생물학적으로 불가능하다. 그래서 감정을 피하거나 부정하는 각종 '요령'은 전혀 효과가 없다.

이 책은 아이의 분노를 가라앉히는 비법이나 중학생 자녀에게 동기를 부여하는 팁, 고등학생 자녀를 훈육하는 비결을 알려 주지 않는다. 대신, 스트레스 가득한 순간에 느끼는 감정을 어떻게 다뤄야 하는지 알려 준다.

이 책에서는 부모로서의 여정에서 등대의 불빛처럼 환하게 길을 밝혀 줄 두 가지 길잡이를 소개한다. 첫 번째 길잡이는 '변화의 삼각형Change Triangle'이다. 변화의 삼각형은 감정을 이해하고 다루는 데 도움을 주는 일종의 감정 지도로, 양육 과정에서 정서 건강을 지키는 데 큰 힘이 돼 준다. 변화의 삼각형은 감정 표현을 불편해하거나 감정에 관한 대화를 부담스러워하는 부모라도 활용할 수 있다. 고등학교에서 생명 유지에 꼭 필요한 신체 기관과 그 기능을 배우듯, 감정을 배우는 것 또한 그만큼 중요하다. 결국 감정은 매일, 매 순간, 삶의 거의 모든 부분에 영향을 미치기 때문이다.

두 번째 길잡이는 우리가 '네 가지 역량Four Capacities, 4Cs'이라고 부르는, 평온함Calm, 유대감Connection, 호기심Curiosity, 연민Compassion이다. 이 네 가지 역량은 감정을 다루는 힘을 길러 주며, 아이를 대할 때 혼란이 아닌 평온함 속에서, 단절이 아닌 유대감 속에서, 통제가 아닌 호기심으로, 판단이 아닌 연민의 마음으로 행동하도록 이끌어 준다. 이 네 가지를 실천할 때 우리는 '열린 마음 상태open-hearted state'에 머물 수 있다. 열린 마음 상태는 부모와 아이 모두를 위한 최선의 결정을 내릴 수 있는 조화롭고 균형 잡힌 마음 상태다.

변화의 삼각형과 열린 마음 상태의 네 가지 역량은 부모로서도, 심리 치료사로서도 우리의 삶을 완전히 바꿔 놓았다. 그 소중한 경험을 여러분과 나눌 수 있어 진심으로 기쁘다.

이 여정에 함께해 주셔서 감사드린다. 우리는 여러분과 한 걸음 한 걸음 끝까지 함께할 것이다.

활짝 열린 마음으로,
힐러리와 줄리 드림

아침 7시. 다섯 살짜리 막내는 오렌지 주스가 다 떨어졌다고 울고, 아홉 살짜리 큰아이는 신발이 없어졌다며 난리다. 이 와중에 남편은 강아지를 산책시키러 나가 집에 없다. 당신은 막내에게 줄 다른 음료를 찾으려고 냉장고를 여는 동시에, 큰아이에게 "침대 밑에 한번 봐봐" 하고 외친다. 순간 목덜미가 뻣뻣해지고, 뱃속이 꽉 죄어 오는 듯하다. 이런 소동이 오늘 하루뿐이라면 괜찮겠지만, 안타깝게도 아침 전쟁은 이제 일상이 됐다. 사실 두 아이를 키우다 보면 스트레스가 너무 많이 쌓여서 아이들에게 "엄마도 좀 쉬자!"라고 소리치거나 남편에게 "당신은 한 번을 도와주는 법이 없어!"라고 날을 세우기도 한다.

이런 상황, 익숙하지 않은가? 부모라면 누구나 한 번쯤은 겪어 봤을 것이다. 많은 양육서에서 문제의 원인은 아이의 행동이며, 그 행동만 고치면 모든 것이 해결된다고 말한다.

하지만 이런 접근법에는 두 가지 측면에서 문제가 있다. 첫째, 우리를 힘들게 하는 아이의 행동 중 상당수는 매우 자연스러운 발달 과정이다. 예를 들어, 어린아이가 음식을 바닥에 내던지거나, 중학생이 자기 뜻대로 되지 않는다며 투덜거리거나, 고등학생이 부모의 통제에 반항하고 화를 내는 것은 모두 정상적인 행동이다. 둘째, 양육서에서 제시하는 조언은 실제로 적용하기 어려운 경우가 많다. 그 이유는 우리의 감정이 조언을 실천하지 못하게 방해하기 때문이다.

그래서 이 책은 기존의 접근법을 보완하는 새로운 방식을 제시한다. 이 방식은 당신의 감정이 당신과 가족의 행복을 흔들지 않도록, 감정을 자연스럽게 받아들이고 다루는 힘을 길러 줄 것이다. 이를 위해 변화의 삼각형이라는 감정 지도를 활용해 감정을 알아차리고, 이름 붙이며, 있는 그대로 받아들이고, 건강하게 다루는 법을 안내한다. 이 과정을 통해 평온함, 유대감, 호기심, 연민이 이끄는 열린 마음 상태에서 아이를 대하게 될 것이다.

우리가 심리치료사이기는 하지만, 이 책이 심리치료나 약물 처방을 대체할 수는 없다. 만약 우울증, 불안 장애, 외상 후 스트레스 장애와 같은 어려움을 겪고 있다면, 전문적인 치료가 필요할 수 있다. 이 책을 통해 전하고자 하는 것은 감정을 다루는 방법이다. 이 방법들은 기존 양육 철학과 전략을 보완하고, 한층 더 풍요롭게 만들어 줄 것이다. 이 책에서 소개하는 길잡이와 실천법은 단순하며, 우리는 어떻게 하면 그 방법을 현명하고 효과적으로 활용할 수 있는지 구체적으로 안내할 것이다.

이 책은 총 세 부분으로 구성돼 있다. 1부, '열린 마음 양육의 길잡이'에서는 우리가 부모와 정서적으로 얼마나 깊이 연결돼 있는지, 부모의 양육 태도에 얼마나 쉽게 영향을 받는 존재인지 살펴본다. 또 감정을 이성적인 사고로 극복하거나 의지력으로 억누를 수 없는 이유를 설명한다.

그리고 아이를 낳아 성인이 될 때까지 키우는 과정에서 든든한 길잡이가 될 변화의 삼각형과 열린 마음 상태의 네 가지 역량을 소개한다.

2부와 3부에서는 변화의 삼각형 세 꼭짓점과 진정한 자아의 열린 마음 상태를 자세히 살펴본다. 2부, '방어와 억제 감정'에서는 핵심 감정core emotion에 닿지 못하게 가로막고, 심리적 고통을 유발하는 방어와 불안, 죄책감, 수치심 같은 억제 감정을 다룬다. 3부, '핵심 감정'에서는 슬픔, 두려움, 분노, 혐오감 같은 핵심 감정은 물론, 기쁨과 설렘 그리고 진정한 자아의 성장과 치유를 돕는 진정한 자부심과 같은 확장 감정expansive emotions을 구체적으로 살펴본다.

2부와 3부의 각 장에서는 먼저 각 감정을 간단한 정의와 함께 소개한다. 그다음, 그 감정을 다양한 양육 상황 속에서 깊이 살펴보면서, 구체적인 사례와 부모와 자녀 간 대화 예시, 감정적으로 힘든 순간에 자신과 아이를 대하는 방법을 제시한다. 또 일상적인 양육 상황에서 변화의 삼각형을 어떻게 활용할 수 있는지도 보여 준다.

각 장 곳곳에는 '나 되돌아보기'라는 연습 과제를 실었다. 이 연습은 자기 내면을 들여다보도록 돕는 질문으로 구성돼 있으며, 자기 감정에 대한 생각이 자녀의 감정에 반응하는 방식과 어떻게 연결되는지 깨닫게 해줄 것이다. 또 각 장의 마지막에는 '길잡이 연습'이라는 내용을 실어, 이 책에서 배운 방법을 실제 삶에 적용하도록 돕는다. 배운 내용을 글로 쓰면 학습 효과가 높아지므로 이 책에서 얻은 통찰을 일기장이나 휴대폰 메모장에 직접 적어 보기를 권한다.

혹시 투명 인간이 돼 다른 사람이 심리치료사와 상담하는 장면을 옆에서 직접 보고 싶다고 생각한 적이 있는가? 이 책에는 그런 독자를 위해 마련한 '심리상담 코너'가 있다. 이 부분에서는 심리치료사인 저자들이 부모인 내담자들과 함께 이 책에서 제시하는 길잡이를 실제로 어떻게 활용하는지 생생하게 보여 준다. 이를 통해 부모 세대에서 자녀 세대로 이어지는 트라우마의 고리를 어떻게 끊어 내는지 직접 확인할 수 있다.

이 책은 변화의 삼각형을 깊이 이해하고 실천할 수 있도록 구성돼 있다. 책을 처음부터 끝까지 순서대로 읽는 것이 좋지만 특별히 마음에 와닿는 부분이 있다면 그 부분부터 읽어도 좋다. 예를 들어, 평소 걱정과 불안에 자주 휩싸인다면 불안에 관한 장부터 읽어도 좋다. 다만, 각 감정이 변화의 삼각형에서 어디에 위치하는지와 전체적인 맥락을 이해하려면 3장 먼저 읽기를 권한다.

이 책에서 다루는 감정에 관한 내용은 자녀는 물론, 부모에게도 두루 도움이 될 것이다. 이제 막 부모가 됐든, 성인 자녀와의 갈등으로 힘든 시간을 보내고 있든, 이 책은 당신이 마음을 열고 자녀와 건강하고 편안한 관계를 맺도록 도와줄 것이다. 물론 이 책의 모든 예시가 상황에 꼭 들어맞지 않을 수도 있다. 하지만 걱정하지 않아도 된다. 이 책은 말 안 듣는 아이 다루기나 떼쓰는 아이 달래기처럼 특정 문제의 해결책을 제시하지 않는다. 대신, 모든 부모와 아이가 언젠가는 마주하는 보편적인 감정을 이해하고 다루는 법을 알려 준다.

책을 읽다 보면, 특히 양육의 길잡이가 되는 중요한 방법을 설명할 때 같은 내용이 여러 번 반복되는데, 그 반복 속에서 편안함을 느끼기를 바란다. 변화의 삼각형을 실천하는 과정은 반복할수록 점점 더 깊어지고,

서서히 확장되는 여정이다. 이 길잡이를 적용할 때마다 겹겹이 쌓인 감정의 층을 하나씩 벗겨 내며 진정한 자아어 점점 더 가까워질 것이다. 그럴수록 마음은 더 단단해지고, 네 가지 역량을 바탕으로 아이를 더욱 안정적으로 대할 수 있다.

이 과정은 로드 트립에 비유할 수 있다. 같은 도로를 여러 번 달리지만, 매번 다른 장소에 들르는 그런 여정 말이다. 로드 트립에서 늘 같은 지도를 보면서 길을 찾듯, 변화의 삼각형이라는 감정 지도를 따라 방어에서 핵심 감정을 거쳐 진정한 자아의 열린 마음 상태로 나아간다. 로드 트립을 할 때마다 출발점과 도착지가 달라질 수 있듯, 감정의 여정도 그때그때 다른 지점에서 시작하고 멈춘다. 같은 길을 여러 번 달리다 보면 도로 사정에 익숙해지고 차선 변경이나 경로 조정도 훨씬 수월해진다. 어디에서 막힐지, 언제 혼잡해지는지 예측할 수 있어 길을 헤맬 일이 줄어든다. 변화의 삼각형을 반복해서 실천하고 네 가지 역량에 한 걸음씩 다가가다 보면, 감정 세계는 점점 더 넓어지고 깊어질 것이다.

마지막으로 전하고 싶은 말이 있다. 우리는 당신이 얼마나 바쁜지, 또 양육에 대한 조언을 얻을 수 있는 책과 소셜 미디어 채널이 얼마나 많은지 잘 안다. 그 수많은 선택지 가운데 이 책을 골라 주셔서 진심으로 감사드린다. 아마 이 책을 펼쳐 든 데는 분명히 이유가 있을 것이다. 혹시 육아로 인한 분노를 주체하기 어렵거나, 아이에 대한 걱정을 멈추기 힘든가? 혹은 최근 사랑하는 가족을 떠나보내고 깊은 슬픔에 잠겨 있는가? 이 책이 양육 여정에서 감정을 다루는 데 든든한 길잡이가 되길 바란다. 그 여정을 함께하게 돼 진심으로 기쁘다.

CONTENTS

Parents Have Feelings, Too

열린
마음
양육의
길잡이

우리는 태어난 순간부터
정서적 유대를 원한다

라일라는 온몸의 기운이 쭉 빠지는 듯했다. 눈앞에 쌓인 일들은 해도 해도 끝이 보이지 않았다. 일과 살림, 육아를 병행하는 일은 가녀린 팔뚝으로 돌덩이 같은 아령을 들어 올리는 것처럼 힘겹기만 하다. 그녀는 금방이라도 쓰러질 듯한 지친 몸을 이끌고 어린이집 하원 시간에 맞춰 아들을 데리러 간다. 아이는 엄마를 보자마자 환하게 웃으며 외친다.

"엄마, 놀이터 가자!"

순간, 라일라가 꾹꾹 눌러 왔던 감정이 한꺼번에 터져 버린다.

"앞으로 엄마한테 이래라저래라 하지 마! 이제 네가 해 달라는 대로 다 해 주지 않을 거야!"

라일라는 이내 깊은 죄책감과 후회의 수렁에 빠져든다.

'아, 이렇게 욱하면 안 되는데. 나는 왜 이렇게 화를 못 참는 걸까?'

부모가 자녀를 위해 할 수 있는 가치 있는 일 중 하나는 자기 감정과 그 감정의 역할을 이해하는 것이다. 부모가 자신의 감정을 연민의 시선으로 세심하게 살피면, 자녀 역시 자신의 감정을 돌볼 줄 알게 된다. 그렇게 자란 아이들은 타인을 신뢰할 줄 알고, 위험을 감수할 줄도 알며, 실수해도 금방 털고 일어나고, 타인과 깊은 관계를 오랫동안 유지할 수 있다. 이러한 능력들은 건강하고 행복한 삶을 이루는 든든한 토대가 된다.

아이와의 정서적 유대는 아이가 태어난 순간부터 형성되기 시작한다. 이후 아동기 전반에 걸쳐 발달하며, 부모가 아이의 감정에 어떻게 반응하는지에 따라 큰 영향을 받는다. 부모가 아이의 감정을 공감하고 이해해 주면, 아이는 자신의 감정을 있는 그대로 받아들이고 타인과도 건강한 정서적 유대를 맺을 수 있다.

그러나 어린 시절 부모로부터 자신의 감정을 충분히 존중받지 못한 아이는 성인이 돼서도 자신의 감정을 있는 그대로 받아들이고 존중하기 어려워한다. 혹은 부모가 자신을 친구처럼 의지해 자유롭고 천진난만한 유년기를 보내지 못했거나, 부모에게 반복적으로 거절당한 경험 때문에 부모가 되고 나서도 자녀 앞에서조차 당당하게 자신을 표현하기 어려워하기도 한다.

사실, 라일라가 자기도 모르게 욱하며 화를 내는 성향은 어린 시절의 경험에서 비롯됐다. 라일라의 엄마 역시 어린 시절 부모로부터 상처를 받았고, 그 상처는 고스란히 라일라의 상처로 이어졌다. 라일라가 어릴 적 엄마 말을 듣지 않거나 싫다고 말하면, 엄마는 불같이 화를 내며 "너는 어째 고마워할 줄도 모르니? 다른 집 딸들은 엄마한테 이렇게 굴지 않아!"라고 소리를 질렀다. 엄마와의 대화는 계속해서 상처로 얼룩졌고, 성인이 됐을 무렵에는 절대 지워지지 않는 깊은 흉터를 남겼다. 라일라는 다른 사람을 언짢게 할지도 모른다는 두려움 때문에 자기 의견을 표현하기는커녕, 주변 누구에게도 이의를 제기하지 못했다. 하지만 이렇게 억누른 감정은 때때로 폭발하고 말았다. 그녀는 끊임없이 상대에게 맞춰주기만 했고, 그 결과 누구 앞에서도 마음 편히 진정한 자신의 모습을 드러내지 못했다. 심지어 아이들 앞에서도 마찬가지였다.

무의식적 행동 패턴을 깨려면 정서적 자각이 반드시 선행돼야 한다. 어린 시절의 경험이 우리에게 어떤 도움을 주고 어떤 상처를 남겼는지 되돌아보고, 부모가 된 지금 양육 방식에 어떤 영향을 미쳤는지 살펴보자. 이때 부모님을 탓하거나 비난하기보다 어린 시절의 경험을 이해하는 것이 중요하다. 또 부모님에게 늘 받기를 바랐지만 결국 받지 못한 것이 있는지, 있다면 무엇인지 생각해 보자. 이 과정에서 유년기에 충족되지 못한 정서적 욕구를 깨닫게 될 것이다.

· 나 되돌아보기 ·

1. 부모님은 자신의 감정을 잘 인지하거나 이해하시는 편이었는가?
2. 그렇지 않다면, 부모님의 성향이 나에게 어떤 영향을 미쳤는지 한 가지 예를 떠올려 보자.

가까운 나무들의 뿌리가 서로 깊이 얽혀 있듯 부모와 자녀는 서로 끊임없이 감정을 주고받는, 정서적으로 떼려야 뗄 수 없는 관계다. 이러한 정서적 유대는 아이가 태어나는 순간부터 시작된다.

엄마라면 누구나 아기의 표정에서 두려운 기색이 보이면, 아기를 품에 안으며 "우리 아기 무서웠구나."라거나 "엄마 여기 있어."라고 말하며 안심시키려 할 것이다. 정서적으로 민감한 부모라면 아이가 잔뜩 긴장해서 몸이 뻣뻣해지거나 주먹을 꽉 움켜쥐는 모습을 보고 "우리 아들 짜증 나는구나!" 또는 "화가 많이 났구나."라고 말해 줄 것이다. 아이는 부모의 반응을 통해 두려움이나 분노 같은 힘든 감정을 홀로 감당하지 않아도 되고, 부모가 곁에서 공감해 주고 있다는 사실을 깨닫는다. 이러한 과정을 거쳐 힘든 감정도 스스로 감당하는 힘을 기르게 된다.

아이와의 소통이 반드시 말로만 이뤄지는 것은 아니다. 특히 생후 첫 2년 동안에는 비언어적 의사소통이 중요한 역할을 한다. 예를 들어, 아기가 기뻐하면 부모는 활짝 웃고, 아기가 슬퍼하면 안타까워하는 표정을 지을 수 있다. 비언어적 소통은 말투, 시선, 표정, 몸짓으로 전달된다. 이때 말 자체보다는 비언어적 신호가 더 중요하다. 부모가 퉁명스러운 말투나 찡그린 표정으로 아이에게 사랑한다고 말하는 모습을 상상해 보라. 그 말은 전혀 마음에 와닿지 않고 슬픔과 혼란만 초래할 것이다.

· 나 되돌아보기 ·

1. 아기가 행복해했던 순간을 떠올려 보자. 아기가 행복한지 어떻게 알 수 있었는가?
2. 아기가 행복해하는 모습을 보고 어떤 기분이 들었는가?
3. 아기가 행복해하는 모습에 어떻게 반응했는가?

언어적 소통이든, 비언어적 소통이든 긍정적인 의사소통은 아이에게 '엄마(아빠)가 보고 있어. 너는 혼자가 아니야.'라는 메시지를 전한다. 이를 통해 아이는 안정감을 느끼고 브모와 정서적인 유대를 형성한다. 정서적 유대는 아이가 자신감을 키우고 세상에 호기심을 품고, 자신이 어떤 사람인지, 자신과 타인에게 진정으로 원하는 것이 무엇인지를 분명히 이해하는 데 중요한 밑거름이 된다.

애착이란 무엇이며, 왜 중요한가?

인간이 생존하고, 더 나아가 건강하게 성장하고 발전하려면 타인과 관계를 맺어야 한다. 모든 인간이 맨 처음 관계를 맺는 존재는 바로 부모다. 부모와의 관계는 아이가 앞으르 맺게 될 인간관계에서 어떻게 느끼고 생각하며 행동할지를 보여 주는 일종으 청사진과 같다. 아이는 아무리 힘든 순간에도 부모가 곁에 있고 기댈 수 있다는 확신만 있다면, 안정적으로 애착을 형성한다.

하지만 부모가 아이의 요구나 감정에 일관된 관심과 사랑으로 반응하지 않으면, 아이는 안정적인 애착을 형성하기 힘들다.

다음 두 가지 상황을 살펴보자. 두 아기 모두 기저귀가 젖어 불편함을 느끼지만, 부모가 아기의 감정을 인식하고 반응하는 방식은 서로 다르다.

상황 1 아, 축축하고 찝찝해. 크게 울면서 도와달라고 하니, 누군가 다가오네. 목소리가 다정하고 부드러워. 편안하고 따뜻한 표정을 보니 안심이 돼. 누군가 와 줘서 기분이 훨씬 나아졌어. 기저귀를 갈아 주니 더 이상 차갑거나 불편하지 않아. 아, 포근한 품에 안기니 마음이 평온해져. 이 세상에 나 혼자가 아니구나. 기대고 의지할 수 있는 누군가가 내 곁에 있어. 나는 안전해.

 아, 축축하고 찝찝해. 목청을 높여 울지만, 아무도 오지 않아. 공황 상태에 빠지고, 내 신경계는 경계 태세로 들어가고 있어. 너무 두려워. 지금 너무 고통스럽고 불안하다는 걸 알리려고 더 크게 울어 보지만, 그래도 아무도 오질 않아. 그냥 포기해야겠어. 아무도 나를 구하러 오지 않을 거야. 내 신경계가 꽁꽁 얼어붙은 듯한 차단 상태로 전환되고, 난 더 이상 울지 않아. 아무도 나를 돌봐 주지 않을 거라는 절망을 배우기 시작해.

이처럼 극명하게 대비되는 상황에서 알 수 있듯, 아기와 부모 사이의 정서적 교감의 질은 아이가 부모와 맺는 애착 유형을 결정한다. 부모가 아이의 감정에 공감하며 따뜻하게 반응하면, 아이는 스트레스 상황에서도 부모와 정서적으로 연결돼 있고 안전하다고 느끼며 이 과정에서 아이의 신경계는 건강하게 발달한다.

건강한 신경계는 우리의 몸과 마음을 튼튼하게 지탱하는 기초가 된다. 신경계가 온전히 기능하면, 기쁨, 불안, 수치심, 두려움, 슬픔, 분노와 같은 다양한 감정을 잘 조절할 수 있다. 이를 통해 균형 잡힌 항상성 상태를 유지하며, 인생의 수많은 역경에 부딪혀 쓰러지더라도 오뚜기처럼 다시 일어설 수 있다.

캐럴은 예비 부모 교실에서 엄마와 아기 사이의 애착이 얼마나 중요한지 배웠다.

"아기가 울면 안아 주세요. 그런다고 버릇이 나빠지지 않아요."

강사의 말을 듣는 순간, 캐럴의 머릿속에 어린 시절의 기억 하나가 스쳐 지나갔다. 캐럴의 엄마는 늘 캐럴의 독립심을 칭찬했다.

"네가 아기였을 때, 너를 응석받이로 키우고 싶지 않아서 그냥 울게 놔뒀단다. 울게 내버려둬도 시간이 지나면 결국 울음을 멈추더구나." 엄마는 자랑스럽게 말했다.

엄마가 늘 하던 이 이야기는 그동안 별문제 없어 보였다. 실제로 캐럴은 독립심이 강했고, 부모는 그런 캐럴을 자랑스러워했다.

하지만 캐럴이 곧 엄마가 되려는 시점에서 그 기억이 불현듯 마음을 건드렸다. 그리고 처음으로 이런 의문이 들었다.

'갓난아기였던 나를 울게 내버려둔 엄마의 선택은 과연 옳았을까?'

부모가 다른 무엇보다 독립심을 중시하며 딸의 울음을 외면했기에, 결국 캐럴은 타인에게 의지하는 것이 안전하지 않다고 배우며 자랐다. 하지만 정작 캐럴은 자신의 태도와 대인관계 패턴을 의식하지 못했다.

캐럴은 부모가 늘 그녀의 독립심을 칭찬했기 때문에, 그것을 강점으로 여기며 자랑스러워했다. 그러나 남편의 생각은 달랐다.

"당신은 내가 도와주려고 해도 잘 받아들이지 않고, 어떤 때는 오히려 뒤로 물러나 버려. 난 당신을 사랑하고, 돌봐 주고 싶을 뿐이야."

캐럴의 부모는 절대 다른 사람에게 의지하면 안 된다고 배우며 자랐다. 그래서 독립심을 미덕으로 여기고, 캐럴이 태어난 순간부터 독립심을 길러 주려 했다. 부모는 캐럴이 울다 지치게 내버려뒀고, 이후에도 딸의 모든 감정에 같은 방식으로 반응했다. 캐럴이 속상해할 때마다 그 감정을 대수롭지 않게 여기고, "속상함을 어떻게 해결해야 할지 스스로 잘 생각해 보렴."이라고 말했다.

부모의 양육 방식이 캐럴에게 어떤 영향을 미쳤는지 이해하려면, 아이가 어떻게 애착과 정서적 유대감을 형성하는지 살펴봐야 한다. 애착 연구자들은 네 가지 주요 애착 유형을 제시한다. 바로 안정형 애착, 회피형 애착, 불안형 애착, 두려움형(불안-회피형) 애착이다. 개인의 애착 유형은 종종 부모의 영향을 받는다. 부모의 음악에 대한 사랑이나 모험심을 물려받을 수 있듯, 부모의 애착 유형 역시 그대로 이어받을 수 있다.

다음은 각 애착 유형에 관한 간단한 설명과 양육 방식에 미치는 영향을 정리한 표다. 읽으면서 마음에 와닿는 부분이 있는지 생각해 보자. 당신의 애착 유형은 무엇인가? 애착 유형을 바탕으로 더욱 안정적인 애착을 형성한다면, 당신과 자녀의 삶이 정서적으로 더욱 풍요로워질 것이다.

애착 유형	특성	양육 방식
안정형	• 감정을 솔직하게 표현한다. • 다른 사람에게 편안하게 의지한다. • 다른 사람이 자신에게 의지하는 것도 편안하게 받아들인다. • 신뢰할 수 있는 관계 안에서는 정서적으로 연약한 모습을 보여도 안전하다고 느낀다. • 다른 사람과의 친밀감을 원한다.	• 아이의 정서적 욕구나 어려움에 사랑과 관심으로 반응한다. • 부모로서 잘못하거나 실수했을 때, 솔직하게 인정하고 책임진다. • 아이와의 친밀감을 원한다.
회피형	• 독립성을 중시한다. • 욕구 표현을 불편해한다. • 다른 사람이 자신에게 지나치게 의존하면 불편해한다. • 감정적인 대화는 피한다.	• 아이를 독립적으로 키운다. • 아이가 슬퍼하거나 화를 내거나 실망할 때 반응하기 어려워한다. • 아이와 거리를 두려고 한다.

불안형	• 자신이 사랑과 보살핌을 받을 만한 가치가 없다고 느낀다. • 배우자나 자녀에게 버려질까 두려워한다. • 다른 사람의 요구는 잘 들어주지만, 정작 자신은 도움을 요청하기 힘들어한다.	• 아이가 화를 내거나 슬퍼하거나 속상해하면, 마음이 불안해진다. • 아이를 과잉보호할 수 있으며, 통제하려는 욕구가 강하다. • 아이의 문제를 늘 대신 해결해 주려는 경향이 있다.
두려움형 (불안–회피형)	• 회피형과 불안형의 특성이 혼합돼 있다. • 다른 사람과 관계 맺기를 원하면서도 동시에 두려워한다. • 다른 사람에게 다가갔다가 다시 물러선다.	• 아이가 말을 듣지 않으면 무섭게 혼낸다. 아이가 부모와의 정서적 친밀감을 원할 때, 한발 물러서서 거리를 두기도 한다. • 스트레스, 분노, 슬픔을 느낄 때 스스로 진정하기 힘들어한다.

회피형, 불안형, 두려움형 애착은 모두 불안정 애착으로 분류된다. 불안정 애착은 대체로 정서적 상처에서 비롯된다. 상처가 거듭되면 관계 트라우마relational trauma나 세대 간 트라우마intergenerational trauma로 이어질 수 있다.

관계 트라우마란 관계 안에서 발생하는 정서적 상처와 부정적인 경험을 뜻한다. 세대 간 트라우마는 증조부모, 조부모, 부모와 같은 이전 세대가 겪은 정서적 상처와 트라우마가 치유되지 않았을 때 생긴다. 치유되지 않은 트라우마는 타인에게 비판적이고 가혹한 태도, 지속되는 우울, 낮은 자존감, 만성적인 불안, 자녀의 정서적 욕구를 외면하는 행동을 초래할 수 있다. 이러한 경험들은 결국 다음 세대에게 정서적 상처를 남기는 양육 방식으로 이어진다.

캐럴처럼 회피형인 사람은 타인에게 의지하는 일이 낯설게 느껴진다. 하지만 정작 본인은 이런 애착 패턴을 잘 알아차리지 못하기도 한다. 사실 캐럴도 예비 부모 교실에 참석하고 나서야, 남에게 돌봄을 받는 것이 왜 그렇게 힘들었는지, 혹시 어린 시절 경험과 관련된 것은 아닌지 생각하기 시작했다.

만약 다른 사람을 신뢰하고 의지하는 것이 어렵거나, 자녀를 포함한 다른 사람의 감정에 지나치게 책임감을 느낀다면, 절대로 당신 잘못이 아니다. 애착 유형은 성격적 결함도, 돌이킬 수 없는 운명도 아니며, 어린 시절 양육 환경에서 비롯된 경향일 뿐이다.

자기 이해의 힘

제프리는 매일 밤 어린 아들에게 책을 읽어 준다. 바쁜 일상에서 이 시간만큼은 두 부자만의 특별한 시간이다. 그러던 어느 날, 제프리가 출장을 가는 바람에 그날 밤은 아들에게 책을 읽어 주지 못했다. 그는 아들에게 책을 읽어 주지 못한 것에 대해 큰 죄책감을 느꼈다.

"아, 우리 아들한테 책을 못 읽어 줘서 너무 속상해."

그는 아내에게 말했다. 그리고 아내가 어떤 반응을 보이기도 전에 속으로 생각했다.

'책을 하루 못 읽어 줬을 뿐인데, 왜 나쁜 아빠라는 생각이 드는 걸까?'

그러고는 이렇게 말했다.

"아이를 실망시키면, 아이가 더 이상 나를 사랑하지 않을까 봐 걱정돼."

그 순간, 무언가 번뜩 떠올랐다. 제프리는 이러한 두려움이 어린 시절 상처에서 비롯됐음을 깨달았다.

제프리의 부모는 대체로 사랑이 많고 다정했지만, 종종 이런 말을 했다.

"할머니가 생일 선물 주셨으니까 감사 인사를 꼭 드려야 해. 안 그러면 할머니가 더 이상 널 사랑하지 않으실 수도 있어."

또 제프리가 등교할 때 아버지는 이렇게 농담을 했다.

"아빠를 자랑스럽게 해 줘. 참고로 아빠는 어릴 때 항상 만점 받는 학생이었단다."

이런 메시지들은 사랑에는 조건이 따르며, 누군가에게 사랑받으려면 그 사람을 위해 무언가를 해야만 한다고 느끼게 했다.

제프리는 책 읽어 주기 시간을 놓친 걸 괴로워했던 이유가, 자신을 향한 아이의 사랑이 부모가 자신에게 줬던 사랑처럼 조건부일 것이라고 생각했기 때문임을 깨달았다. 이를 알아차리자 비로소 안도감이 들었다. 그의 걱정은 지금 아들과의 관계가 아니라, 과거 어린 시절의 경험에서 비롯된 것이었다. 이를 깨달은 제프리는 스스로 다짐했다.

'나는 더 이상 사랑을 조건부라고 생각하지 않을 거야. 내가 아이에게 실수하거나 실망감을 줘도 아이가 여전히 나를 사랑할 거라고 자신할 수 있을 만큼 나 자신을 소중히 여길 거야.'

부모로서 자신의 감정과 반응을 점검하는 일은 자녀의 정서 건강과 발달에 매우 중요하다. 그러나 자기 이해를 실천하기란 쉽지 않다. '부탁합니다.', '감사합니다.' 같은 예의 바른 말을 배우는 것과 달리, 감정을 다루는 일이나 자기 성찰은 가정이나 사회에서 보고 따라 할 본보기를 접하기 어렵기 때문이다. 길잡이가 돼 줄 지도가 없다 보니, 어디서부터 어떻게 시작해야 할지 막막해하는 경우가 많다.

자기 성찰과 자기 이해를 실천하려면 자신의 감정과 행동을 호기심 어린 태도로 바라봐야 한다. 그러면 다음과 같은 내면의 목소리를 들을 수 있다.

'내 안에서 어떤 일이 일어나기에 이렇게 행동하는 걸까?'

'내 안에서 어떤 일이 일어나기에 이런 생각을 하는 걸까?'

부모의 자기 이해는 아이의 세계로 한 발짝 더 다가간다는 의미이기도 하다. 아이들은 때때로 부모에게 짜증, 슬픔, 속상함을 유발하는 행동을 한다. 그럴 때 부모는 아이가 일부러 자신을 애먹인다고 여겨 화를 낼 수도 있다. 하지만 사실 그런 경우는 거의 없다. 다음 예시 상황에서 각기 다른 두 부모가 아이의 행동을 어떻게 해석하는지 살펴보자.

상황1 나는 꼬마 과학자다. 우유가 든 컵을 엎으면 어떤 일이 일어날지 너무 궁금해서 실험해 보기로 했다. 거실 바닥에 우유가 웅덩이처럼 고인다. 그런데 실험이 채 끝나기도 전에 갑자기 큰 소리가 들린다.
"안 돼!"
엄마(아빠)의 표정이 순식간에 굳어지고, 몸짓에는 짜증이 묻어난다. 나는 겁이 나서 잔뜩 움츠러든다. 몸 안에서는 설명하기 어려운 불쾌한 감정이 올라온다. 사실 그 감정은 불안이지만, 나는 아직 너무 어려서 이 감정이 내가 뭔가 잘못해서 생긴 게 아니라는 것을 알지 못한다.

 나는 꼬마 과학자다. 우유가 든 컵을 엎으면 어떤 일이 일어날지 너무 궁금해서 실험해 보기로 했다. 거실 바닥에 우유가 웅덩이처럼 고인다. 그런데 실험이 채 끝나기도 전에 장난기 어린 목소리가 들린다.
"세상에, 우리 아들이 중력을 발견했구나!"
엄마(아빠)는 여전히 편안해 보인다.
"이제 치워야 할 시간이네. 우리 같이 치우자."
엄마는 가벼운 목소리로 말한 후, 별일 아닌 듯 자연스럽게 휴지를 가져온다. 나를 의자에서 내려 주고, 내 손에도 휴지를 쥐어 준다. 엄마는 노래를 흥얼거리기 시작하고, 우리는 놀이하듯 함께 쏟아진 우유를 닦는다. 나는 편안하고 행복하다. 그리고 부모와의 정서적 친밀감을 느낀다. 오늘 나는 중력과 청소하는 법을 배웠다. 또 잘못을 해도 여전히 부모와 긍정적인 관계를 유지할 수 있다는 믿음이 내 안에 자리 잡기 시작한다.

자녀에게 상황 1의 부모처럼 반응한 적이 있더라도(부끄러워할 필요는 없다. 모든 부모가 가끔은 이렇게 행동하니까), 앞으로는 상황 2의 부모처럼 반응하려고 노력해야 한다. 이런 순간에 인내심을 갖고 아이의 감정을 공감하며 이해해 주면, 아이는 부모가 자신을 있는 그대로 받아들이고 사랑한다고 느낀다. 아이가 본연의 모습 그대로 존중받고 자신의 감정 또한 있는 그대로 받아들여진다고 느낄 때, 마음이 차분해지고, 부모와의 정서적 유대감을 느끼며, 호기심과 연민이 자라난다. 평온함, 유대감, 호기심, 연민, 이 네 가지 역량은 앞으로 더 자세히 다룰 예정이다.

우리가 오랫동안 상담해 온 부모들 중에는 우울, 불안, 어린 시절 트라우마로 힘들어하는 사람이 많았다. 이들과의 상담 과정에서 부모의 정서적 자각과 자기 이해가 자녀의 신체적·정신적 건강에 장기적으로 큰 영향을 미친다는 사실을 알 수 있었다. 부모가 자신의 감정을 인식하고 다룰 수 있으면, 어떤 상황에서도 더 차분하고 지혜롭게 대응할 수 있다.

당신과 자녀의 정서 건강을 지키려면 반드시 정서적 유대감을 쌓아야 한다. 앞으로 이 책 전반에 걸쳐 정서적 유대감을 위해 꼭 길러야 할 다음 네 가지 역량을 다룰 것이다.

1. 긍정적인 감정을 느끼고 유지하는 능력
2. 정서적 어려움에서 회복하는 능력
3. 공감하는 능력
4. 타인과 의견을 조율하고 정서적 유대를 맺는 능력

부모의 어린 시절 트라우마는 어떻게 해도 되돌릴 수 없다. 하지만 지금 여기에서 자신과 아이들을 위해 새로운 미래를 만들어 갈 수는 있다. 2장에서는 감정이란 무엇인지, '모든 것은 정신력에 달려 있다.'라는 말이 왜 틀렸는지 살펴볼 것이다.

감정이란 무엇이며,
왜 중요한가?

우리가 감정을 슬기롭게 다룰 줄 알고 자녀도 그렇게 하도록 가르치려면, 감정에 관한 흔한 오해를 이해해야 한다. 우리 사회에 널리 퍼져 있는 대표적인 오해를 살펴보자. 다음 오해 중 들어 본 것이 있는지 생각하며 읽어 보자.

오해	진실
감정은 강한 정신력으로 통제할 수 있다.	감정은 의식적으로 통제할 수 없고, 어떤 감정이 생기는 것을 막을 수는 없다. 다만 그 감정에 어떻게 반응할지는 스스로 통제할 수 있다.
감정은 머릿속에 있다.	감정은 머릿속이 아니라, 몸 안에 있다. 그래서 감정을 이성적으로만 해결하려고 하면, 아무리 애를 써도 감정이 계속 남아 있는 것이다. 감정을 제대로 처리하려면 몸으로 느껴야 한다.

우리의 생각과 감정은 다른 사람에게 상처를 줄 수 있다.	생각과 감정 자체는 다른 사람에게 상처를 줄 수 없다. 이는 다행스러운 일이다. 부모의 생각과 감정이 자녀에게 상처를 주지 않는다는 뜻이기 때문이다. 다만, 그 생각과 감정에 따른 부모의 행동은 자녀에게 상처를 줄 수 있다.
감정은 억누르면 사라지고, 이 과정이 정신 건강에 해롭지 않다.	불안과 우울은 어린 시절 억누른 감정에서 비롯된 트라우마가 원인인 경우가 많다. 트라우마는 감정에 이름을 붙이고, 그 감정을 인정하며, 건강하게 다룸으로써 치유할 수 있다.

우리 모두 감정에 관한 오해들을 어느 정도는 믿어 왔을 가능성이 높다. 그러나 감정은 무시하거나 생각만으로 없앨 수 없다 단지 억눌러 묻어 둘 뿐이며, 이는 결국 정서 건강에 해를 끼친다. 흥미롭게도, 우리가 감정을 느끼는 순간에는 이성적으로 사고할 수 없다. 신경계가 안정 상태로 돌아온 이후에야 이성적으로 사고할 수 있다. 감정을 하나의 파도라고 생각해 보자. 그 파도를 끝까지 타고 나면, 파도가 잦아들면서 마음이 차분해지고 다시 이성적으로 생각할 수 있다.

이제 감정이라는 생리적 메커니즘의 기본 원리를 살펴보자. 감정의 실체를 이해할수록 감정이 덜 두렵게 느껴질 것이다. 감정을 더 이상 두려워하지 않게 되면, 자신은 물론 사랑하는 이들의 감정을 호기심 어린 시선으로 바라볼 수 있다.

감정이 정서 건강에 미치는 영향

감정은 일상에서 자연스럽게 겪는 경험이며, 의식적으로 통제할 수 없는 생물학적 힘이다. 예를 들어, 사납게 생긴 동물이 갑자기 달려든다면 위험을 인지하기도 전에 몸이 먼저 도망칠 것이다. 만약 그 순간 도망쳐야겠다고 생각했다면 이미 늦은 것이다.

감정을 다루는 능력은 어린 시절부터 형성되며, 혼자서는 터득하기 어렵다. 부모나 양육자가 감정에 이름 붙이는 법을 가르쳐 줘야 한다. 화가 나서 소리를 지르고 발을 쾅쾅 구르며 얼굴이 벌겋게 달아오른 아이를 떠올려 보자. 이때 부모가 "화가 많이 났구나.", "속상했겠다."라고 감정에 이름을 붙여 주면, 아이는 자신이 느끼는 감정을 있는 그대로 인정받는 경험을 한다. 이러한 과정을 '정서적 조율^{emotional attunement}'이라고 한다.

반면, 아이가 감정을 인정받지 못하면 감정을 회피하는 법을 배우게 된다. 문제는 그 대가가 크다는 것이다. 감정은 우리가 무엇을 원하고 필요로 하는지, 우리에게 무엇이 좋은지를 알려 주는 중요한 신호다. 그런데 감정을 활용하지 못하고 회피하는 것은 어두컴컴한 밤길을 내비게이션 없이 운전하는 것과 같다. 결국 길을 잃고 헤매게 된다.

예를 들어, 부모가 아이에게 화가 났다는 사실을 자각하지 못하면, 아이가 지켜야 할 선을 분명하게 정해 줄 수 없다. 또 아이가 두려워한다는 사실을 알아차리지 못하면, 아이가 안정을 되찾도록 도와줄 수 없다. 우리가 감정을 회피하면, 가장 사랑하는 사람들은 물론 자기 자신과도 멀어지는 위험에 빠질 수 있다.

가장 나다운 진정한 자아와 깊이 연결되려면 슬픔, 기쁨, 분노, 두려움, 혐오감, 설렘과 같은 핵심 감정을 온전히 경험해야 한다. 핵심 감정은 인류 보편적이며 우리 안에 이미 내재해 있다. 이 감정들은 나침반처럼 삶의 길을 안내해 주고, 양육 여정에서도 든든한 길잡이가 돼 준다.

핵심 감정이란 무엇인가?

핵심 감정은 생존과 직결된 감정이며, 본능처럼 우리 안에 이미 내재해 있다. 누구나 똑같은 핵심 감정이 있지만, 핵심 감정을 느끼는 방식은 사람마다 다르다. 연구에 따르면 유전, 어린 시절 경험, 뇌에서 일어나는 화학 작용이 감정을 느끼는 방식에 큰 영향을 미친다고 한다. 성격 또한 중요한 역할을 한다. 어떤 사람은 감정을 많이 느끼고, 어떤 사람은 조금 느낀다. 또 어떤 사람은 감정을 아예 느끼지 않으려 애쓰기도 한다. 감정을 느끼는 일이 때로는 힘겹고 고통스럽기 때문이다.

핵심 감정은 우리 몸에서 빠르게 작동하며, 각 감정은 고유한 목적을 지닌다. 이 감정들은 신체 변화를 일으켜 생각하기 전에 먼저 행동하게 한다. 아이가 갑자기 도로에 뛰어드는 장면을 떠올려 보자. 아이가 위험하다는 생각이 들기도 전에, '두려움'이라는 핵심 감정이 우리를 즉시 움직이게 한다. '분노'라는 핵심 감정은 자신을 지킬 수 있는 힘을 주고, '슬픔'이라는 핵심 감정은 상실을 애도하도록 돕는다.

이렇게 서로 뚜렷이 구분되는 고유한 기능과 역할을 지닌 핵심 감정은 우리에게 꼭 필요하며, 가장 자기 중심적인 감정이다. 이 감정들은 오직 우리에게 좋은 것, 생존과 성장을 돕는 것에만 관심이 있다. 핵심 감정은 주변에 대한 중요한 정보를 알려 주며, 이 정보를 바탕으로 스스로 이렇게 점검할 수 있다. '나는 지금 안전한가, 아니면 위험한가?', '지금 내가 원하는 것, 필요한 것은 무엇인가?', '무엇이 나를 슬프게 하는가?', '무엇이 나를 화나게 하는가?'

감정을 잘 다루는 부모는 자신이 느끼는 핵심 감정을 스스로 알아차리고 이름 붙일 수 있고, 아이도 같은 능력을 기를 수 있도록 도와준다. 이렇게 하면 요즘 젊은 세대에서 점점 늘어나는 불안과 우울 증상을 예방하는 데 큰 도움이 된다.

이 책의 3부에서는 핵심 감정을 더욱 자세히 살펴본다. 각 장마다 한 가지 핵심 감정을 깊이 있게 다루며, 구체적으로 다음 감정들을 알아볼 것이다.

- 분노
- 슬픔
- 두려움
- 혐오감
- 기쁨
- 설렘

여기에 더해, 양육 과정에서 특히 중요한 역할을 하는 두 가지 감정을 더 알아볼 것이다. 하나는 '실망'으로, 분노와 슬픔이 뒤섞인 복합 감정이다. 다른 하나는 '진정한 자부심'으로, 생존에 직결되는 핵심 감정은 아니지만 건강하고 단단한 자아를 형성하는 데 반드시 필요한 감정이다.

핵심 감정이 주는 이점은 매우 크지만, 정작 핵심 감정을 어떻게 알아차리고, 이름 붙이며, 인정해야 하는지 잘 모르는 경우가 많다. 이는 개인의 잘못이 아니다. 우리가 감정보다 이성을 더 중시하고 감정 표현을 꺼리도록 만드는 감정 회피 사회 속에서 살아온 결과다.

우리는 속성경험적 역동심리치료 연수에서 변화의 삼각형을 접하기 전까지 감정을 어떻게 다뤄야 할지 전혀 알지 못했다. 우리의 친구, 가족, 내담자 역시 감정을 다루는 방법을 모르겠다고 입을 모아 말했다. 감정을 다루는 방법을 모르면 몸에 잔뜩 힘을 주거나, 감정을 부정하거나, 자신을 탓하면서 감정을 억누른다.

그러나 갖은 애를 써서 감정을 회피해도 결국 우리의 건강과 인간관계에 부정적인 영향을 미친다. 감정을 제대로 돌보지 못하면, 아이에게 고함을 지르거나, 가족 문제를 부인하거나, 아이의 부족한 점을 무조건 자기 탓으로 돌리는 행동으로 이어져 자신과 주변 사람들에게 심각한 해를 끼칠 수 있다.

사람들은 흔히 감정을 느끼지 않거나 드러내지 않는 것이 좋은 대처 방법이라고 생각한다. 사회적으로도 이런 생각을 부추기다 보니, 우리는 종종 '훌륭한 양육'이란 아이가 불편한 감정을 느끼지 않게 하는 것이라고 믿는다. 하지만 이런 믿음은 아이의 정서적 고통을 모두 없애 주려는 잘못된 시도로 이어질 수 있다. 부모의 역할은 아이가 감정을 느끼지 못하게 막는 것이 아니라, 감정을 경험하고 스스로 다룰 수 있도록 돕는 것이다. 이 과정에서 아이는 정서적으로 더 단단해지고, 감정을 회피하지 않고 끝까지 마주하는 심리적 끈기를 키울 수 있다.

누구나 감정이 주는 신호와 정보를 활용하는 법을 배울 수 있다. 감정이 주는 메시지에 귀를 기울이면, 불안, 죄책감, 수치심 같은 감정이 과도하게 쌓여 자신과 자녀의 자존감, 정서 건강, 신체 건강을 해치는 일을 막을 수 있다.

아이들은 학교와 또래 관계 그리고 사회의 여러 영역에서 이미 많은 불안과 수치심을 경험한다. 변화무쌍하고 스트레스로 가득한 이 세상에서 가정은 아이가 안전하게 쉬며 재충전하고, 자신감을 키워 나갈 수 있는 공간이어야 한다. 감정을 있는 그대로 인정해 주는 가정에서 자란 아이는 부모와 정서적 유대감을 느끼고, 본모습 그대로 존중받는다는 확신을 얻는다. 이 두 가지는 정서적으로 온전하고 건강한 삶을 위한 필수 조건이다.

아이의 감정을 존중한다는 것이 그냥 오냐오냐하면서 모든 요구를 다 들어준다는 뜻은 아니다. 감정을 존중하는 것과 행동을 허용하는 것은 전혀 다른 문제다. 우리는 아이의 감정을 존중하면서도 동시에 한계를 정하고 올바른 행동을 가르쳐야 한다.

감정을 온전히 느낄 때 마음이 한결 가벼워진다는 것은 신경생물학적으로 입증된 사실이다. 감정은 에너지와 움직임을 품고 있으며, 이 에너지가 건강하게 배출될 때 비로소 잘 지낼 수 있다. 감정을 꾸준히 돌보면, 여러 가지 면에서 긍정적인 변화가 일어난다. 신경계가 균형을 되찾고, 건강을 회복하며, 몸과 마음이 조화를 이루고, 이성의 뇌와 감정의 뇌가 통합돼 충동성이 줄어든다. 또 스트레스를 받는 순간에도 연민과 호기심을 유지하고, 불안이 줄어들며, 자신감은 커진다.

3장부터는 부모로서 경험하는 다양한 감정을 알아차리고 느끼도록 돕는 변화의 삼각형에 대해 알아본다. 변화의 삼각형은 핵심 감정에 이름을 붙이고 인정할 수 있도록 도와줄 뿐 아니라, 방어나 억제 감정에 갇혔을 때 어떻게 헤쳐 나가야 할지도 알려 준다. 3장에서 변화의 삼각형을 자세히 소개한 뒤, 책 전반에 걸쳐 실천법을 계속 다지고 확장해 나갈 것이다.

양육의 든든한 길잡이

변화의 삼각형과 열린 마음 상태의 네 가지 역량

아이들만 감정을 느끼는 것은 아니다. 부도 역시 감정을 느낀다! 때로는 죄책감에 시달리고, 화가 나고, 불안에 휩싸이며, 깊은 슬픔을 느낀다. 부모가 감정을 잘 다뤄야 아이도 감정을 잘 다루도록 키울 수 있다. 그러려면 먼저 자신의 감정을 알아차리고, 이름 붙이며, 있는 그대로 인정하고, 충분히 느끼고 건강하게 소화하는 법을 배워야 한다.

우리는 이 책 전반에서 변화의 삼각형을 실천하는 방법을 함께 살펴볼 것이다. 변화의 삼각형은 감정을 더 깊이 이해하고, 자신 있게 다룰 수 있도록 안내하는 도구다. 이 도구는 부모 자신은 물론, 자녀가 드러내는 방어, 억제 감정, 핵심 감정을 알아차릴 수 있도록 도와준다. 부모는 이 도구를 통해 아이가 정서적으로 건강하게 성장하고, 잠재력을 꽃피우도록 도울 수 있다.

변화의 삼각형은 양육을 위한 도구를 넘어서, 우리 삶 전체를 성장과 치유로 이끄는 귀중한 나침반 역할을 한다. 무엇보다 감정은 의지로 억누르거나 통제할 수 없다는 사실을 깨닫는다면, 감정에 휘둘린다고 해서 자신을 '나쁜 부모'라거나 '의지가 약한 사람'이라며 자책하는 일은 줄어들 것이다.

변화의 삼각형을 어두운 바다에서 환하게 길을 밝혀 주는 등대의 불빛이라고 생각해 보자. 이 빛은 평온함, 유대감, 호기심, 연민이라는 네 가지 마음 상태로 우리를 안내한다. 이 네 가지 마음 상태는 몸과 마음이 안정된 진정한 자아의 열린 마음 상태open-hearted state of the authentic Self를 잘 보여 준다. 변화의 삼각형을 실천하면, 자녀에게 정서적 상처를 주는 일을 피할 수 있다.

부모와 아이의 정서 건강을 지키는 변화의 삼각형

변화의 삼각형은 마음의 지도와 같다. 이 지도는 슬픔, 분노, 두려움, 혐오감, 기쁨, 설렘 같은 핵심 감정은 물론, 불안, 수치심, 죄책감 같은 억제 감정을 알아차리도록 도와준다. 또 우리가 감정을 피하려고 사용하는 방어 행동을 인식하고, 이름 붙이는 법도 가르쳐 준다.

변화의 삼각형을 배우기 위해 굳이 심리치료사를 찾아가 상담받을 필요는 없다. 변화의 삼각형은 이해하기 쉽고, 언제 어디서든 실천할 수 있을 만큼 실용적이다. 다음 그림은 변화의 삼각형을 도식으로 나타낸 것이다.

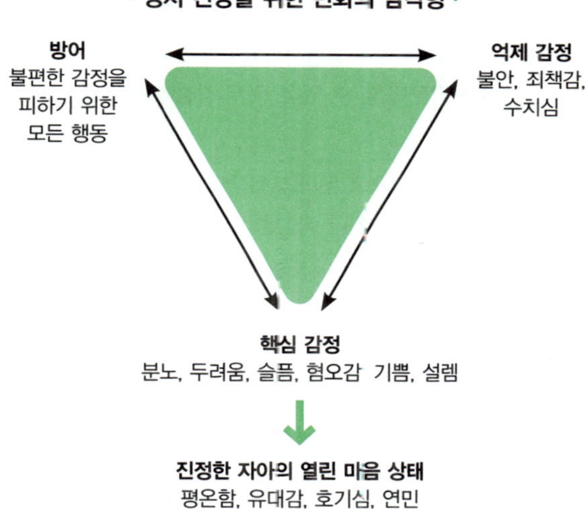

변화의 삼각형에서 세 꼭짓점은 각각 방어, 억제 감정, 핵심 감정이다. 우리가 변화의 삼각형을 활용할 따 어느 곡짓점에서 출발할지는 현재의 정서 상태에 따라 다르다. 1장에서 살펴본 라일라를 떠올려 보자. 라일라의 욱하는 성향과 상대에게 지나치게 맞춰 주려는 태도로 봤을 때, 그녀는 지금 방어 꼭짓점에 있다.

우리는 대부분의 시간을 세 꼭짓점 중 한 지점에서 보내게 된다.

· **방어**: 감정을 피하려고 사용하는 영리한 방법기자, 우리를 지켜주는 보호자이기도 하다. 자기 탓을 하거나 남 탓을 ㅎ·거나 혹은 어려운 대화를 피하려 한다면, 방

어적으로 행동하고 있는 것이다. 방어적으로 행동하는 데는 그럴 만한 이유가 있다. 방어는 고통스러운 감정을 조금 더 견디기 쉽게 만들어 주기 때문이다. 방어에 관해서는 4장에서 더 자세히 살펴본다.

- **억제 감정:** 우리가 사회·문화 규범을 따르도록 돕고, 다양한 방식으로 핵심 감정을 억눌러 그 감정에 휩싸이지 않도록 한다. 예를 들어, 아이가 계속 돈을 달라고 해서 화가 날 때 분노라는 감정을 알아차리고 다루는 데 서툴다면, 아이에게 안 된다고 말하는 것에 죄책감을 느낄 수 있다. 억제 감정에 관해서는 2부에서 더 깊이 살펴본다.

- **핵심 감정:** 타고난 생존 감정으로 우리의 욕구와 필요, 좋고 싫음을 표현한다. 핵심 감정은 위험을 피해 달아나거나 자신을 지키기 위해 맞서 싸우는 등 생존에 필요한 행동을 하도록 이끈다. 3부에서는 핵심 감정들을 깊이 살펴보고, 어떻게 다뤄야 평온함, 유대감, 호기심, 연민에 도달해 진정한 자아의 열린 마음 상태를 회복할 수 있는지 알아본다.

- **진정한 자아의 열린 마음 상태:** 신경계가 안정된 상태를 뜻한다. 이 상태에서는 최선의 자아로서 행동하며, 건강한 선택을 할 수 있다. 예를 들어, 화가 날 때는 건강한 선 긋기를 하고, 감당하기 힘들 때는 도움을 요청한다. 우리의 궁극적인 목표는 열린 마음 상태에 더 빨리 도달해, 그곳에 더 오래 머무는 것이다. 변화의 삼각형을 실천하면, 우리 모두 이 목표를 이룰 수 있다.

이 책에 등장하는 여러 가지 변화의 삼각형 그림에는 화살표나 점선, 실선이 함께 표시돼 있다. 이러한 요소들은 움직임을 나타낸다. 우리는 변화의 삼각형의 위로, 아래로, 또는 주변으로 끊임없이 움직인다. 예를 들면 다음과 같다.

- 핵심 감정을 차단하면서 삼각형의 위쪽으로 올라간다. 이 경우 화살표는 삼각형의 위쪽을 향한다.
- 어떤 때는 핵심 감정과 단절되기도 한다. 이럴 때는 삼각형 아래쪽 꼭짓점 근처를

가로지르는 점선이나 실선을 볼 수 있다. 점선은 핵심 감정에 어느 정도 접근할 수 있는 상태를 나타내고, 실선은 핵심 감정과 완전히 단절됐음을 보여 준다.

- 궁극적인 목표는 삼각형 아래쪽으로 내려가 핵심 감정과 연결되는 것이다. 이때 화살표는 아래쪽을 향한다.

변화의 삼각형 활용하기

괴롭거나 속상할 때, 변화의 삼각형을 활용하면 마음이 한결 편안해진다. 다음은 변화의 삼각형을 통해 열린 마음 상태로 나아가는 과정을 보여 준다.

1. 지금 내가 변화의 삼각형 세 꼭짓점(방어, 억제 감정, 핵심 감정) 중 어디에 있는지 알아차린다.
2. 목표는 핵심 감정을 알아차리고, 그 감정에 이름을 붙이며, 있는 그대로 인정하는 것임을 명심하자. 핵심 감정은 진정한 자아의 열린 마음 상태로 들어가는 문과 같다. 핵심 감정을 차단하지 않고 온전히 경험할 때, 열린 마음 상태의 네 가지 역량(평온함, 유대감, 호기심, 연민)에 더 깊이 닿을 수 있다. 이 과정은 각 핵심 감정을 다루는 장에서 더 자세히 살펴본다.

변화의 삼각형은 특히 슬픔, 분노, 불안, 수치심 같은 감정을 겪는 힘든 순간에 그 감정을 어떻게 다뤄야 할지 안내해 주는 길잡이가 돼 준다. 이러한 감정은 수면 부족, 심리적 탈진, 압박감, 혹은 자녀나 가족과의 갈등 상황에서 쉽게 촉발된다.

아이들이 하는 말이나 행동 또한 때때로 우리를 힘들게 한다. "엄마는 나빠!", "저리 가!" 같은 말은 정말 마음을 아프게 한다. 버럭 화를 내거나 눈을 굴리는 행동도 마찬가지다.

1. 화가 치밀어 오르는 상황을 세 가지 떠올려 보자. 예를 들어, 정신없이 바쁜 아침 일정을 겨우겨우 해내야 할 때, 아이가 말을 듣지 않을 때, 혹은 너무 피곤한데 쉴 수 없는 순간일 수도 있다.
2. 이런 상황이 닥쳤을 때, 자신의 감정을 어떻게 다루는가?

변화의 삼각형을 실천하면, 정서 건강과 인간관계에 많은 도움이 된다. 특히 감정이 치밀어 오르는 순간, 변화의 삼각형을 떠올리기만 해도 나와 괴로운 감정 사이에 틈이 생긴다. 변화의 삼각형을 떠올리면, 뇌의 전전두엽이 활성화돼 우리가 느끼는 감정을 알아차리게 된다. 좌뇌의 사고와 우뇌의 정서적 경험이 연결되는 통합 과정이며, 이런 작은 변화가 신경계를 진정시킨다. 감정과 나 사이에 생긴 작은 심리적 여유가 다시 열린 마음 상태로 돌아가게 해 주며, 나중에 후회하거나, 아이에게 상처를 줄 수 있는 충동적인 감정 폭발도 막아 준다.

변화의 삼각형은 감정을 그대로 행동으로 옮기지 않고, 지금 이 순간에 머물며 감정을 다룰 수 있도록 돕는다. 또 극단적인 생각이나 부정적인 생각을 멈추게 한다. 더 나아가, 나와 가족이 사용하는 방어를 살펴보게 한다. 이 자각만으로도 교착 상태에 빠진 관계에서 벗어나 다시 진정성 있는 유대감을 회복할 수 있는 길이 열린다. 예를 들어, 아이가 숙제를 미루는 이유가 불안 때문이라는 사실을 이해한다면, 아이를 몰아붙이는 대신 더 따뜻하고 연민 어린 태도로 대할 수 있다. 또 아이가 부모에게 욕을 했을 때, 단순히 적대적인 행동이 아니라 방어라고 이해할 수 있다. 변화의 삼각형은 흔들리지 않는 더 단단한 자아로 돌아가게 해 주는 나침반과 같다. 이 상태로 돌아가면, 자신과 가족을 돌보는 데 필요한 내면의 자질을 온전히 발휘할 수 있다. 그 결과, 감정의 소용돌이 속에서도 마음의 평정을 유지하고, 감정에 휘둘려 아이를 공격하거나 외면하는 대신 연민과 이해로 대할 수 있다.

변화의 삼각형이 아무리 유용하다고 해도, 어린 자녀에게 직접 가르치라는 뜻은 아니다. 아이에게 직접 가르치기보다는 부모가 자신의 감정을 어떻게 다루는지 보여 주는 것이 더 중요하다. 변화의 삼각형은 온 가족이 감정에 관해 이야기할 때 방어, 억제 감정, 핵심 감정처럼 함께 사용할 수 있는 공통 언어를 제공한다. 십 대 자녀나 성인이 된 자녀라면 이러한 개념을 흥미롭거나 유익하다고 느낄 수 있다. 특히 스스로 깨닫는다면 그 효과는 더욱 크다.

변화의 삼각형은 양육의 여정에서뿐만 아니라, 평생에 걸쳐 불안과 우울을 예방하고, 완화하며, 치유하는 데 도움을 준다. 또 감정에 대한 잘못된 믿음, 사회적 메시지가 만들어 낸 낙인과 수치심을 줄이는 데에도 큰 역할을 한다.

1. 괴로운 감정과 나 사이에 틈이 생겨, 감정에 휩쓸리지 않고 한 발작 떨어져 바라볼 수 있다.
2. 지금 이 순간 내 마음 상태를 자각하게 된다.
3. 내가 느끼는 핵심 감정과 억제 감정을 알아차리고 이름을 붙이게 된다.
4. 나를 지켜주는 방어 행동을 알아차리게 된다.
5. 기분이 더 나아지고 열린 마음 상태를 회복하게 된다.
6. 가족이 감정에 관해 이야기할 때 함께 쓸 수 있는 공통 언어가 생긴다.
7. 감정을 느낀다는 사실에 대한 수치심을 줄일 수 있다.
8. 불안과 우울을 예방하고 완화하며 치유하는 데 평생 도움이 된다.

어떤 힘든 순간에도 자신이 지금 변화의 삼각형 어디에 있는지 알아차리면 위안과 희망을 얻을 수 있다. 새로운 방법을 배울 때는 늘 그렇듯, 연습이 필요하다. 처음부터 완벽하게 실천해야 한다고 생각하지 않아도 된다. 지금 이 장을 읽으며 변화의 삼각형에 익숙해지려고 노력하는 것만으로도 충분히 박수와 격려를 받을 만하다. 이 작은 노력이 앞으로도 계속 의미 있는 변화를 불러올 것이다.

감정을 경험하는 방식은 사람마다 다르다. 그 배경에는 유전, 어린 시절 경험, 문화와 같은 여러 요인이 작용한다. 비록 의식하지 못할지라도, 어린 시절에 겪은 역경과 트라우마 역시 지금 우리가 감정을 얼마나 편안히 받아들일 수 있는지에 큰 영향을 미친다. 부모나 양육자가 자신의 감정을 어떻게 다뤘는지, 자녀의 감정에 어떻게 반응했는지는 자녀의 마음 속에 오래도록 지워지지 않는 흔적을 남긴다.

변화의 삼각형 활용 사례: 실라의 이야기

실라는 엄마가 된 뒤에 떠나는 첫 출장을 앞두고 불안하기만 하다. 속이 푹 꺼지는 듯하고, 가슴이 옥죄어 와 숨쉬기조차 힘들었다. 불안을 마주하는 게 너무 괴로워서 온갖 부정적인 생각으로 불안을 피하려 했다. '나는 아이를 내팽개치고 가는 나쁜 엄마야.'라고 생각했다가, 금세 '다른 엄마들은 출장을 잘만 다녀오던데, 나는 왜 이러는 거지?', '나는 왜 이렇게 못났을까!'라고 자기를 비난했다.

그 불안은 곧 남편을 향한 잔소리로 이어졌다. 삼시 세끼 어떤 음식을 준비해야 하는지부터, 매일 밤 아이를 어떻게 재워야 하는지까지 일일이 지시하며 남편을 들들 볶았다. 사실 남편은 이미 여러 번 이런 일들을 잘해 왔지만, 실라는 자기 방식과 다르다는 이유로 남편이 해 놓은 집안일들을 못마땅해했다.

이처럼 불안을 느끼다가 자기 비난이나 통제 같은 방어로 옮겨 가는 과정은 대부분 무의식적이고 자동으로 일어난다. 이는 변화의 삼각형에서 불안과 같은 억제 감정이 위치한 오른쪽 위 꼭짓점부터, 방어가 위치한 왼쪽 위 꼭짓점으로 이동하는 모습을 보여 주는 전형적인 예다.

실라는 자신이 떠올린 부정적인 생각과 남편을 통제하려 한 행동이 방어였다는 사실을 알아차렸다(물론 이런 자각에는 연습이 필요하다). 그제야 비로소 변화의 삼각형을 실천할 수 있었다.

'지금 나를 움직이는 핵심 감정이 뭘까?' 그녀는 스스로에게 물었다.

핵심 감정을 찾기 위해 실라는 자기 몸으로 주의를 돌렸다. 이것이 바로 변화의 삼각형 실천의 핵심이다. 방어에서 벗어나 몸의 감각에 집중하자, 뱃속 깊은 곳에서 느껴지는 통증과 가슴을 조여 오는 답답함이 훨씬 더 선명하게 느껴졌다. 우리가 방어에 기대지 않고 몸이 전하는 감정을 직접 마주하려면, 잠시라도 그 감정을 있는 그대로 느낄 준비가 돼 있어야 한다.

이제 실라는 다시 변화의 삼각형 오른쪽 위 꼭짓점, 즉 불안이라는 억제 감정의 자리에 와 있다. 그리고 이번에는 올바른 방향으로 움직였다. 바로 불안 밑에 숨어 있는 핵심 감정을 직접 다루기 위해 삼각형 아래쪽으로 이동한 것이다. 그녀의 목표는 진정한 자아의 열린 마음 상태에 닿는 것이었다.

실라는 불안을 다루고자 몸속에서 느껴지는 감각에 집중하며 길고 깊은숨을 내쉬었다. 두려움이나 자기 비난 대신 연민과 호기심 어린 태도로 이 과정을 이어 갔다. 그렇게 자신에게 다정하게 말을 건네며 호흡을 가다듬자, 불안이 조금씩 가라앉고 그 밑에 숨어 있던 핵심 감정이 서서히 모습을 드러내기 시작했다.

때로는 우리가 느끼는 핵심 감정이 분명하게 드러나지만, 어떤 때는 알아차리기 쉽지 않다. 그런 순간에는 여러 핵심 감정을 하나씩 짚어 보며, 자신이 느끼는 감정이 무엇인지 파악할 수 있다. 실라도 이 방법을 시도했다. 그녀는 계속 몸에 주의를 기울인 채 스스로에게 물었다.

'내가 지금 느끼는 게 슬픔일까? 분노일까? 설렘? 기쁨? 아니면 두려움일까? 그것도 아니면 혐오감일까?'

자신이 느끼는 핵심 감정을 정확히 찾아냈을 때(핵심 감정이 하나 이상일 수도 있다), 대개 '아, 이거구나!' 하고 깨닫게 되며, 그 순간 핵심 감정을 제대로 짚었다는 확신이 든다.

실라는 자신의 불안 밑에 숨어 있던 감정이 슬픔임을 알아차렸다. 어린 아들을 두고 출장을 가야 한다는 사실이 슬펐던 것이다. 출장을 가 있는 동안 아들이 몹시 보고 싶을 것이고, 그 생각만으로도 마음이 저릿했다.

실라는 혼자만의 시간을 가지고 심호흡하면서, 몸속에서 느껴지는 슬픔의 감각에 집중했다. 그러자 가슴 부근에 통증이 느껴졌고, 울고 싶은 마음이 밀려왔다. 그녀는 호흡을 이어 가면서 그 감각들을 있는 그대로 바라보고, 감각이 어떻게 변해 가는지 가만히 지켜봤다. 잠시 후, 마음 깊은 곳에서 안도의 물결이 잔잔히 퍼져 나가는 게 느껴졌다.

마음이 평온해지고 자신을 연민 어린 시선으로 따뜻하게 바라보게 되자, 실라는 편안한 마음으로 출장 중에 할 수 있는 몇 가지 방법들을 생각해 봤다. 예를 들어, 가족과 매일 통화해서 아이의 안부 묻기, 비슷한 경험이 있는 친한 아기 엄마와 메시지 주고받기, 아이가 보고 싶어질 때는 눈물 흘리며 슬픔을 온전히 느끼기 등을 떠올렸다.

이제 실라는 기분이 한결 나아졌다. 핵심 감정을 인식하고 슬픔이라고 이름을 붙이자, 불안이 줄어든 것이다. 그리고 자신이 어떤 방어와 억제 감정을 경험하고 있는지 더 분명히 알게 되자 마음이 훨씬 편안해졌다.

다음은 실라의 서로 다른 두 가지 변화의 삼각형이다. 첫 번째는 슬픔을 차단한 채 방어 속에 갇혀 있는 모습을 보여 준다. 두 번째는 변화의 삼각형을 실천해 슬픔을 알아차리고, 그 슬픔을 온전히 느끼고 지나가는 과정을 보여 준다.

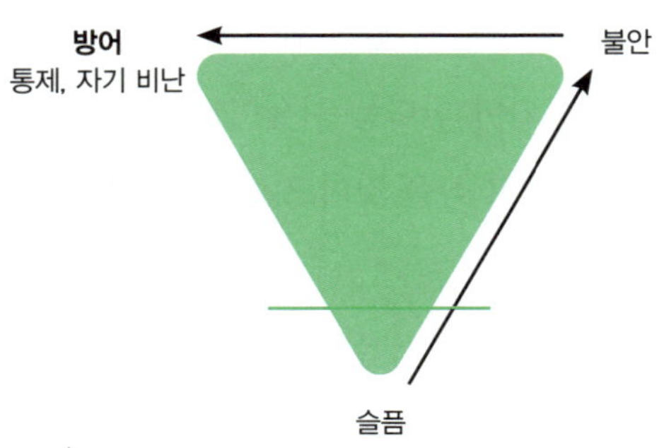

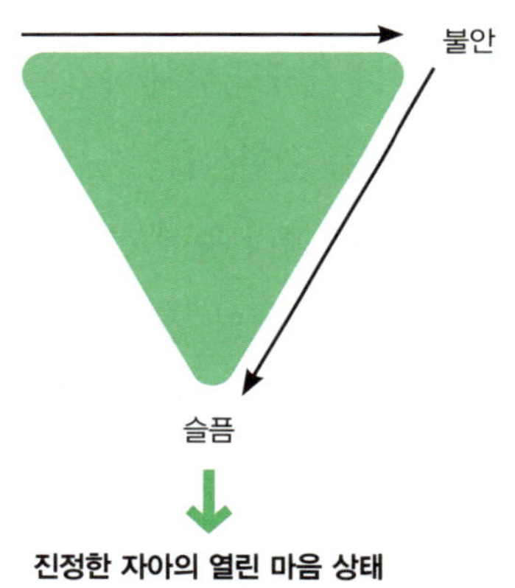

어린 시절의 트라우마가 감정을 대하는 방식에 미치는 영향

트라우마라는 단어를 들으면 많은 사람이 가족의 죽음, 범죄 피해, 교통사고 같은 비극적인 사건을 떠올린다. 그러나 트라우마는 극단적인 사

건만 의미하지 않는다. 어린 시절 반복적으로 수치심을 겪거나, 놀림을
받거나, 정서적으로 방치된 것도 트라우마가 되며, 이를 관계 트라우마
라고 부른다. 모든 트라우마는 우리가 견디기 힘든 감정을 홀로 감당하
도록 내몬다. 특히 아직 신경계가 미성숙한 아이들은 훨씬 더 감당하기
힘들어한다. 아이가 홀로 감정을 견디게 내버려두는 것은 아직 날개도
돋지 않은 아기 새를 둥지 밖으로 떠미는 것과 마찬가지다. 문제는 아이
의 감정 그 자체가 아니라, 아이가 원치 않음에도 홀로 고립되도록 내버
려두는 것이다.

나(줄리)는 분노가 두려운 방식으로 표출되는 가정에서 자랐다. 고성이
오가고, 욕설과 모욕이 난무하며, 가혹한 체벌도 있었다. 이런 어린 시절
경험 때문에 성인이 돼서도 분노라는 핵심 감정을 외면하고, 그 감정이
주는 유용한 신호를 무시하며 살았다.

분노라는 핵심 감정과 단절된 상태에서는 진정한 자아로 살 수 없었다.
갈등 회피와 지나친 타인 배려라는 방어가 내 삶을 지배하기 시작했다.
거절하고 싶을 때조차 입버릇처럼 늘 '예'를 입에 달고 살았고, 그럴수록
몸과 마음은 점점 지쳐 갔다. 퍼주고 또 퍼주기를 반복하다 보니 마음속
에는 원망이 쌓여 갔고, 끝없이 주기만 하는 삶이 점점 버겁게 느껴졌다.

가족들이 분노를 상처 주는 방식으로 표출했기 때문에, 분노라는 감정
은 방사능처럼 위험하게 느껴졌다. 그래서 나는 이 핵심 감정을 깊이 묻
어 두는 것 외에 다른 방법이 없다고 생각했다.

실제로, 분노를 피하면 잠시나마 안도감을 느낄 수 있었다. 분노 공포
증이 있는 많은 사람처럼, 나 역시 그 안도감을 치유로 착각했다. 십 대

후반에 심리치료를 받기 시작하고 그로부터 수십 년이 흘러 변화의 삼각형을 알고 나서야 그동안 내 감정을 제대로 느끼거나 다루지 못했다는 사실을 깨달았다. 적어도 내가 감정을 대하거나 다루는 방식은 성장과 치유로 이어지는 건강한 방식은 아니었다.

다음 변화의 삼각형 그림은 감정을 혼자 감당하도록 내버려졌을 때 어떤 일이 일어나는지 보여 준다.

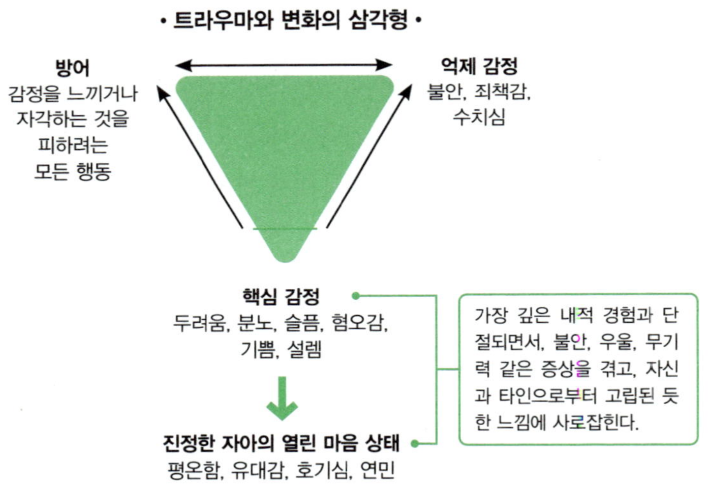

성인은 이미 성숙한 뇌와 신경계가 만들어져 스스로 감정을 처리할 수 있다. 그러나 아이들은 아직 성장하는 과정에 있다. 뇌가 완전히 성숙해 스스로 감정을 다스릴 수 있는 청소년기가 될 때까지는 부모나 양육자처럼 지혜로운 연장자의 도움이 필요하다. 만약 부모가 정서적으로 아이를 지지해 주지 않으면, 아이는 정서적으로 단단하게 성장하지 못하고 쉽게 상처받는다.

하지만 아이가 감정을 온전히 경험하고 지나가도록 부모가 곁에서 도와주면, 아이는 자신이 어떤 감정을 느끼든 상관없이 사랑받고 보살핌받는다는 깊은 확신을 하게 된다. 이는 자기 수용, 자신감, 타인에 대한 깊은 신뢰와 같은 내면의 토대를 단단히 세워 준다. 그리고 앞으로 수없이 마주하게 될 힘든 순간에도 큰 도움이 될 자기 조절력 또한 길러 준다.

우리 삶에서 고통을 피할 수는 없지만, 고통이 트라우마나 깊은 상처로 남는 일은 피할 수 있다. 그러나 곁에서 위로해 주고 지지해 주는 누군가가 없다면, 우리의 뇌는 방어를 사용해 자신을 보호하려 한다. 타인의 도움을 받아들이기 힘들어하거나, 늘 화를 내고, 아이들이 실수할 때마다 비난하고, 아이들을 돌봐야 할 때 답답함을 느끼거나, 중독이나 자기 파괴적 행동을 스스로 멈출 수 없다면, 그 배경에는 트라우마가 있을 수 있다. 치유되지 않은 트라우마는 우리가 앞으로 나아가지 못하게 하고, 어린 시절의 상처를 반복하려는 강박을 일으킨다. 그 결과, 그러면 안 된다는 걸 알면서도 아이에게 완벽을 요구하거나, 감정에 관한 대화는 무조건 피한다. 이때 오래전 뇌 속에 형성된 신경 회로가 무의식적으로 우리의 선택과 행동에 나쁜 영향을 미치고 있을 수도 있다.

만약 당신 안에서 뭔가가 발목을 잡아 성장하지 못하게 막고 있다는 느낌이 든다면, 변화의 삼각형을 실천해 나면 깊숙이 자리 잡은 오래된 트라우마를 찾아내고 치유할 기회로 삼아 보자. 그러면 세대를 이어 대물림되는 트라우마의 고리를 끊어 낼 수 있다.

우리는 감정을 다룬다는 것은, 곧 감정을 차단하거나 이성으로 억누르는 것이라고 배웠다. 그래서 일부러 감정을 무디게 하려고 몇 시간 내내 소셜 미디어를 들여다보거나 술을 마시거나 배가 부른데도 달콤한 케이크를 한 조각 더 먹기도 한다. 그렇다고 해서 부끄러워할 필요는 없다. 문제는 그런 행동이 아니라, 감정을 느끼지 못하는 상태다. 요즘 사람들은 아무 감정도 느끼지 않는 상태를 괜찮아진 것으로 착각한다. 그러나 마음이 텅 비거나 무감각해진 상태는 정서적 나침반을 잃어버렸다는 신호다.

감정은 생존을 위해 몸이 보내는 신호다. 감정은 우리가 무엇을 원하고 필요로 하는지, 무엇이 해로운지 알려 준다. 예를 들어, 건강한 죄책감을 경험해 보지 못한 사람은 실수해도 사과할 줄 모르고, 자녀에게도 사과하는 법을 가르치지 못할 것이다. 또 우리 안에 분노라는 감정이 존재하지 않는다면, 자기 자신이나 자녀를 당당히 지켜 내지 못할 것이다. 감정을 제대로 활용하지 못하는 것은 거센 파도가 이는 바다에서 GPS 없이 배를 모는 것과 같다. 결국, 길을 잃고 표류할 수밖에 없다.

그러나 감정을 알아차리고, 이름 붙이며, 인정하고, 건강하게 다루는 법을 익히면 정반대의 결과가 찾아온다. 바로 가장 진실하고 온전한 자아와 연결되는 것이다. 진정한 자아와 더 깊이 연결되려면, 핵심 감정을 온전히 경험해야 한다. 핵심 감정은 우리가 생존하고, 더 나아가 건강하게 성장하는 데 필요한 적응 행동을 이끌어 내는 생물학적 신호이기 때문이다. 예를 들어, 슬픔은 우리가 애도하거나 울게 만들고, 분노는 자신과 자녀를 위해 당당하게 목소리를 내도록 이끈다.

감정은 자녀와의 관계를 포함한 모든 인간관계에서 친밀감을 쌓는 토대가 된다. 부모가 감정에 주의를 기울이면, 아이가 어리든 다 컸든 상관없이 단단하고 오래 지속되는 유대감을 형성할 수 있다. 예를 들어, 자녀의 성취를 보고 느껴지는 기쁨을 알아차렸다면, 그 기쁨을 자녀와 함께 나누며 관계가 더욱 돈독해질 수 있다. 또 분노가 올라오는 게 느껴진다면, 자녀와의 관계에서 적절한 경계를 설정하고 그렇게 하는 이유를 아이에게 친절하게 설명할 수 있다.

정리하자면, 변화의 삼각형은 우리가 힘들고 괴롭거나, 방어적인 상태에서 벗어나, 평온함, 유대감, 호기심, 연민이 충만한 열린 마음 상태로 돌아갈 수 있도록 안내하는 지도와 같다.

열린 마음 상태의 네 가지 역량

43쪽에 있는 변화의 삼각형을 다시 살펴보자. 삼각형 밑에는 진정한 자아의 열린 마음 상태가 있다. 이는 우리 모두에게 내재한 생물학적 상태로, 신경계가 안정될 때 비로소 드러난다. 물론 인생에는 늘 변수가 많아 항상 이 상태에 머물 수는 없다. 우리의 목표는 진정한 자아의 열린 마음 상태에 더 오래 머무르고, 더 자주 돌아오는 것이다.

열린 마음 상태에서는 평온함, 유대감, 호기심, 연민을 유지할 수 있다. 그렇다고 해서 고통스러운 감정이나 힘든 생각, 통제하기 어려운 충동이 사라지는 것은 아니다. 다만 이 상태에서는 적어도 본모습을 잃지는 않는다.

열린 마음 상태의 네 가지 역량은 변화의 삼각형과 더불어, 정서적으로 건강한 삶으로 이끌어 주는 길잡이다. 이 네 가지 역량을 가능한 한 자주 떠올리길 바란다. 감정적으로 힘든 순간마다 이 역량이 나아갈 길을 밝혀 줄 것이다. 이 역량은 모두의 내면에 존재하지만, 마음이 흔들리거나 감정이 격해질 때는 그 힘에 닿기가 쉽지 않다. 이 책은 당신과 아이가 이 네 가지 역량에 닿아, 정서적으로 함께 성장하고 회복하도록 돕는다.

다음은 열린 마음 상태의 네 가지 역량이다.

1. **평온함**: 몸과 마음을 편안하게 이완시켜 정서적 안정을 되찾는다.
2. **유대감**: 자녀의 감정은 물론 자신의 감정에도 귀를 기울인다.
3. **호기심**: 힘든 순간이나 불편한 감정을 열린 마음과 호기심 어린 시선으로 마주한다.
4. **연민**: 조건 없는 친절, 이해, 수용을 자신과 자녀에게 베푼다.

이제 이 네 가지 역량을 하나씩 자세히 살펴보자.

평온함의 힘

우리가 아이의 기쁨, 두려움, 분노, 욕구에 차분하게 반응할 때, 목소리는 한결 부드러워지고 마음은 지금 이 순간에 머무른다. 문제 상황이나 불편한 감정을 당장 해결해야 한다는 조급함 대신, 인내심을 갖고 아이를 대할 수 있다.

켄트와 아이의 대화를 살펴보자. 아이가 켄트에게 달려와 말했다.

"아빠, 나 그림 그렸어!"

그러고는 아빠의 손을 잡고 알록달록한 낙서로 가득한 벽으로 데려갔다. 순간 켄트는 "대체 무슨 짓을 한 거야?" 혹은 "벽에다 그림을 그리면 어떡하니!"라고 소리치고 싶었지만, 숨을 그르며 마음을 가라앉혔다. 그리고 아이에게 그림을 참 잘 그렸다고 칭찬해 줬다. 하지만 벽에 그림을 그리면 안 된다고도 말해 줬다.

"우리 같이 지워 볼까?"

그렇게 둘은 함께 벽을 깨끗이 두았다. 그리고 나란히 앉아 종이에 새 작품을 그리기 시작했다.

· 나 되돌아보기 ·

1. 최근에 몸이 평온했던 순간을 떠올려 보자. 그때 어떤 일이 있었기에 평온할 수 있었는가?
2. 그 순간에 평온함이 몸속에서 어떻게 느껴졌는지 떠올려 보자. 가볍고 부드러운 느낌이었는가? 아니면 탁 트인 듯 시원하거나, 스르르 긴장이 풀리는 듯한 느낌이었는가?

유대감의 힘

정서적 유대감은 건강한 인간관계의 뼈대다. 진정한 유대감을 쌓는 것은 서로를 깊이 이해하고 친밀감을 나누는 것이다.

아이는 물론 자기 자신과 깊은 유대감으로 연결되면, 주변을 우리가 '바라는 대로'가 아니라 '있는 그대로' 바라볼 수 있다. 유대감은 공감 능력과 솔직함의 밑바탕이 된다.

예를 들어, 아이의 기분이 좋지 않아 퉁명스럽게 말하거나 버릇없이 군다면, 아이와 대립하거나 단절되기 쉽다. 하지만 잠시 아이의 입장에 서서 아이가 주변의 기대와 책임감에 짓눌려 두려움이나 부담을 느낀다는 사실을 깨닫는다면, 오히려 아이와 더 깊은 유대감을 느낄 수 있다.

호기심의 힘

호기심은 궁금증에서 비롯된 태도로 감정과 생각, 행동을 더 깊이 이해하도록 도와준다. 나아가 상황을 더 넓은 시각에서 바라보고 힘든 순간을 헤쳐 나가게 해 준다.

호기심을 기르는 한 가지 방법은 자기 안의 대화에 귀를 기울이는 것이다. 예를 들어, 우리는 실수했을 때 흔히 자신을 탓하며 '왜'라는 질문을 던진다. 호기심 연구자이자 작가인 저드슨 브루어 박사Judson Brewer, MD, PhD는 '왜'를 묻는 질문을 '무엇'을 묻는 질문으로 바꿔 보라고 조언한다.

예를 들어, 아침에 일어났는데 괜히 기분이 언짢다. 평소와 다름없는 아이들의 아침 소동이 오늘따라 유난히 거슬린다. 이런 상황에서 우리는 이렇게 생각한다.

'도대체 왜 이런 기분이 드는 걸까?'

하지만 이 질문에는 자기 비난이라는 날카로운 칼날이 숨어 있다. 이런 상황에서 자신을 탓하면, 마음만 더 무거워질 뿐이다.

최근에 아이가 당신을 짜증 나게 했던 순간을 떠올려 보자. 이번에는 호기심 어린 시선으로 그 상황을 다시 들여다보자. 그러면 다음과 같은 질문을 떠올릴 수 있다.
'내가 아이의 행동 때문이 아니라, 직장이나 부부 관계 문제로 스트레스를 받는 건 아닐까?', '아이도 뭔가 속상한 일이 있어서 이렇게 행동하는 건 아닐까?'

이제 질문을 이렇게 바꿔 보자.

'지금 이 순간, 나를 짜증 나게 하는 건 무엇이지?'

여기서 '무엇'을 묻는 질문은 우리가 감정의 원인을 탐색하도록 이끈다. 우리는 호기심 많은 감정 탐정이 돼, 겉으로 드러난 감정 뒤에 숨어 있는 진짜 원인을 찾는다. 호기심 어린 태도는 자신에게만 유익한 것이 아니라, 아이에게도 큰 도움이 된다. 연구에 따르면 호기심은 공감 능력을 북돋아 준다. 정말 멋지지 않은가!

연민의 힘

자기 연민이란 친구를 친절하게 대하고 이해해 주듯 자신에게도 친절과 이해를 베푸는 것이다. 타인에 대한 연민이든 자기를 향한 연민이든, 연민은 언제나 고통을 바라보는 데서 시작한다. 상처의 아픔이나 고통을 알아차리고, 억지로 없애려 하거나 회피하지 않고 그 아픔과 함께 머무르는 것이다.

우리가 연민을 느낀다는 것은 감정을 애써 부정하거나 외면하지 않는다는 뜻이다. 연민을 품으면, 그 순간 일어나는 일을 있는 그대로 바라보게 된다. 우리는 가끔 이성을 잃고 아이에게 화를 낼 수도 있고, 사랑하는 가족이나 반려동물이 아파서 슬픔을 느낄 수도 있으며, 아이의 축구 경기나 피아노 연주회에 참석하지 못해 죄책감을 느낄 수도 있다.

자기 연민은 우리가 이러한 분노, 슬픔, 죄책감을 알아차리고 인간이라면 누구나 힘든 감정을 겪는다는 사실을 깨닫게 해 준다.

1. 힘들거나 고통스러웠던 순간을 떠올려 보자.
2. 그때 자신에게 어떤 말을 해 줬는가? "빨리 털고 일어나."라고 다그쳤는가? 아니면, 다정한 말로 위로해 줬는가?

진정한 자아와의 연결

앞서 살펴본 열린 마음 상태의 네 가지 역량은 우리가 진정한 자아와 연결되도록 도와준다. 사실 우리 안에 내재한 이 멋진 자아는 세상에 드러나고 빛나기를 원한다. 우리는 진정한 자아 덕분에 어려운 순간에도 자녀와의 관계에서 건강한 경계를 세울 수 있고, 피곤하고 지칠 때도 아이와 보드게임을 한 판 더 할 수 있다.

우리가 진정한 자아의 열린 마음 상태에 있을 때, 진정한 나다움을 발휘할 수 있다. 그러면 새로운 경험에 마음을 열고, 유연하게 대처하며, 자신의 감정과 자녀의 감정을 기꺼이 받아들이고 인정할 수 있다. 이 과정에서 우리는 정서적으로 건강하게 성장한다.

그렇다고 해서 우리의 삶이나 자녀의 삶에서 모든 스트레스나 어려움을 다 없애야 열린 마음 상태에 닿을 수 있다는 의미는 아니다. 지금 내가 네 가지 역량을 발휘하고 있는지 알아차리기만 하면 된다. 만약 네 가지 역량을 발휘하지 못하고 있다면, 변화의 삼각형을 실천할 때라는 신호다.

이 책을 읽는 동안 변화의 삼각형을 활용하고 네 가지 역량을 실천하는 연습을 수없이 하게 될 것이다. 그 과정에서 실제로 많은 부모가 마주하는 어려움의 사례도 함께 살펴본다. 당신은 혼자가 아니다. 수많은 부모가 당신이 걷는 그 길을 함께 걷고 있으며, 그 속에서 서로 힘을 얻고 함께 성장해 나가고 있다.

아이에게 감정을 다루는 방법 알려주기

우리가 자신과 아이들에게 줄 수 있는 최고의 선물은 감정을 다루는 법을 익히고 전해 주는 것이다. 등대의 불빛처럼 길잡이 역할을 하는 변화의 삼각형과 열린 마음 상태의 네 가지 역량을 실천하면, 고통과 괴로움을 스스로 조절할 수 있고 자기도 모르게 아이에게 고통을 대물림하는 일을 피할 수 있다. 이 길잡이들을 반복적으로 실천하면 상처와 트라우마를 예방할 수 있다.

우리가 신경계를 진정시키고, 감정을 조절하며, 지금 이 순간에 머무를 수 있어야, 아이도 똑같이 하도록 도울 수 있다. 부모가 네 가지 역량을 갖춘 열린 마음 상태에 있을 때, 아이 역시 차분하게 자신의 감정을 조절할 수 있다. 부모가 열린 마음 상태에 있으면, 그 혜택은 온 가족이 누리게 된다. 그것도 조금이 아니라 아주 많이!

살면서 힘든 순간은 피할 수 없고, 그때마다 감정은 늘 따라오기 마련이다. 그러나 감정 자체는 문제가 아니다. 중요한 것은 감정을 어떻게 다루느냐. 변화의 삼각형은 그 길을 안내하는 나침반이다. 변화의 삼각형을 실천하면 다음과 같은 일을 할 수 있다.

1. 자신의 감정을 다스린다.
2. 자녀의 감정을 인정해 주는 동시에 적절한 행동을 가르친다.
3. 자기 자신과 타인에게 귀를 기울인다.
4. 자녀와의 불화로 멀어진 관계를 다시 회복한다.
5. 자녀가 존중받고 이해받는다고 느끼게 해 준다.

이어지는 장에서는 변화의 삼각형 각 꼭짓점을 어떻게 실천할지 하나씩 살펴본다. 먼저 방어부터 살펴볼 것이다. 방어는 우리가 불편한 감정과 고통으로부터 자신을 보호하려고 사용하는 영리한 방법이다. 이때 방어를 판단하지 않고 있는 그대로 알아차리는 것이 중요하다. 다음 장에서 그 과정을 차근차근 안내할 것이다.

부모와 아이의 정서 건강의 토대가 되는 다음 기초 훈련을 연습해 보자.

그라운딩

그라운딩grounding은 언제 어디서든 간단히 실천할 수 있는 마음챙김 기법으로, 발을 바닥에 딛고 그 감각을 느끼는 훈련이다. 감당하기 힘들거나 불안한 순간에 그라운딩을 연습해 보자.

1. 머릿속 생각과 몸에서 느껴지는 감정에서 벗어나, 지금 이 순간 바닥을 딛고 있는 발의 감각에 집중한다. 발바닥에 의식을 집중하고, 발이 닿아 있는 바닥을 느껴 본다.
2. 바닥이 무엇으로 돼 있는지 알아차려 본다. 카펫인지, 나무인지, 콘크리트인지, 흙인지 발바닥으로 느껴 본다. 발바닥으로 전해지는 감각을 느끼면 된다.

그라운딩은 머릿속에서 벗어나 지금 이 순간으로 돌아오게 도와준다. 그러면 우리는 '지금 나는 여기에 있고, 살아 있으며, 안전하다.'라고 느낀다.

복식 호흡

우리는 종종 감정을 느끼지 않으려고 무의식적으로 숨을 꾹 참는다. 복식 호흡은 불편하거나 두려운 감정도 건강하게 다룰 수 있도록 도와준다. 복식 호흡을 하면, 심신이 안정되고 평온함을 느끼며 감정이 몸속에 갇히지 않고 자연스럽게 흘러 나간다.

복식 호흡은 우리가 변화의 삼각형을 실천하고 열린 마음의 네 가지 역량에 닿도록 돕는다. 또 우리 몸에서 가장 큰 신경인 미주 신경을 자극해, 몸이 스스로 진정하게 한다.

복식 호흡을 하는 방법은 다음과 같다.

1. 의자에 편안한 자세로 앉는다.
2. 한 손은 가슴에, 다른 한 손은 배에 얹는다. 가슴은 움직이지 않고 배는 불룩 내밀며 숨을 천천히 깊게 들이마신다. 이때 공기를 가능한 한 많이 들이마시고, 그 공기가 몸의 중심, 옆구리, 등 아래쪽까지 내려간다고 상상해 보자. 들이마신 공기가 미주 신경을 감싸안고, 바로 이 순간 신경계가 안정되기 시작한다.
3. 공기를 가득 들이마신 뒤에는 2초간 숨을 멈춘다.
4. 뜨거운 국을 입으로 불어 식히듯 입술을 오므리고, 천천히 숨을 길게 내쉰다. 단, 숨이 모자랄 정도까지 내쉬지는 않는다. 입술 뒤의 압력으로 날숨의 속도를 조절해 자신이 가장 편안하다고 느끼는 속도로 내쉰다. 몸속 감각에 귀 기울이며 날숨의 흐름을 조절한다. 호흡할 때마다 가장 편안하다고 느끼는 속도, 압력, 흐름은 달라질 수 있다.
5. 신경계가 안정되기까지는 시간이 걸린다. 따라서 최소한 여섯 번은 복식 호흡할 것을 권한다.

그라운딩 기법과 복식 호흡은 불안을 낮춰 기분을 한결 나아지게 하고, 내면의 핵심 감정을 알아차리도록 도와준다. 특히 힘든 순간에 두 방법을 함께 쓰면 강력한 효과를 발휘하며, 몸과 마음이 변화의 삼각형을 실천할 준비가 된다.

변화의 삼각형 실천

변화의 삼각형을 실천하면 몸에서 평온함이나 불안감, 긴장이 느껴지는 부위가 어디인지, 그곳에서 어떤 감정이 일어나는지 알아차릴 수 있다.

1. 그라운딩과 복식 호흡을 다시 한번 연습해 보자. 마음을 가라앉히는 데 도움이 될 것이다.

2. 몸 안에서 평온하거나 고요하게 느껴지는 부위를 찾아본다. 발가락 끝, 팔꿈치, 배, 어디든 좋다. 고요한 부위를 찾기 어렵다면, 바닥을 딛고 있는 발바닥의 감각에 집중하자.

3. 평온하거나 고요한 부위를 찾았다면, 그곳에 온전히 머물며 호흡한다.

4. 다시 한번 머리끝부터 발끝까지, 발끝부터 머리끝까지 몸 전체를 살피며 이번에는 긴장되거나 초조하거나 불안한 부위를 찾아본다. 불안하거나 긴장된 부위를 찾으면, 그곳을 부드럽게 바라본다. 무리해서 깊이 파고들지 말고, 발끝만 살짝 물에 담그듯 가볍게 다가가자.

5. 불안이나 긴장, 초조함이 느껴지는 부위를 그저 알아차린다. 그런 다음 불안, 긴장, 초조함을 살짝 옆으로 밀어내, 그 밑에 무엇이 있는지 느껴 본다.

6. 다음과 같이 질문하고, 몸이 '예'와 '아니요' 중 어떻게 답하는지 귀 기울인다.
'그 밑에 슬픔이 있는가? 혐오감이 있는가? 두려움이 있는가? 기쁨이 있는가? 설렘이 있는가?'
느껴지는 모든 감정을 알아차려 본다. 두 가지 이상의 감정이 동시에 느껴진다면, 각 감정이 따로따로 비눗방울 속에 담겨 있다고 상상해 보자.

7. 각 감정을 향해 '너를 보고 있어. 괜찮아, 그대로 있어도 돼.'라고 말하며, 그 감정을 있는 그대로 받아들인다.

8. 마지막으로 다시 한번 머리끝부터 발끝까지, 발끝부터 머리끝까지 온몸을 살피며 평온하거나 고요한 부위를 찾는다. 그곳을 찾으면, 천천히 깊게 호흡하며 그 자리에 머문다. 그리고 이 과정을 해낸 자신을 칭찬한다.

PART
2

방어와
억제 감정

CHAPTER 4

방어

우리가 감정을 회피하기 위해 사용하는 영리한 방법들

방어라는 단어는 마치 축구 경기의 전술 용어처럼 들릴지도 모른다. 그런 방어가 인간의 행동, 더 나아가 양육과 어떤 관련이 있을까? 방어는 슬픔, 수치심, 분노 같은 고통스러운 감정을 차단하는 자기 보호의 한 형태다. 이는 몸과 마음이 함께 만들어 내는 반응으로, 유전적 특성과 어린 시절의 경험에 따라 사람마다 서로 다른 모습으로 나타난다.

방어를 이해하려면 먼저 방어 행등을 의식적으로 알아차려야 한다. 자신이 방어 행동을 하고 있다는 사실을 알아차리지 못하면, 자기 보호의 형태는 자신은 물론 사랑하는 사람들에게도 해로운 방식으로 드러나기 쉽다. 또 방어에 지나치게 의존할 경우, 자녀에게 감정을 다루는 확실한 방법이 방어라는 잘못된 메시지를 주게 된다. 다이애나 포샤 박사의 말처럼 방어는 우리가 감정을 느끼고 다루는 데 전혀 도움이 되지 않는다.

감정이라는 생명력의 근원과 단절되면, 자신은 물론 아이도 제대로 성장하거나 번영할 수 없다.

다음은 방어 행동의 예시다.

- 헤일리는 아이들 때문에 속상할 때 남편에게 시비를 건다.
- 마크는 아이들이 자신을 화나게 하면 술을 과하게 마신다.
- 리사는 아이에게 화가 나면 운다.
- 존은 아이들이 말을 듣지 않으면 집을 나가 버리겠다고 위협한다.

방어는 어린 시절 미성숙한 신경계가 감정을 감당하기 어려워할 때 형성된다. 에드워드 트로닉Edward Tronick 박사의 유명한 '무표정 실험still-face experiment' 영상에서는 이 과정을 명확히 볼 수 있다. 영상 속 아기는 엄마의 관심을 끌기 위해 손을 뻗지만, 엄마가 반응하지 않자 눈에 띄게 불안해한다. 항의라도 하듯 큰 소리로 울부짖지만, 그것도 통하지 않자, 스트레스가 신체 반응으로 나타난다. 아기는 등을 뒤로 젖히고 팔다리를 마구 휘두른다. 엄마는 끝내 아무런 반응도 보이지 않고, 아기는 힘이 빠져 헝겊 인형처럼 축 늘어진다. 이것이 바로 '해리dissociation'라고 불리는 방어 반응이다.

방어는 구명조끼와 같다. 방어는 우리가 거친 파도를 헤쳐 나가도록 도와주지만 지나치게 의존하면, 헤엄치는 법을 배울 수 없다.

- 방어는 감정을 억눌러 우리가 느끼지 못하게 한다. 그 결과, 우울, 불안, 신경질적인 반응 같은 증상이 나타난다.
- 방어는 우리가 아끼고 사랑하는 사람들과의 긍정적인 소통과 유대감 형성을 방해한다.
- 방어는 우리의 진정한 자아를 가리고, 평온함, 호기심, 유대감, 연민이라는 열린 마음 상태의 네 가지 역량에 닿기 어렵게 한다.

자신의 마음 상태가 어떤지 또는 변화의 삼각형에서 자신이 어디에 있는지를 돌아보지 않은 채 말하거나 행동하면, 충동적으로 방어 행동을 할 우려가 있다. 방어 행동은 자신의 감정이나 아이의 감정을 제대로 느끼거나 이해할 수 없게 가로막는다. 그러면 평온함, 연민, 유대감, 호기심을 잃고, 반사적으로 반응하게 된다. 그 순간, 자기만의 관점, 충동적인 감정, 오래된 신념에 따라 반응하게 돼 다른 사람의 관점을 고려하기가 한층 어려워진다. 다음 세 가지 예시는 부모가 흔히 사용하는 방어의 모습을 보여 준다. 이 방어가 구체적으로 어떻게 작동하는지 살펴보자.

미란다는 아이들이 힘들어하거나, 속상해하거나, 실망할 때마다 이렇게 말한다.

"긍정적으로 생각해!"

어릴 적 미란다의 아버지도 미란다와 여동생에게 같은 말을 자주 반복했다. 심지어 할머니가 돌아가셨을 때조차, 아버지는 딸들의 슬픔을 받아들이지 못했고, 딸들이 애도하도록 놔두지 않았다. 엄마가 된 미란다는 누군가 감정을 드러내는 상황을 견디기 힘들어하고, 그 감정을 억누르려고 아버지의 말을 그대로 되풀이한다.

"긍정적으로 생각해!"

이제는 아이들이 자기 감정을 알아차리고 느낄 수 있도록 도와주고 싶지만, 어떻게 해야 할지 모른다. 늘 밝은 척하는 미란다의 태도는 오랫동안 감정적인 불편함으로부터 지켜준 하나의 방어 방식이었고, 아버지로부터 물려받은 삶의 방식이기도 하다.

제임스는 싫다거나 안 된다는 말을 잘하지 못한다. 심지어 아이들에게도 말하지 못한다. 늘 다른 사람의 비위를 맞추려 하고, 자기 뜻을 분명히 밝히거나 선을 그으면 갈등이 생기거나 사람들이 자신을 싫어할까 봐 걱정한다. 그의 어머니도 똑같았다. 친구들이 '성인聖人'이라고 부를 정도였다. 제임스는 다른 사람을 배려하는 데 에너지를 쏟느라, 정작 자신을 돌볼 힘은 거의 남아 있지 않았다. 그러면서도 왜 자신이 그렇게까지 남에게 맞추는지, 자신이 왜 항상 기운이 없는지 알지 못했다. 사실 제임스의 이런 태도는 다른 사람에게 거절당할까 봐 두렵고, 내면의 분노라는 핵심 감정을 마주하기 힘들어서 무의식적으로 선택한 방어였다.

카렌의 딸은 기숙사에서 나와 친구 몇 명과 함께 아파트를 얻어 살고 싶어 했다.

"그게 무슨 말이야? 절대 안 돼. 그러면 학교 식당이랑 체육관을 이용할 수 없잖아."

카렌이 딸에게 말했다. 하지만 딸이 꿈쩍도 하지 않자, 카렌은 한층 더 강하게 말했다.

"기숙사에서 나오면 생활비는 안 대줄 거야. 네가 알아서 해!"

카렌은 하나부터 열까지 간섭하는 엄마가 되고 싶지 않았지만, 그래도 여전히 자신이 통제권을 쥐고 있다는 것을 딸에게 보여 주고 싶었다. 그녀가 통제권을 쥐고 있으려는 태도는 사실 불안을 진정시키기 위한 하나의 방어였다.

예시의 부모 중 그 누구도 자신이 방어하고 있다는 사실을 의식하지 못한다. 물론 자녀나 주변 사람에게 상처를 주려는 의도는 없다. 하지만 우리가 어떤 방어를 하고 있는지, 언제 우리의 행동에 영향을 미치는지, 어떻게 해야 방어에 휘둘리지 않으면서 그 밑에 있는 감정을 인식하고 다룰 수 있는지 모른다면, 방어에 지배당할 수밖에 없다. 그리고 주변 사람들 또한 그 영향에서 벗어날 수 없다.

방어로 인해 나타나는 문제는 우리가 뭔가를 잘못했거나 형편없는 부모라서 생기는 것이 아니다. 방어는 본래 그런 방식으로 작동한다. 방어는 매우 강력하고 힘이 세서, 우리의 마음은 물론 말과 행동까지 장악하고, 우리가 사랑하는 사람들과의 진실하고 친밀한 관계를 방해할 수 있다. 방어는 우리를 지켜주는 보호막이 될 수도 있지만, 동시에 우리 자신과 사랑하는 사람에게 해가 되는 강력한 적이 되기도 한다.

하지만 의식적으로 연습하고 노력하면, 자신의 방어를 알아차리고 삶 속에서 어떤 모습으로 드러나는지 알 수 있다. 그리고 방어 아래에 깔린 감정을 알아차리고 인정하며 온전히 느끼게 되면, 방어는 자연스럽게 사라진다.

방어 알아차리기

나(힐러리)는 지금부터 내 안에 가장 깊이 자리 잡은 방어를 어떻게 자각하게 됐는지 들려주고자 한다. 나는 오랫동안 방어를 내 성격이라고만 생각했다. 그게 방어라는 사실을 처음 깨달은 건, 주변 사람들이 내 말투가 너무 날카롭다고 불평하기 시작하면서였다. 그럴 때마다 나는 이렇게 말했다.

"이게 나야. 바꾸고 싶어도 못 바꿔."

그러다 심리치료 연수를 받으면서, 감정이 뇌와 몸에 어떤 영향을 미치는지 배우게 됐다. 어떤 감정이 생기면 그 순간 뇌가 활성화되면서, 의사소통 방식과 몸짓에 변화가 나타난다. 말투도 그중 하나였다.

나는 연수에서 배운 내용을 거부감 없이 받아들일 수 있었다. 그 내용이 비난이 아니라 배움으로 다가왔기 때문이다. 그래서 내 방어를 조금 더 깊이 성찰해 봤다. 나는 화가 나거나, 좌절하거나, 두렵거나, 슬플 때 말투가 격앙된다는 사실을 알게 됐다. 감정을 억누르면 몸이 긴장되고, 그 긴장이 말투로 드러난 것이었다. 나는 그 말투에 '버럭 여사'라고 이름을 붙였다. 우스꽝스럽게 들릴 수도 있지만, 그 이름 덕분에 내 방어를 훨씬 더 명확히 알아차릴 수 있었다. 시간이 지나면서, 나는 더 이상 부끄러워하지 않고 "맞아요, 제 말투가 좀 공격적이었네요."라고 인정하게 됐다. 결국 내 말투는 내가 아니었다. 그건 내 감정이었지, 진정한 내가 아니었다.

우리가 만난 내담자 중에는 자신의 방어에 애정 어린 이름을 붙이는 사람들이 있다. 예를 들어, 불안할 때 나타나는 반응을 '오란한 그녀', 무엇이든 통제하려 드는 성향을 '해결사 여사', 성공을 거두고도 늘 자신을 깎아내리는 성향을 '늘 채워지지 않는 남자'라고 부른다. 당신도 스트레스를 받을 때 반복해서 나타나는 방어 패턴이 있는가? 그렇다면 방어 패턴에 어울리는 창의적인 이름을 붙여 보자.

· 힐러리의 변화의 삼각형 ·

우리가 말투를 방어라고 부르는 이유는, 감정을 인식하지 못하고 무의식적으로 배출하는 방식이기 때문이다. 하지만 우리가 궁극적으로 추구해야 할 목표는 감정을 의식적으로 알아차리고 열린 마음으로 표현하는 것이다.

위 그림에서 핵심 감정 위의 가로선은 감정의 흐름을 막는 차단선을 의미한다. 나는 이 선으로 인해 핵심 감정을 알아차리거나 느끼지 못했다.

대신 그 감정들은 '버럭 여사'라 부르던 격앙된 말투와 몸의 긴장으로 드러났다. 이런 상태에서는 평온함, 유대감, 호기심, 연민이라는 네 가지 역량에도 닿을 수 없었다.

삼각형의 오른쪽과 아래쪽 꼭짓점에는 내가 알아차릴 수 없었고, 그래서 받아들이지도 못했던 여러 감정이 있었다. 나는 분노, 슬픔, 두려움 같은 핵심 감정을 밀어내고 있었고, 그 결과 불안, 죄책감, 수치심 같은 억제 감정이 더 커졌다. 이렇게 뒤섞인 감정들은 견디기 힘들 만큼 괴로워, 반사적으로 내 몸의 근육을 긴장시켰다. 우리가 통증을 느낄 때 몸이 긴장해 저절로 움츠러드는 것과 같은 이치다. 바로 그 긴장이 '버럭 여사'라는 모습으로 드러났던 것이다.

나는 격앙된 말투를 열린 마음에서 우러나오는 평온한 말투로 바꾸고자 변화의 삼각형을 활용했다. 그 과정에서 내 몸에서 느껴지는 감정을 하나하나 알아차리고 이름 붙이며 인정할 수 있었고, 그 결과 언제 어디서든 내 생각과 감정을 가족이나 주변 사람들에게 자유롭고 편안하게 표현하게 됐다. 예를 들어, 이렇게 말하게 됐다.

"나 지금 스트레스가 너무 심한데, 조금만 이해해 줄 수 있을까?"

"내가 좀 불안해서 그래. 조금만 기다려 줄 수 있어?"

혹은 아무 말도 하지 않고 조용히 감정을 다스리기도 했다.

물론, 우리가 방어 상태에 있을 때는 방어를 스스로 인식하기가 어렵다. 이때 누군가가 우리의 방어를 지적하면, 발끈하거나 상대를 비웃기도 한다. 배우자의 말투를 지적했을 때, 발끈하며 "이게 바로 나야!"라고 말하는 걸 들어 본 적이 있을 것이다. 그만큼 감정의 보호막은 알아차리기 쉽지 않다.

방어를 알아차릴 때 일어나는 변화

방어를 알아차리는 일은 겸손과 용기, 끈기가 필요한 과정이다. 하지만 쉽지 않은 만큼 얻는 것도 많다. 방어를 알아차리는 일은 우리가 감정을 느끼는 방식과 자녀를 대하는 방식을 근본적으로 바꾸는 출발점이 된다. 나아가 자녀에게 대물림하고 싶지 않은 감정·행동 패턴을 끊어 내는 데도 도움을 준다.

방어를 자각하면 스트레스를 받거나 감정이 격해질 때, 혹은 가족과 갈등을 겪는 순간에도 다음과 같은 변화를 경험할 수 있다.

- 마음이 한결 더 평온해진다.
- 연민의 마음이 더 깊어진다.
- 호기심이 다시 살아난다.
- 타인과 더 깊이 연결된다.

방어를 알아차리기만 해도 놀라운 변화가 일어난다. 억제 감정과 핵심 감정을 억누르거나 밀어내는 데는 많은 에너지가 든다. 그러나 방어를 알아차려 더 이상 그 감정들을 밀어낼 필요가 없어지면 그 에너지를 감정을 느끼고 회복하는 데 쓸 수 있다. 방어는 신경계를 보호하지만, 너무 경직된 방식으로 작동해서 감정을 제대로 느끼지 못하게 한다. 하지만 방어 대신 열린 마음 상태에서 행동하기 시작하면, 신경계가 안정되고 생기가 회복되며 평온함, 유대감, 호기심, 연민의 네 가지 역량에 닿을 수 있다.

방어는 매우 다양한 형태로 나타난다. 어떤 방어는 비언어적인 방식으로 드러난다. 예를 들면, 사춘기 자녀가 눈을 굴리거나, 배우자가 대화 도중 갑자기 자리를 뜨는 행동이 있다. 어떤 방어는 언어로 표현된다. 서로에게 소리를 지르거나 모욕적인 말을 주고받는 경우가 여기에 해당한다. 어떤 방어는 몸으로 느껴지기도 한다. 마치 내 안에 보이지 않는 벽이 생겨 타인과의 연결이 단절된 것처럼 느껴질 때가 있다. 중독, 자해, 섭식 장애같이 자기 파괴적 행동으로 나타나는 방어도 있다. 또 어떤 방어는 피로감이나 우울감처럼 기분으로 드러나기도 한다. 방어의 형태는 그야말로 무한하다.

방어는 넓은 스펙트럼 안에서 나타난다. 어떤 방어는 건강하지만, 어떤 방어는 신체 건강, 정서 건강과 인간관계에 심각한 문제를 일으킬 수 있다.

방어가 건강하게 작동하려면, 우리가 방어를 선택하고 통제할 수 있어야 한다. 건강한 방어는 시간이 지나도 자신이나 타인에게 해를 끼치지 않는다. 예를 들어, 아이들과 종일 씨름한 뒤 스트레스를 풀려고 영화를 보거나, 인스타그램을 둘러보는 것을 선택할 수 있다. 혹은 잠시 휴식을 취하거나, 초콜릿을 한 조각 먹거나, 쇼핑으로 기분을 전환하는 것을 선택할 수도 있다.

반면, 선택권이나 통제권이 없는 상태에서 나타나는 방어는 문제를 일으킨다. 이런 방어는 우리의 몸과 마음, 인간관계에 상처를 남길 수 있다. 또 방어에 지나치게 의존하면, 아이들에게 건강하지 않은 방식으로 감정을 다루는 모습을 보여 주게 된다. 아이들은 그 모습을 보고 감정을 억누르고 묻어 두는 법을 배우며, 이는 결국 정서 건강에 악영향을 끼친다.

그러나 방어를 내려놓기는 쉽지 않다. 방어를 포기한다는 것은 그 밑에 숨어 있는 괴로운 감정을 직접 마주해야 한다는 뜻이다. 그래서 감정을 안전하게 느끼고 다루는 법을 이해하며 변화의 삼각형을 실천하는 것이 우리의 정신 건강은 물론 양육에도 매우 중요하다.

이제 다음 표를 살펴보며, 자신이나 가족에게서 나타나는 방어를 동그라미로 표시해 보자. 단, 자신이나 가족을 판단하지 않고 있는 그대로 받아들일 마음의 준비가 됐을 때만 시도해 보자.

방어 목록				
어색함을 느끼는 순간 농담하기	눈을 피하기	멍하니 정신이 나가 있는 상태	신경질적으로 반응하기	버럭 화내기
비꼬는 말투	눈 굴리기	심한 괴로감	부정적으로 생각하기	타인 괴롭히기
남 탓하기	중얼거리기	비난하기	타인을 판단하기	일중독
별로 즐겁지 않은데 웃거나 미소 짓기	끊임없이 사과하기	완벽주의	자기비판	과식하기
애매하게 말하기	꼭 필요한 말을 하지 않기	미루기	편견 가지기	일에 소홀하기
화제 바꾸기	상대의 말에 귀 기울이지 않기	과도한 집착	과도한 자기 과시	지나치게 적게 먹기

지나치게 운동하기	무감각	무기력	몰래 행동하기	자해하기
강박적인 생각이나 행동하기	중독	자살 충동	무관심	타인의 말을 중간에 끊기

타인의 방어는 자신의 방어보다 알아차리기 쉽다. 주변 사람에게서 어떤 방어를 본 적이 있는가? 자신만의 방어에는 어떤 것이 있는가? 생각해 본 뒤, 방어 목록에 추가해 보자.

· 나 되돌아보기 ·

1. 방어 목록을 다시 살펴보거나, 스스로 인식하고 있는 자신의 방어를 떠올려 보자.
2. 가슴에 손을 얹고 이렇게 말해 보자.
   "나는 지금 나의 방어를 알아차리고, 그것을 인정한다."
   알아차림과 인정은 자기 연민을 기르는 데 꼭 필요한 두 가지 핵심 요소다.
3. 마지막으로 자신에게 이렇게 말해 보자.
   "우리는 누구나 때때로 방어를 한다. 방어는 고통스러운 감정으로부터 자신을 보호하는 하나의 방법일 뿐이며, 방어를 한다고 해서 부끄러워할 필요는 없다."

아이를 대할 때 나타나는
방어 알아차리고 다루기

열네 살 제프리는 무표정하고 풀이 죽은 모습으로 학교에서 돌아온다. 겉으로는 담담해 보이지만, 마음속 깊은 곳에서는 두려움을 느끼고 있다. 아이는 평온하지도, 자기 자신을 향한 연민도 느끼지 못한다. 만약 아이의 생체 신호를 측정해 본다면, 심전도에는 심박수 상승과 같은 두려움의 징후가 나타날 것이다. 게다가 제프리는 불안까지 느끼는데, 그 불안은 마치 아랫배 깊숙한 곳에 절망의 구덩이가 생긴 느낌이다. 사실 아이는 과학 시간에 배우는 기후 변화에 관한 내용 때문에 불안하고 두려웠지만, 부모는 이 사실을 전혀 알지 못한다.

제프리의 아버지 프랭크는 타인의 감정에 매우 예민하게 반응하고 쉽게 영향을 받는 사람이다. 아이의 침울한 표정과 땅으로 떨어진 시선만 봐도 불안이 올라온다. 불안이 시작되면 턱 근육이 뻣뻣해지고, 허리 아래쪽에 통증이 느껴진다. 그는 신중하게 생각하지도 않고 말부터 툭 내뱉는다.

"무슨 일이야? 여자 친구한테 차이기라도 했어?"

이런 적대적인 농담은 프랭크가 자신을 보호하기 위해 무의식적으로 사용하는 방어였다.

프랭크는 자신도 알아차리지 못한 채, 아들의 두려움과 슬픔을 어린 시절 자신의 감정과 연결 짓는다. 그의 부모는 프랭크의 감정 세계에 전혀 관심을 보이지 않았다. 그가 두려워하든, 기뻐하든, 슬퍼하든 신경 쓰지 않았다. 그가 분노를 드러낼 때조차, 부모는 아들이 왜 분노를 느끼는지 궁금해하기는커녕 경멸과 비난으로만 반응했다.

그래서 프랭크는 어릴 적부터 불안이나 핵심 감정을 알아차릴 수 없었고, 지금도 여전히 어떻게 해야 그 감정들을 인식할 수 있는지 모른다. 그가 감정을 다루는 유일한 방법은 적대적인 농담을 하거나 "농담이야, 농담."이라는 말로 넘어가는 것뿐이다. 그 결과, 학교 수업 내용 때문에 슬프고 두려운 제프리는 이제 화가 나고 외롭기까지 하다. 이런 상황에서 프랭크가 아버지로서 열린 마음으로 반응하는 방법은 의외로 아주 간단하다. "아들, 괜찮아? 기운이 좀 없어 보이네."라고 말해 주면 된다.

아들로 인해 속상하고 답답해진 프랭크는 우연히 다른 아버지 한 명과 이야기를 나누게 됐다. 그 아버지는 프랭크에게 변화의 삼각형을 소개해 줬다. 프랭크는 그때까지 변화의 삼각형은커녕, 감정 교육이라는 말조차 들어 본 적이 없었다. 그러나 그 뒤로 변화의 삼각형을 꾸준히 실천한 끝에 적대적인 농담과 비아냥거리는 말투가 사실은 자신을 보호하기 위한 방어라는 사실을 깨달았다. 이 깨달음만으로도 가슴이 뻥 뚫리고 마음이 한결 가벼워졌다. 그는 변화의 삼각형을 실천하면서 어린 시절에는 느끼지 못했던 불안과 핵심 감정을 알아차리고 인정하는 법을 배웠다. 그 덕분에 자기 자신은 물론 가족과도 더 진실하게 연결돼 있다고 느끼게 됐다. 그 결과, 이제는 아들의 불안에 호기심과 평온함, 연민의 태도로 반응하고, 힘든 순간에도 아들과 깊은 유대감을 유지할 수 있었다.

자신의 방어를 알아차리려면 호기심과 용기, 깊은 자기 연민이 필요하다. 이것은 한 번으로 끝나는 일이 아니라 계속 이어지는 과정이며, 다음과 같은 질문에서 출발한다.

- 나 자신에게 문제를 일으키는 행동은 무엇인가? (예: 술 다시기, 소극적으로 움츠러들기, 과도하게 통제하기)
- 인간관계에서 반복적으로 문제를 일으키는 내 행동은 무엇인가? (예: 무시하기, 회피하기, 남 탓하기, 남 판단하기)
- 직장에서 문제를 일으키는 내 행동은 무엇인가? (예: 미루기, 다른 사람의 말

에 끼어들기, 주변에 도움을 요청하지 않기)

- 나는 상처를 주거나 파괴적이거나 위험한 행동을 하는가?
- 나는 불안을 피하려고 어떤 행동을 하는가?
- 분노, 슬픔, 기쁨, 두려움 같은 핵심 감정을 피하려고 어떤 행동을 하는가?
- '아이를 사랑하지만, 아이 때문에 괴롭다.'라거나 '아이에게 독립심을 키워 주고 싶지만, 아이가 정말 독립한다고 생각하면 견딜 수 없다.' 같은 내적 갈등을 회피하기 위해 나는 어떤 행동을 하는가?
- 나는 내 결점을 어떻게 숨기는가?
- 나는 내 장점을 알아차리고 있는가? 그렇지 않다면, 무엇이 알아차림을 방해하고 있는가?
- 나는 내 실수에 어떻게 반응하는가?
- 나는 타인에게 사과할 수 있는가? 그렇지 않다면, 무엇이 사과하는 것을 방해하는가?
- 나는 자신에 대한 부정적인 감정을 어떻게 회피하는가? 혹은 그 감정에 어떻게 빠져드는가?
- 나는 통제적인 편인가? 그렇다면 언제 그런 모습이 두드러지는가?
- 나는 다른 사람을 자주 판단하는가? 그렇다던 어떤 상황에서 그렇게 행동하는가?
- 나는 융통성이 없는 편인가? 그렇다면 그 이유는 무엇인가?

질문들을 하나하나 곰곰이 생각해 보면, 자신을 훨씬 더 깊이 이해할 수 있다. 궁극적인 목표는 우리의 방어가 말이나 행동으로 드러나기 이전에 알아차리는 능력을 키워 가는 것이다. 더 나아가, 방어하는 순간 왜 내가 그 방어를 사용하려고 하는지 스스로 성찰할 수 있어야 한다.

나(힐러리)는 오랜 시간이 흐른 지금도 떠올리기만 하면 가슴을 후벼파

듯 아프고 슬픈 기억이 하나 있다. 이 글을 써 내려가는 지금, 나는 내가 느끼는 슬픔을 알아차리고 인정하며 동시에 잘 자라준 내 딸에게 깊은 감사의 마음을 느낀다. 지금으로부터 거의 20년 전, 열두 살이던 딸아이가 내게 물었다.

"엄마, 저 머리를 파란색으로 염색해도 돼요?"

그때 나는 깊이 생각하지도 않고, 파란 머리는 혐오스럽다는 듯한 표정을 지으며 아주 단호하게 "안 돼!"라고 대답했다.

당시 나는 방어 상태에 있었기 때문에, 그 말이 어떤 결과를 불러올지 전혀 예상하지 못했다. 나는 딸아이의 창의적인 시도를 부끄러운 것으로 만들어 버렸고, 그로 인해 아이는 깊은 상처를 받았다(참고로, 딸은 훗날 뛰어난 미용사이자 헤어 컬러리스트가 됐다). 결국, 딸은 내 허락 없이 동네 화장품 가게에서 염색약을 사 와 스스로 머리를 염색했다. 그 반항적인 행동에 나는 말을 안 듣는다며 아이를 모질게 꾸짖었고, 그 결과 우리 모녀 사이는 더 멀어졌다. 열두 살이던 아이는 자신이 존중받지 못하고, 이해받지 못한다고 느꼈다. 그 일은 모녀 관계에 상처를 남겼고, 딸은 더 이상 엄마인 나를 신뢰하지 않게 됐다.

돌이켜 보면, 그때 내가 보인 행동은 전형적인 방어였다. 나는 내 아이가 파란 머리를 하고 내 친구들 앞에 나타나는 모습을 상상하자 심한 당혹감과 수치심을 느꼈다. 그래서 그 수치심을 딸에게 전가해, 딸이 부끄러움을 느끼게 했다. 내 수치심을 피하기 위한 방어였다. 또, 나는 다른 사람들이 내 딸을 판단할까 봐 두려움을 느꼈다(당시에는 전혀 알아차리지 못했던 핵심 감정이었다).

'다른 부모들이 내 딸을 어떻게 볼까?'

'파란 머리 때문에 혹시 무시당하지는 않을까?'

'아이가 머리를 파랗게 염색하게 놔두면, 사람들이 나를 나쁜 엄마로 보지 않을까? 아니면, 자기 머리에 만족하지 못하는 아이를 둔 부모라고 흉보지 않을까?'

하지만 파란 머리를 한 사람들을 속으로 판단하던 사람은 바로 나 자신이었다. 결국 나는 내 두려움과 불안함, 수치심을 방어하려고 딸을 교묘하게 부끄럽게 만들었던 것이다.

우리가 수치심을 느낄 때, 그 감정은 종종 뜨거운 감자처럼 느껴진다. 괴롭고 불편한 감정을 견디기 힘든 나머지 다른 누군가에게 던져 버리는 것이다. 내가 지었던 혐오스러운 표정이 바로 수치심이라는 뜨거운 감자를 딸에게 던진 방식이었다. 나는 딸이 왜 머리를 염색하고 싶어 하는지 궁금해하지 않았다. 학교 선생님이나 내 친구들에게 염색에 관해 물어보는 것 같은 최소한의 노력도 하지 않았다. 나는 무의식적으로 딸의 머리 염색을 딸의 일이 아니라 내 문제로 여기고, 친정어머니나 친구들이 나를 어떻게 볼지 걱정했다.

아이가 방어적인 태도를 보일 때 부모로서 즉각 반응하지 않고 참는 것은 쉬운 일이 아니다. 그러나 그럴 때일수록 잠시 멈추고, 지금 이 상황에서 아이에게 정말 도움이 되는 것이 무엇인지 생각해 봐야 한다. 여기서 도움이 된다는 것은 아이를 더 방어적인 태도로 몰아넣는 것이 아니라, 아이가 평온함, 유대감, 호기심, 연민을 느끼도록 이끌어 주는 것을 의미한다.

열린 마음 상태를 회복하는 마음 처방전

다음은 우리가 흔히 사용하는 방어적 반응의 예시다. 자신의 방어 반응을 의식적으로 알아차리면, 그 순간 닫힌 마음을 열린 마음으로 전환할 수 있다. 가장 중요한 것은 자각이다. 다음 방어적 반응의 예시를 읽어 보는 것만으로도 자각으로 향하는 좋은 출발점이 될 것이다.

부모의 방어적 의사소통 유형	방어적 반응의 예	열린 마음에서 나오는 반응의 예
말	"뭐라고? 뭘 어쨌다고?"라고 소리 지른다.	"이제 좀 괜찮아졌니?"라고 묻는다.
행동	아이의 팔을 덥석 잡거나, 아이를 홱 잡아당기거나, 때린다.	숨을 깊게 들이마시며 아이를 물리적으로 통제하고 싶은 충동을 가라앉힌다. 아이에게 "엄마(아빠)가 지금 너무 화가 나서, 마음을 가라앉힐 시간이 필요해."라고 말한다.
말투	비꼬거나 냉소적인 말투로 말한다.	숨을 깊게 들이마시고, 갈투를 중립적이고 평온하며 따뜻한 톤으로 바꾼다. 그런 다음, 하고 싶은 말을 솔직하게 표현한다.
표정	미간을 찌푸리거나 입술을 꽉 다문다.	얼굴 근육의 긴장을 최대한 풀어 준다. 기분 좋은 일을 떠올리면 긴장 푸는 데 도움이 된다.
자세	양손을 허리춤에 얹은 채 서 있는다.	서 있는 자세가 아이에게 위협적으로 보이지 않도록 주의한다. 숨을 깊게 들이쉬고, 자리에 앉아 아이의 말을 듣고 도와줄 준비를 한다.

때로는, 아무 말도 하지 않고 속상함을 잠시 견디는 것이 가장 적절한 처방이 될 수 있다.

투사 알아차리기

투사_{projection}는 우리가 사용하는 놀랍고도 교묘한 방어 기제다. 우리는 자기도 모르는 사이 감정을 아이에게 투사하며, 그 감정이 사실은 아이가 아니라 내가 느끼는 것임을 인식하지 못한다. 이런 일이 일어나는 이유는, 우리가 어렸을 때 "너는 지금 기분이 어떠니?", "지금 뭐가 필요하니?"라는 질문을 받아본 적이 없기 때문이다. 그 결과, 우리는 자신의 욕구를 직접 표현하는 대신 무의식적으로 다른 사람에게 전가해 충족하려 한다.

예를 들어 보자. 아이와 함께 외출해서 볼일을 보다가, 문득 이렇게 묻는다.

"배고프지 않니?"

그런데 아이는 "아니요, 배 안 고파요."라고 대답한다. 그 순간, 실제로 배고픈 사람은 아이가 아니라 부모 자신일 가능성이 크다. 하지만 우리는 "나 배고파."라고 말할 생각은 하지 못하고, 자신의 욕구를 의식하지 못한 채 아이의 욕구라고 착각한다.

투사는 다양한 형태로 나타난다. 예를 들어, 한 엄마가 울고 있는 아기를 보며 이렇게 말한다.

"너도 엄마가 형편없다고 생각하는 거니?"

하지만 사실 그 판단은 아기가 아니라, 엄마가 자기에게 내리고 있는 것이다.

또 다른 예로, 아버지가 반바지를 입은 십 대 아들에게 이렇게 묻는다.

"긴 바지랑 셔츠를 입는 게 더 편하지 않겠니?"

아버지가 이렇게 말한 진짜 이유는, 아들과 함께 자기 친구들을 만나러 갈 때 단정하게 차려입지 않은 아들이 부끄러웠기 때문이다.

나(줄리)는 정신분석치료사 연수를 받을 때 투사에 대해 배웠음에도, 내가 투사를 하고 있다는 사실을 깨닫지 못했다. 딸이 어렸을 때 친구들한테 생일 파티나 놀이 약속 초대장을 수없이 많이 받았는데, 그럴 때마다 나는 아이에게 이렇게 물었다.

"너도 가고 싶지? 그렇지?"

하지만 그 질문은 질문이 아니라 거의 강요에 가까운 말이었다. 내 말투는 아이에게 가고 싶다고 대답하라며 은근히 압박했다. 그리고 나는 이렇게 덧붙이고는 했다.

"친구가 너를 초대해 준 건 정말 고마운 일이야. 네가 안 가면 그 친구는 속상할 거야."

딸아이는 반항 한번 하지 않고 늘 순순히 내 말을 따랐기 때문에, 이런 패턴은 아이가 사춘기가 될 때까지 계속됐다. 그러다 문득 딸이 모든 초대에 가고 싶다고 말하길 바라던 것이 사실은 딸이 아니라 나를 위한 것이었음을 깨달았다. 이 모든 게 내가 과거에 거절당했던 상처에서 비롯된 것이었다. 나는 그때 느꼈던 아픔을 딸에게 투사함으로써 내 상처를 치유하고 싶었다. 하지만 그 과정에서 내 딸이 진짜 어떤 아이인지, 무엇을 원하는지는 보지 못했다. 나는 이 사실을 깨달은 후 딸과 솔직한 대화를 나눴고, 지금은 과거의 상처를 딸에게 투사하지 않으려고 의식적으로 노력한다.

부모가 아이에게 투사를 하고 있는지 확인하는 방법이 있다. 아이에게 어떤 조언이나 제안을 할 때, 잠시 멈춰서 그것이 정말 아이의 감정이나 욕구와 관련이 있는지, 아니면 부모의 감정이나 욕구와 관련이 있는지 생각해 보자.

예를 들어, 아이에게 "너 피곤해 보이는데, 오늘은 집에 있는 게 좋겠다."라고 말하기 전에, 피곤해서 집에 있고 싶은 것은 자기 자신이 아닌지 생각해 보자. 만일 그렇다면 자신의 감정과 욕구를 아이에게 투사하는 것이다.

물론, 투사가 반드시 나쁜 것만은 아니다. 부모로서 우리가 몸과 마음에서 느끼는 감정은 아이를 비롯한 타인의 감정을 이해하는 중요한 출발점이 될 수 있다. 오히려 아이가 지금 어떤 경험을 하는지 귀 기울이게 돕는 통로가 되기도 한다.

· 나 되돌아보기 ·

최근 당신의 가치관이나 욕구, 바람, 필요를 아이에게 투사했던 순간을 떠올려 보자.
예를 들어, 아이에게 이렇게 물었던 적이 있는가?
"학교 축제 때 엄마(아빠)가 학부모 자원봉사자로 가면 재밌지 않겠니?"
그때 아이가 한숨을 내쉬거나 눈을 굴렸다면, 자신의 바람을 아이에게 투사하고 있었을 가능성이 있다. 이를 확인하는 방법은 간단하다. 그 질문을 자신에게 하는 것이다.
"내가 아이의 학교 축제에 학부모 자원봉사자로 가고 싶은 걸까?"
그 대답이 '그렇다.'라면, 지금 투사가 작용하는 중이다.

아이의 방어

비록 방어와 그것이 감정 속에서 어떤 역할을 하는지 잘 알지 못하더라도, 아이에게서 나타나는 방어는 한 번쯤 목격해 봤을 것이다. 예를 들어, 동생이 태어나면 첫째 아이가 종종 퇴행하는 모습을 보인다. 밤에 잠을 설치거나, 평소보다 더 많은 관심과 애정을 요구하고, 심지어 아침 식사로 솜사탕을 먹겠다고 떼를 쓰기도 한다. 이러한 행동들은 모두 방어로 볼 수 있다. 아직 자신의 감정을 말로 표현하기 어렵기 때문에 행동으로 나타나는 것이다. 다시 말해, 아직 언어 발달이 미숙한 유아는 "엄마가 나 대신 아기랑만 시간을 보내서 슬프고, 화나고, 외로워요."라고 말할 수 없다.

사춘기 아이들에게도 방어가 나타난다. 예를 들어, 부모가 휴대폰 사용 시간을 제한했을 때, 아이는 쓰레기통을 발로 차거나 방문을 쾅 닫기도 한다. 우리는 이런 행동들을 보며 아이를 그저 '버릇없다', '관심을 끌려 한다', '벌을 받아야 한다', '지나치게 의존적이다', '못됐다', '어리석다'라고 판단하기 쉽다. 하지만 이런 반응 대신, 치유의 출발점으로 인식할 필요가 있다.

더 주목해야 할 점은, 아이가 방문을 쾅 닫거나 쓰레기통을 발로 찰 때 부모 역시 방어적으로 반응한다는 사실이다. 벌을 주거나, 호되게 꾸짖거나, 농담으로 아이의 감정을 가볍게 넘기거나, 혹은 "진정해!"라고 말하며 불안을 아이에게 투사하기도 한다. 그러나 바로 이 순간이 부모에게는 중요한 선택의 갈림길이다. 이때 아이의 도발에 휘말려 즉각적으로 반응하지 않기를 바란다. 대신 열린 마음 상태의 네 가지 역량을 떠올려 보자(88쪽의 표에 제시된 열린 마음으로 반응하는 예시를 참고해도 좋다). 특히 우리가 좋아하는 방법은 "아, 그거 진짜 짜증 나겠다."라고 말하며 아이의 감정에 공감해 주는 것이다.

다음 예시는 아이의 방어 행동 이면에 숨겨진 감정과 욕구를 보여 준다.

- 토비는 여동생을 때린다. 이는 엄마의 관심을 받고 싶은 욕구를 직접 표현하지 못해 나타나는 방어 행동이다.
- 알렉스는 교실에서 소란을 피우며 이리저리 뛰어다닌다. 몇 시간씩 가만히 앉아 있어야 하는 상황이 너무 힘들기 때문이다. 사실 알렉스의 진정한 자아는 활기와 에너지가 넘쳐 그 에너지가 억눌릴 때 방어 행동이 표출된다.
- 찰스는 늘 농담을 한다. 이는 불안을 감추기 위한 방어 행동이다. 찰스는 얼마 전에 이사 와서 아직 낯선 환경에 적응 중이며, 새로 만난 친구들 사이에서 어색함을 느끼고 있다.
- 프리다는 일부러 음식을 거의 먹지 않는다. 이는 식습관 문제가 아니라 방어 행동이다. 굶는 행동을 통해 사춘기 때 겪는 신체 변화에서 오는 불안을 잠재우는 것이다. 프리다는 음식에 대한 강박에 사로잡혀 있기도 하다. 이 역시 방어의 한 형태로, 먹고 싶은 생리적 욕구를 통제함으로써 스스로 통제하고 있다는 느낌에서 안도감을 얻는다.

변화의 삼각형으로 방어 다루기

방어에서 벗어나려면, 아주 작은 의지라도 좋으니 자신의 감정을 인정해 보려는 태도가 필요하다. 방어에 대한 과도한 의존을 내려놓기 시작하면, 우리는 호기심과 연민의 시선으로 자신의 감정을 알아차릴 수 있다. 또 머릿속에서 일어나는 생각뿐 아니라, 몸에서 일어나는 반응에도 귀 기울이게 된다.

변화의 삼각형은 그 여정을 안내해 주는 지도이자 길잡이다. 처음에는 마음을 들여다보는 일이 쉽지 않다. 자신의 부족한 면을 겸손하게 인정하고, 내 감정을 솔직하게 마주할 용기가 필요하다. 실제로 변화의 삼각형을 실천하다 보면, 긴장감이나 불안 같은 반응이 나타날 수 있다. 자신의 감정을 알아차려 이름 붙이고, 인정하며, 충분히 느끼는 과정이 아직은 낯설기 때문이다. 방어를 조금씩 느슨하게 하는 과정에서 이런 반응들이 올라오더라도, 올바른 방향으로 가고 있다는 신호이니 걱정하지 않아도 된다. 이런 경험은 당신이 성장하고 있다는 사실을 보여 주는 신호다. 그럴 때는 그저 호흡에 집중해 보자. 감정의 파도가 밀려와도 숨을 고르며 호흡을 이어 가면, 마음은 점차 차분해지고 그 아래 숨어 있는 감정을 알아차려 건강하게 다룰 수 있다. 그리고 그 과정을 통과하고 나면 놀라운 변화가 기다리고 있다. 즉, 우리는 더 자유롭고, 더 유연하며, 더 단단한 사람이 된다. 이 여정은 그만큼 가치가 있다.

성인인 우리는 뇌와 신경계가 완전히 발달해 자신을 관찰하고 조절할 수 있기 때문에 방어를 무의식적으로 사용하는 패턴을 충분히 바꿀 수 있다. 우리는 변화의 삼각형을 통해 방어를 인식하고 삼각형의 위에서 아래로 즉, 방어에서 핵심 감정으로 천천히 내려갈 수 있다. 이 과정에서 핵심 감정을 알아차리고 인정하는 방법을 익히고, 불안이 순간적으로 올라올 때 가라앉히는 방법도 함께 배우게 된다.

일단 자신의 방어를 알아차렸다면, 그 방어를 내 앞에 앉아 있는 한 사람이라고 생각하고 대화를 시도해 보자. 자신의 방어에게 이렇게 질문할 수 있다.

"너는 나를 어떻게 도와주려는 거니?"

방어를 판단하거나 몰아세우지 않고 열린 마음으로 바라보면, 대답이 자연스럽게 떠오를 것이다. 사실 당신의 방어는 이미 답을 알고 있으며, 말해 줄 준비도 돼 있다. 예를 들어, 당신의 방어는 이렇게 말할지도 모른다.

- "집 안이 깔끔하게 정돈돼 있어야 뿌듯함을 느끼고, 마음이 놓여."
- "감정에 관해 이야기하면 내가 약해지고 통제력을 잃을 것 같아서 두려워. 그래서 말을 못 하겠어."
- "아이들과 갈등이 생길 때 피하는 건, 괜히 말을 잘못해서 평생 상처를 줄까 봐 그래."
- "내 욕구를 아이의 욕구보다 뒤로 미루는 건, 우리 엄마처럼 이기적인 사람이 되기 싫어서야."
- "아이들을 몰아붙이는 건, 우리 아이들이 부모님처럼 힘들게 살지 않기를 바라서야."
- "아이들이 세상에 나가 실패하고 망신을 당할까 봐, 실수하면 심하게 꾸짖게 돼."

방어는 위협이 사라져도 여전히 우리를 보호하기 위해 열심히 작동한다. 예전 방식대로 작동하는 감정 시스템에 업데이트가 필요한 것과 같다.

이제 방어 탐정이 된 것처럼, 방어가 무엇으로부터 당신을 보호하는지 호기심 어린 시선으로 살펴보게 된다. 방어를 의식하고 알아차릴수록 방어는 점차 힘을 잃고 느슨해진다.

변화의 삼각형 활용 사례: 팀의 이야기

열두 살인 팀은 다른 아이를 때려서 학교에서 정학 처분을 받았다. 팀의 부모는 너무 화가 나 팀에게 소리를 질렀다.

"너는 아무짝에도 쓸모없는 애야!"

팀의 부모가 화가 난 것은 충분히 이해할 수 있다. 하지만 그들은 지금 열린 마음 상태에서 반응하는 것이 아니라, 방어 상태에서 충동적으로 반응하며, 이런 행동이 팀의 정서 건강에 장기적으로 얼마나 악영향을 끼칠지 전혀 고려하지 못하고 있다.

그렇다면 팀의 부모가 열린 마음 상태에 있지 않다는 사실은 어떻게 알 수 있을까? 그 답은 열린 마음 상태의 네 가지 역량에서 찾을 수 있다. 그들은 아들에게 평온함, 연민, 호기심, 유대감 중 그 어떤 것도 보여 주지 못하고 있다.

팀의 부모는 이미 상처받고 속상해하는 아들에게 수치심과 모욕감을 안겼다. 처음에 그들은 그저 화가 났다고만 말했다. 그것이 당시 자신들의 괴로움을 표현할 수 있는 유일한 말이었기 때문이다. 그러나 아들을 향해 충동적으로 분노를 쏟아낸 뒤 변화의 삼각형을 적용해 보면서, 한 가지 중요한 사실을 깨달았다. 바로, 자신들이 '화'라고 표현한 감정 속에는 방어와 억제 감정 그리고 네 가지 핵심 감정이 뒤섞여 있었다는 것이다.

그들은 이 감정을 하나씩 짚어 가며 이름 붙이고 인정하기 시작했다. 그들이 소리를 지르고 팀을 비난한 것은 방어적인 분노에서 비롯된 것이

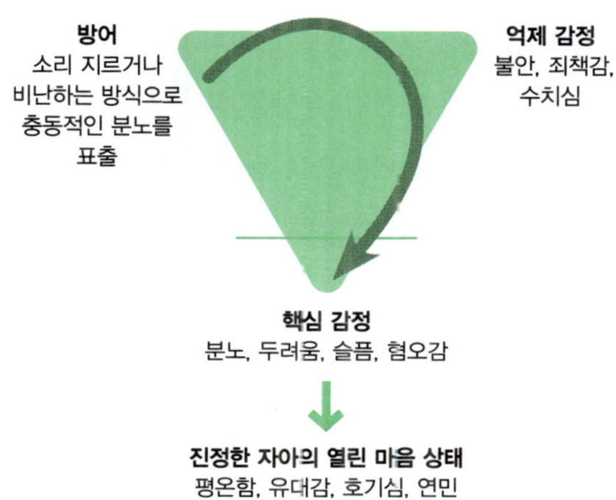

었다. 동시에 아들이 학교 폭력의 가해자가 됐다는 사실에 깊은 슬픔을 느꼈고, 아들의 폭력적인 행동에 혐오감도 느꼈다. 또 아들이 이번 사건으로 좌절하고 다시 일어서지 못할까 봐 두려움을 느꼈다. 혹시 아들이 앞으로도 다른 아이들을 괴롭히지는 않을까 하는 두려움도 있었다. 그뿐만 아니라, 이런 문제를 일으킨 아들을 둔 부모라는 사실에 수치심을 느꼈고, 사건의 여파가 어떻게 번질지에 대한 불안도 컸다. 그리고 아들의 행동에 대해 죄책감을 느꼈으며, 학교 선생님과 피해를 당한 아이의 부모 앞에서는 몹시 난처하고 당혹스러운 마음이 들었다.

사실 이 모든 감정은 지극히 자연스러운 것이며, 하나하나 주의를 기울여 다뤄야 한다. 이제 팀의 부모는 아들에게 충동적으로 반응하기보다는 잠시 멈춰 내면에서 일어나는 감정들을 살핀다. 그리고 평온함, 유대감, 호기심, 연민이 충만한 열린 마음 상태에서 아들에게 공감하려고 노력한다.

마음을 차분히 가라앉히고 아들의 말에 귀 기울이게 되자, 그들은 비로소 아들이 공격적인 행동을 스스로 조절하도록 돕게 됐다. 팀이 사건 발생 전, 진행 중, 이후에 느꼈던 감정을 하나씩 표현하도록 돕고 열린 마음 상태의 네 가지 역량을 바탕으로 팀에게 상처 주는 말을 내뱉었던 것에 대해 진심으로 사과했다. 그 결과 팀은 부모와의 관계에서 다시 안전함과 깊은 유대감을 느끼게 됐다.

· 팀의 부모가 실천한 열린 마음 양육 ·

- **평온함:** 팀의 부모는 충동적으로 반응하기 전에 잠시 멈추고, 자신들이 느끼는 당혹감, 죄책감, 불안, 분노, 두려움, 슬픔, 혐오감 같은 감정을 하나씩 알아차린다. 감정에 이름을 붙이는 것만으로도 신경계가 이완돼 마음이 한결 평온해진다.
- **연민:** 팀의 행동이 충격적이기는 했지만, 부모는 팀이 힘들고 괴로워서 그런 행동을 했다는 사실을 알고 있다. 아이가 힘들지 않았다면, 절대로 그런 행동을 하지는 않았을 것이라고 믿는다.
- **호기심:** 무엇보다 중요한 것은 호기심 어린 태도로 다가가는 것이다.
  "팀, 네가 누군가를 일부러 다치게 하거나 폭력을 쓰는 아이가 아니란 걸 알고 있어. 그 친구가 어떻게 행동했길래 네가 그렇게 화가 났는지 이야기해 줄래?"
  이렇게 묻는 것은 누구를 비난하려는 게 아니라 상황을 좀 더 깊이 이해하기 위해서다.
- **유대감:** 영국의 저명한 아동 정신분석가 도널드 위니컷(Donald Winnicott)은 이렇게 말했다.
  "아이를 포기하지 말고, 맞서 싸우지도 마라."
  이 말은 아이와 깊은 유대감을 유지하고, 부모의 의견을 내세우기보다 아이의 말에 귀 기울이라는 의미다. 아이가 자기 생각이나 감정을 부모에게 솔직하게 털어놓는다면, 부모를 신뢰한다는 신호다. 그럴 때는 아이의 입장에서 세상을 바라보려고 노력하자. 정말로 아이의 세계로 들어가 보자. 그리고 이런 말들로 아이의 마음에 응답할 수 있다.
  "그랬구나.", "그건 정말 힘들었겠다.", "정말?", "와, 그런 일이 있었구나."

방어는 감당하기 어려운 고통스러운 감정으로부터 우리를 보호하려고 생겨난다. 방어를 사용하는 것 자체는 부끄러운 일이 아니다. 그러나 그 방어를 알아차리고, 인정하며, 이해하려고 노력해야 한다. 그래야 자녀에게 방어를 충동적으로 표출하지 않게 되고, 결국 가족 모두의 정신 건강에도 도움이 된다.

이어지는 장에서는 핵심 감정을 억누르는 억제 감정을 알아볼 것이다. 그중에서도 부모와 아이가 가장 자주 경험하는 억제 감정인 불안부터 살펴보자.

　방어를 알아차리는 일은 쉽지 않다. 하지만 방어를 알아차리는 연습은 평생 우리 자신과 가족 모두의 정서 건강에 도움이 될 것이다. 이 장에서 소개하는 방법뿐만 아니라 앞으로 소개할 다른 방법도 꾸준히 연습하다 보면, 몸과 마음이 점점 더 건강해질 것이다. 연습할 때 완벽하게 해내야 한다는 부담은 내려놓아도 좋다. 단 30초만 시도해도, 충분히 의미 있는 시작이다.

몸으로 드러나는 방어의 신호들

　노트나 휴대폰 메모장에, 방어 상태에 들어갈 때 몸 안에서 가장 뚜렷하게 느껴지는 감각을 적어 보자. 감정적으로 감당하기 어려운 말을 듣거나 장면을 목격할 때, 눈앞에 거대한 벽이 내려오는 듯한 느낌이 들 수도 있다. 혹은 몸이 단단한 갑옷으로 둘러싸인 듯 답답하거나, 분노로 인해 온몸이 긴장되고 뻣뻣해지는 걸 느낄 수도 있다. 마음이 움츠러들거나, 무너져 내리는 듯한 느낌이 들 수도 있다. 또는 몸이 붕 떠 있는 것 같거나, 정신이 멍해지거나, 갑자기 슬퍼지거나, 스스로가 작아지는 느낌이 들 수도 있다.

방어 알아차리기

　잠시 시간을 내 다음 질문에 대해 곰곰이 생각해 보자. 앞서 나왔던 방어 목록(81쪽)을 참고하면 도움이 될 것이다.

· 아이가 신경을 건드릴 때 보이는 반응 세 가지를 적어 보자.

- 갈등 상황을 피하려고 사용하는 방법 세 가지를 적어 보자.
- 말하고 나서 후회했던 말 세 가지를 적어 보자.
- 불편한 감정을 피하는 방식 세 가지를 적어 보자.
- 불편한 감정을 다루는 방식 세 가지를 적어 보자.

변화의 삼각형 실천하기

1. 자리를 잡고 편안한 자세로 앉아서 의자 등받이에 닿는 느낌, 발바닥이 바닥에 닿는 느낌을 천천히 느껴 보자.

2. 이제 심호흡을 네 번 해 보자. 먼저 코로 숨을 깊이 들이마신 뒤, 네 박자 동안 머금었다가, 뜨거운 국을 입으로 불어 식힐 때처럼 입술을 오므려 천천히 내쉰다. 이 호흡을 세 번 더 반복한다.

3. 이번에는 아이가 슬퍼서 울고 있던 순간을 떠올려 보자. 그 장면을 가능한 한 생생하게 떠올리며, 그 순간이 지금 다시 재생된다고 상상해 보자.

4. 이제 머리끝부터 발끝까지 그리고 다시 발끝에서 머리끝까지 천천히 몸을 살피며, 몸에서 느껴지는 감각을 찾아보자. 어떤 감각이 느껴지는가? 어깨가 뻣뻣해지거나 가슴이 답답해질 수도 있고, 심장이 평소보다 빠르게 뛸 수도 있다. 몸의 감각은 우리가 감정과 방어를 알아차리고 이름 붙이는 데 중요한 단서가 된다는 점을 기억하자. 예를 들어, 어깨에서 느껴지는 긴장은 불안을, 높아지는 체온은 분노를, 무겁게 느껴지는 가슴은 슬픔을 의미할 수 있다. 어떤 감각을 느끼든, 판단하거나 바꾸려 하지 말고 있는 그대로 느껴 보자.

5. 그 기억을 떠올리는 지금 이 순간, 내면에서 어떤 충동이 일어나는지 살펴보자. 이 기억을 그만 떠올리고 싶다는 생각이 들 수도 있고, 아이에게 "그까짓 일로 슬퍼할 필요 없어."라고 말하고 싶은 충동이 올라올 수도 있다.

6. 이때 옳고 그름의 판단은 필요 없다. 당신이 느끼는 모든 감각과 충동은 몸과 마음이 감정에 어떻게 반응하고, 때로는 그 감정으로부터 자신을 어떻게 보호하는지를 보여 주는 소중한 단서다. 그 반응을 호기심과 연민의 시선으로 바라보자.

7. 참 잘했다!

변화의 삼각형에서 나의 위치 찾기

앞서 변화의 삼각형을 실천하는 동안, 아이가 슬퍼했던 기억을 떠올리는 걸 방해한 회피나 다른 형태의 방어 반응이 있었는가? 그렇지 않았다면, 그 순간 몸과 마음에서는 어떤 감각이 느껴졌는가?

무엇을 느꼈든 어떤 반응이 나타났든 모두 자연스럽고 당연한 일이다. 이제 다음 변화의 삼각형을 보고 당신이 어디에 있는지 알아보자.

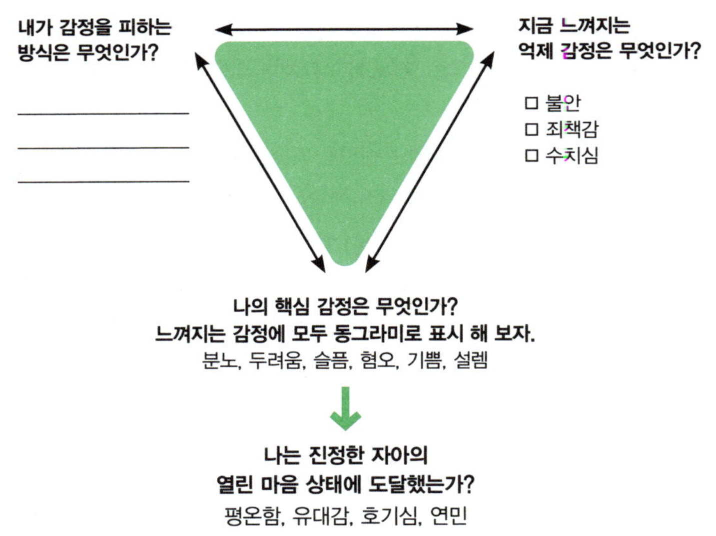

이 여정을 함께해 온 당신에게 진심으로 큰 박수를 보낸다. 내면을 들여다보고, 감정에 이름을 붙이며, 방어를 알아차리고, 변화의 삼각형을 실천하는 일은 자신뿐만 아니라 아이에게도 깊은 치유의 힘을 전해 준다.

　다음 장에서는 부모와 아이가 가장 자주 경험하는 억제 감정인 불안을 함께 살펴보고, 불안을 완화하는 데 도움이 되는 구체적인 방법을 소개한다.

CHAPTER 5

불안을 신호로
활용하기

갓 걸음마를 뗀 두 아이의 엄마 수잔은 잠시라도 아이들을 떼어 놓는 게 너무 불안해서 다른 사람에게 아이를 맡기지 못한다. 두 명의 십 대 아들을 둔 마크는 난폭한 운전자가 아들이 운전하는 차를 덮칠까 봐 불안해서 아이들이 운전을 배우지 못하게 한다.

미셸의 여덟 살짜리 딸은 주사 맞기를 무서워한다. 병원에 갈 때마다 울음을 터뜨리며 과호흡 증상까지 나타난다. 그래서 미셸은 딸이 심각하게 아플 때가 아니면 병원에 가지 않는다.

거의 모든 부모가 꽤 강한 강도의 불안을 경험하곤 한다. 불안은 변화의 삼각형에서 핵심 감정을 억누르는 세 가지 억제 감정 중 하나인데, 불안을 제대로 이해하고, 다루는 법을 배우는 일은 매우 중요하다. 불안을 다루지 않고서는 그 아래에 숨은 핵심 감정에 닿을 수 없기 때문이다. 그리고 그 핵심 감정을 통해서 평온함, 유대감, 호기심, 연민이라는 네 가지 역량을 지닌 진정한 자아의 열린 마음 상태로 들어갈 수 있다.

불안을 알아차리고 다루게 되면, 자기도 모르게 아이에게 불안을 전염시키지 않고, 아이의 감정 표현을 가로막지도 않는다. 더 나아가, 자신의 불안을 인식하고 스스로 진정시키는 부모는, 아이 역시 어려운 상황에서 그와 같은 힘을 발휘하는 사람으로 자라도록 도울 수 있다.

우리가 불안을 느끼는 이유는 그 밑에 깔린 핵심 감정과 욕구를 인정하고 받아들이기 어렵기 때문이다. 이런 감정들을 무의식적으로 억누르다 보면, 어느 순간 원래의 감정은 느끼지 못하고 오직 불안만 느끼게 된다. 불안은 분명 불편한 감정이지만, 불안을 하나의 신호로 삼을 수 있다면 내면 깊은 곳에서 무슨 일이 일어나는지 이해할 수 있는 길이 열린다.

· 나 **되돌아보기** ·

당신을 불안하게 하는 세 가지를 떠올려 보자. 양육과 관련된 것이어도 좋고, 아니어도 괜찮다.

이 책에서 제시하는 불안의 정의가 낯설게 느껴질 수도 있다. 우리 사회에서는 불안을 종종 하나의 장애로 바라보며, 감정에 관해 배우면 불안을 근본적으로 예방하고 완화하며 치유하는 데 도움이 된다는 사실은 충분히 알려 주지 않는다. 감정 교육의 치유 효과에 관한 정보는 거의 제공되지 않은 채, 약물 처방이 우선되는 경우가 많다.

물론 불안에는 생물학적 요인이나 유전적 요인이 작용할 수도 있다.

예를 들어, 주산기 불안^{perinatal anxiety}(임신 기간부터 출산 후 일정 기간까지 나타날 수 있는 불안으로, 호르몬 변화, 수면 부족, 양육에 대한 부담 등이 복합적으로 작용해 발생함 – 옮긴이)은 호르몬 변화가 원인일 수 있다. 이런 경우에는 약물 처방이 꼭 필요할 수 있다. 그러나 원인이 무엇이든 불안을 인식하고, 인정하며, 다루는 법을 배우는 것은 언제나 도움이 된다.

불안하다고 해서 인생이 망했다는 뜻은 아니다. 오히려 불안은 진정한 자아를 탐색하는 여정의 출발점이다. 불안은 밀어내야 할 대상이 아니라 머릿속 생각에서 벗어나 몸의 감각에 주의를 기울이라고 알려 주는 중요한 신호다.

불안을 유발하는 요인은 셀 수 없이 많다. 기후 변화, 정치적 불안, 폭력, 어린 시절 상처와 트라우마, 소셜 미디어, 질병, 경제적 스트레스, 부모의 기대와 요구까지. 이 목록을 읽는 것만으로도 속이 답답하고 불안해질 수 있다. 하지만 당신만 그런 것은 아니다. 불안은 세상의 모든 부모가 느끼는 보편적인 감정이다. 불확실한 세상에서 아이를 키우는 일은 우리가 의식하든 의식하지 못하든 하루에도 수많은 핵심 감정을 불러일으킨다. 그리고 이 핵심 감정들을 온전히 받아들이기 어려울 때, 우리는 그 감정 대신 불안이라는 억제 감정을 느낀다.

아무리 애를 써도 불안을 피하거나 없앨 수는 없다. 이 불편한 감정을 다루는 가장 좋은 방법은 불안과 친해지는 것이다. 감정의 천문학자가 돼, 내면의 불안이라는 별자리를 탐색한다고 상상해 보자. 그러면 불안을 두려워하거나 없애려 하기보다, 관찰하고 이해하려는 태도로 다가갈 수 있다. 이 장에서는 불안을 완화하고 아이가 자신의 불안을 스스로 다루도록 돕는 여러 가지 방법을 함께 살펴볼 것이다.

불안은 몸에서 어떻게 느껴질까?

불안은 매우 복잡한 감정이다. 사람마다 전혀 다른 방식으로 나타나며, 그 모습도 다양하다. 불안이 생기면 몸속에서는 여러 가지 신체 반응이 연쇄적으로 일어난다. 심장이 빠르게 뛰고, 손바닥에 땀이 차며, 위가 꽉 조이는 느낌이 들거나, 어지러움을 느끼기도 한다. 이런 반응들은 불안이 몸에 나타나는 수많은 방식의 일부에 불과하다.

나(줄리)는 불안을 느낄 때마다 가장 먼저 문제 해결 상태에 돌입한다. 예를 들어, 남편이 직장을 잃었을 때 나는 몇 시간씩 구인 공고를 뒤지고, 동료와 친구들에게 연락해 조언을 구했다. 이런 행동 자체가 잘못된 것은 아니지만 그렇다고 해서 불안이 사라지지는 않았다. 불안은 머리로 해결해야 하는 감정이 아니라, 몸에서 시작돼 우리의 알아차림과 인정을 요구하는 감정이기 때문이다.

이제는 불안이 올라오면, 뻣뻣해진 어깨나 복통처럼 몸에서 나타나는 감각을 먼저 알아차린다. 이런 신호가 느껴지면 잠시 한 박자 쉬며 심호흡한다. 그래야 그 아래에 있는 핵심 감정을 또렷하게 인식할 수 있기 때문이다. 남편이 직장을 잃었을 때, 내가 느낀 핵심 감정은 두려움이었다. 그 감정을 알아차리고 이름 붙이자, 현명하고 현실적인 선택을 할 수 있었다. 일을 더 많이 하고, 지출을 줄이며, 내가 어떻게 해도 바꿀 수 없는 일은 내려놓기로 한 것이다.

나(힐러리)는 불안이 엄습하면 온몸이 진동하는 듯한 감각을 느낀다. 심장이 미친 듯이 뛰며 공황 직전의 상태가 되기도 하고, 목과 등이 뻣뻣해지고, 스트레스가 심할 때는 얼굴까지 욱신거린다. 변화의 삼각형을 알기 전까지 나는 불안을 일중독과 끊임없는 정리정돈, 모든 걸 통제하려는 성격으로 다스렸다. 그게 내 성격이라고 생각했지만, 사실은 불안함의 표현이었다. 하지만 변화의 삼각형을 실천한 이후로는 핵심 감정을 알아차리고 다루면서 한결 더 평온해졌다. 여전히 가끔은 일을 너무 많이 하긴 하지만, 이제는 예전보다 훨씬 느긋하고 편안한 사람이 됐다.

몸으로 불안을 알아차리는 일은 여러모로 도움이 된다. 불안을 피하려 애쓰기보다 오히려 불안과 친해지는 것이 불안을 건강하게 다루는 첫걸음이다. 핵심 감정은 몸 안에 자리하고 있기 때문에, 핵심 감정에 닿으려면 몸에서 느껴지는 감각에 주의를 기울여야 한다.

· 불안의 신체적 신호 ·

다음 목록에서 당신에게 나타나는 불안의 신체적 신호가 있는지 살펴보자.

- 어지럼증
- 얼굴이 화끈거리거나, 몸에 한기가 도는 느낌
- 숨이 가쁘거나 호흡이 얕아짐
- 복통, 메스꺼움, 설사, 구토 등 소화 기관의 불편감
- 식은땀이 남
- 두통

- 가만히 있지 못하고 몸을 계속 꼼지락거림
- 심장이 빠르게 뜀
- 가슴 통증
- 몸이 떨림
- 자신이 몸에서 분리된 것처럼 느껴지거나 감각이 무뎌지는 느낌
- 머리가 멍해지고 제대로 생각하기 어려움
- 생각이나 감정을 말로 표현하기 어려움

불안의 역할

불안은 마치 마음이 독감에 걸린 것처럼 몹시 괴롭게 느껴질 때가 있다. 불안에 휩싸이면 우리는 불편함이 당장 사라지길 바란다.

불안은 핵심 감정의 흐름을 차단하는 분명한 목적이 있다. 불안이 이런 역할을 하는 데에는 크게 두 가지 이유가 있다.

1. 어린아이가 자신이 느끼는 핵심 감정이 부모를 화나게 하거나 부모와의 사이를 멀어지게 한다는 것을 배우면, 아이의 뇌는 부모와의 관계를 유지하기 위해 그 감정을 차단한다. 부모와의 정서적 유대감은 어린아이에게 생존과 직결된 문제이기 때문이다. 부모의 사랑과 보살핌, 보호가 없다면 아이는 실제로 위험한 상황에 놓일 수 있다.

2. 핵심 감정이 너무 강렬해 감당하기 어려울 때, 불안이 그 감정을 차단하는 역할을 하기도 한다. 핵심 감정은 에너지가 크고 강도가 세기 때문에, 다루는 법을 배우지 못한 상태에서는 버거울 수 있다. 우리는 어린 시절부터 핵심 감정을 감당하기 어렵다고 느낄 때, 불안으로 그 감정을 눌러 버리고 방어를 사용해 피하는 방식을 익혀 왔다.

리사의 이야기: 핵심 감정을 차단하는 불안

리사는 아이들이 놀이터에서 다치거나, 거절당하거나, 온라인상에서 괴롭힘을 당할까 봐 늘 걱정한다. 여러 가지 걱정이 한데 뒤엉켜, 몸까지 아플 정도다. 결국 그녀는 불안을 조금이라도 덜기 위해 정글짐, 미끄럼틀, 시소 금지라는 아주 엄격한 놀이터 규칙을 세웠다.

또 아이들이 학교 쉬는 시간에 놀림을 받거나 왕따를 당하지 않았는지 확인하려고, 선생님에게 문자 폭탄을 보낸다. 리사는 헬리콥터 맘이 되고 싶은 마음은 추호도 없다. 그저 아이들을 안전하게 지키고 싶을 뿐이다. 그만큼 아이들을 깊이 사랑하기 때문이다.

불안을 줄이려고 애를 써도, 리사의 불안은 꼬리에 꼬리를 물며 새로운 걱정거리를 만들어 낸다. 아들의 식습관, 딸의 성적, 부모님의 건강, 남편의 직장까지 걱정은 끝이 없다.

사실 리사가 지금 느끼는 불안은 과거와 깊이 연결돼 있다. 어린 시절, 리사는 슬픔이나 두려움을 제대로 느끼고 표현할 기회가 없었다. 리사가 울 때마다 엄마는 이렇게 말했다.

"이제 그만 울어. 네가 울면 엄마까지 슬퍼지잖아."

어린 리사는 유난히 걱정이 많은 아이였다. 벌이나 거미만 봐도 두려움에 움찔했고, 부모님이 아프거나 돌아가실까 봐 걱정하다가 감당하기 힘들 만큼 깊은 두려움에 빠지곤 했다.

어느 날, 리사는 할머니가 암 진단을 받았다는 소식을 듣고 엉엉 울면서 엄마에게 말했다.

"엄마, 난 엄마도 죽을까 봐 너무 무서워."

엄마는 리사를 안심시키려는 듯 달랬다.

"리사, 아픈 사람은 할머니잖아. 엄마는 괜찮아. 이제 울지 말고 할머니 빨리 나으시라고 카드를 하나 만들어 드리자."

이처럼 과거의 경험을 통해 자신의 핵심 감정이 환영받지 못한다는 것을 깨달으면, 우리는 무의식적으로 억제 감정에 의존해 자신을 보호하려 한다. 이때 억제 감정 중 하나인 불안은 마치 신호등의 빨간불처럼 핵심 감정에 "멈춰!"라는 신호를 보낸다. 이런 일이 반복되면 더 이상 슬픔이나 두려움 같은 핵심 감정을 느끼지 못하고, 불안만 경험하게 된다.

리사의 어린 시절 경험은 20년이 지나 두 아이의 엄마가 된 지금도 여전히 영향을 미치고 있다. 어린 시절 부모가 슬픔이나 두려움 같은 핵심 감정을 인정해 주지 않았기 때문어 리사는 지금도 그 감정을 알아차리고, 이름 붙이며, 받아들이기 어려워한다. 그런 감정이 올라올 때마다 리사가 느끼는 감정은 오직 불안뿐이다. 그녀는 자신도 모르게 두려움과 슬픔을 차단해 온 것이다.

많은 사람이 리사와 비슷한 경험을 했을 것이다. 분노, 혐오감, 슬픔, 심지어 설렘 같은 감정조차 느끼기 전에 우리는 불안에 압도된다. 그러나 불안은 빙산의 일각일 뿐, 그 아래에는 핵심 감정이 숨어 있다는 사실을 알지 못한다. 이 사실을 인식하지 못하면, 불안을 없애려고 온갖 방법을 동원하게 된다. 리사는 아이들어게 놀이터와 학교에서 지켜야 할 엄격한 규칙을 정해 주며 불안을 줄이려 했다. 하지만 이런 방법으로는 불안을 근본적으로 없앨 수 없었다. 그 밑바탕에 깔린 핵심 감정을 돌보지 않았기 때문이다. 오히려 아이들은 엄마의 불안을 고스란히 느끼며, 학교와 놀이터를 불안한 공간으로 여기게 됐다. 이처럼 불안은 전염된다.

우리 모두 불안을 다루는 데 서툰 면이 있다. 우리 사회나 가정이 그렇게 하도록 가르쳐왔기 때문이다. 다음 표에서 당신이 경험한 방어가 있는지 살펴보자. 있다면 어떤 것인가?

부모와 아이의 불안을 피하는 흔한 방식	
방어 유형	**예시**
긍정으로 덮기	"좋은 쪽으로 생각해."
회피	"속상한 일은 생각하지도 마."
피상적 위로	"걱정하지 마, 다 잘될 거야."
불안 무시하기	"그 정도 일로 뭘 그렇게 불안해하고 그래?"
자기 비난	"이 정도 일로 왜 이렇게 불안한 거지? 난 너무 나약해."

· 나 되돌아보기 ·

1. 부모님은 당신이 불안을 느낄 때 어떤 반응을 보였는가?
2. 당신은 아이가 불안을 느낄 때 어떻게 반응하는가?

불안, 상반된 감정이 충돌하고 있다는 신호

우리는 부모로서 도저히 통제할 수 없는 수많은 스트레스와 갈등, 어려움에 부딪힌다. 그리고 때에 따라서는 핵심 감정과 억제 감정을 동시에 느끼기도 한다.

예를 들어, 아이가 다쳐 응급실에 가야 하는 상황이라면 불안, 두려움, 슬픔이 한꺼번에 밀려온다. 또는 중학생인 아이가 시험에서 부정행위를 하다 걸렸을 때는 불안과 분노, 슬픔이 동시에 느껴진다. 긍정적인 감정도 예외는 아니다. 불안은 설렘이나 기쁨 같은 핵심 감정과 함께 나타나기도 한다.

너무 많은 감정이 한꺼번에 밀려오면, 감정에 압도당하기 쉽다. 숨이 가빠지고, 판단력이 흐려지며, 자신은 물론 아이와의 정서적 연결도 유지하기 어려워진다.

불안은 몸을 과열시키는 엔진과 같다. 이런 불안을 진정시키는 방법 중 하나는 한 박자 쉬어 가며 마음을 가라앉힌 뒤, 지금 일어나는 일을 아주 작은 단위로 나눠 살펴보는 것이다. 가장 먼저 할 일은 지금 느끼는 감정에 하나씩 이름을 붙이는 것이다. 자신에게 이렇게 물어보자.

- 나는 지금 슬픈가?
- 나는 지금 화가 났는가?
- 나는 지금 혐오감을 느끼는가?
- 나는 지금 두려운가?
- 나는 지금 설레는가?
- 나는 지금 기쁜가?
- 충족되지 않은 욕구가 있는가?
- 아직 풀지 못한 갈등이 있는가?

지금 불안을 느낀다면 위에 나열한 감정이나 욕구, 혹은 갈등 중 하나 이상을 동시에 경험할 가능성이 크다. 이럴 때는 핵심 감정과 억제 감정이 함께 작동하는 경우가 많다. 불안을 완화하려면 지금 내 안에서 일어나는 모든 감정을 알아차려야 한다. 알아차린 감정들을 하나씩 분리하고 각 핵심 감정 사이에 약간의 간격이 있다고 상상하면, 복잡하게 얽힌 감정 덩어리에 압도당하지 않게 된다.

여러 감정을 동시에 느낄 때는, '하지만' 대신 '그리고'라는 말을 사용해 모든 감정을 동등하게 인정해 보자. 예를 들어, 이렇게 말할 수 있다.

"나는 슬픔, 그리고 두려움, 그리고 분노를 느끼고 있어."

'그리고'를 사용하면, 뇌와 몸이 여러 감정을 함께 떠올리면서도, 그 감정들이 서로 뒤섞이지 않도록 각각 구분해 인식할 수 있다.

부모라면 누구나 양가감정을 느낄 때가 있다. 예를 들어, 이제 갓 부모가 됐다면 아기를 사랑하면서도 육아로 인한 수면 부족은 괴로울 수 있다. 또는 배우자나 친구, 아이가 상처를 줘도 여전히 그들을 사랑할 수 있다.

상반된 두 감정이 동시에 일어나면, 두 감정을 한꺼번에 마음속에 담아두기가 쉽지 않다. 사랑은 상대에게 가까이 다가가게 하지만, 분노는 상대와 싸우거나 멀어지게 하기 때문이다. 이럴 때는 이렇게 말해 보자.

"나는 아이를 정말 사랑해. 그리고 지금은 아이한테 정말 화가 나!"

"나는 남편(아내)을 사랑해. 그리고 지금은 남편(아내)이 정말 미워!"

분노나 미움이 사랑을 지워버리는 것은 아니다. 이런 감정을 느낀다고 해서 부끄러워할 필요는 없다. 중요한 것은 감정을 없애는 것이 아니라, 잘 다루는 것이다.

변화의 삼각형 속 불안

다음 이야기를 통해, 우리가 어떻게 변화의 삼각형 속 불안의 꼭짓점에 머물게 되는지 살펴보자.

에밀리의 이야기: 불안에 휘둘리다

에밀리는 누군가에게 "싫어요."라고 말하는 것이 어렵다. 특히 그 말이 상대에게 실망, 슬픔, 분노 혹은 부담이 된다고 느낄 때 더욱 그렇다. 누군가를 실망시킬지도 모른다는 생각만으로도 에밀리의 속은 뒤틀리고, 심장은 빠르게 뛰기 시작한다.

불편한 감각을 억누르기 위해, 에밀리는 충동적으로 '예스맨'처럼 행동한다. 아이 학교에서 학부모 도우미로 봉사해 달라는 부탁을 받으면 "네."라고 대답하고, 친구가 아이 좀 봐달라 하면 "그래, 봐줄게."라고 한다. 이미 일정이 꽉 차 있어도 마찬가지다. 직장에서도 상황은 다르지 않다. 지칠 대로 지쳐 있으면서도 새로운 업무를 계속 떠맡는다. 그 결과 에밀리는 점점 더 지치고, 짜증이 늘며, 모든 것이 통제 불능 상태에 빠진 것처럼 느껴진다. 불안이 심해질 때면 잠을 못 자고, 입맛이 없어지며, 능률도 뚝 떨어진다. 때로는 이 모든 압박감 때문에 몸속 어딘가에서 금방이라도 폭발이 일어날 것만 같은 느낌이 들기도 한다.

에밀리가 그나마 조금이라도 편안함을 느끼는 순간은 일상에서 잠시 벗어날 때뿐이다. 에밀리는 이런 시간을 농담처럼 '엄마 방학'이라고 부른다. 그날은 아이들을 남편에게 맡기고, 직장에도 하루 휴가를 내고, 아무것도 하지 않는다. 하지만 짧은 휴식 속에서도 에밀리의 속은 여전히 불편하고, 잠도 제대로 잘 수 없으며, 마음 한구석에는 여전히 긴장이 감돈다.

다음은 에밀리의 변화의 삼각형이다.

에밀리는 자신의 불안과 그 아래에 있는 핵심 감정을 알아차리거나 인정하지 못했기 때문에, 고통스러운 상태에 머물러 있었다. 사실 많은 사람이 바로 이 지점에 있다. 이때 우리는 변화의 삼각형 맨 위쪽에 머물며 억제 감정을 느끼고, 고통을 견디기 위해 여러 가지 방어를 사용한다. 이런 상태에서는 진정한 자아로 존재하기 어렵고, 평온함, 유대감, 호기심, 연민이 이끄는 열린 마음 상태에 들어가기도 힘들다.

사실 에밀리의 불안은, 어린 시절 부모의 정서적 방임 속에서 생긴 슬픔, 분노, 두려움 같은 핵심 감정들을 차단했고, 부모에게 인정받지 못하

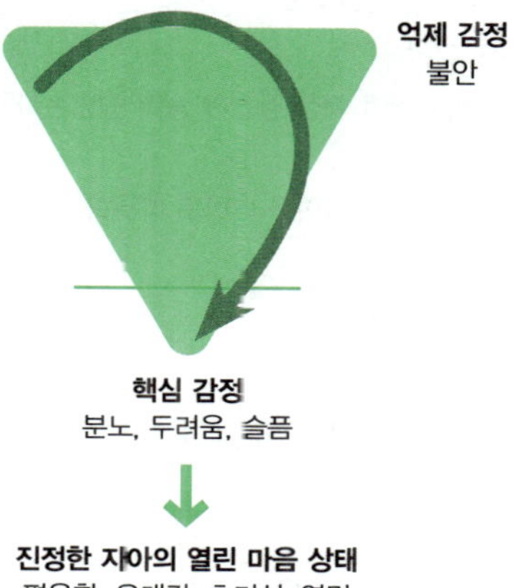

는 상황을 피하도록 돕는 역할을 했다.

어린 시절에 받은 정서적 상처가 치유되지 않은 채 남아 있으면, 그 상처는 현재의 삶 속에서 다시 모습을 드러낸다. 그래서 우리는 현재 상황을 어린 시절 자신의 눈으로 바라보게 된다. 에밀리 역시 자기도 모르게 아이와 남편, 동료들을 마치 자신을 꾸짖고 감정적으로 인정해 주지 않았던 부모처럼 바라봤다. 그녀는 무의식적으로, '내가 감정을 드러내면, 사람들은 나를 부담스러워할 거야.'라고 믿었다.

· 나 되돌아보기 ·

1. 최근에 느꼈던 불안 중에 어릴 때부터 여러 번 되풀이된 익숙한 불안을 하나 떠올려 보자.

2. 이제 어린 시절을 돌아보며, 처음으로 그런 불안을 느꼈던 때가 언제였고, 어디였
   는지 생각해 보자.
3. 그 불안 밑에는 어떤 핵심 감정이 숨어 있었는가? 그 감정은 주의를 기울여 연민
   으로 다뤄야 한다.
4. 어린 시절의 나를, 내 아이를 대하듯 따뜻하고 연민 어린 시선으로 바라보자.

크리스의 이야기: 아버지 역할과 불안

새로운 변화는 언제나 크리스를 불안하게 만든다. 쌍둥이 아들이 태어
났을 때, 그는 극심한 수면 부족과 두 아기를 동시에 돌봐야 한다는 부담
감에 완전히 압도됐다. 크리스는 아이들이 울음을 멈추지 않거나, 잠을
못 자거나, 젖을 잘 먹지 못할까 봐 아직 일어나지도 않은 일들을 하나하
나 떠올리며 끝없이 걱정했다.

답답함과 막막함에 휩싸인 크리스는 어느 날 직장 동료에게 자신의 마
음을 솔직하게 털어놓았다. 그러자 동료는 이렇게 공감해 줬다.

"애 키우는 게 정말 쉽지 않지. 나도 아이가 태어났을 때 너와 똑같은
심정이었어."

동료는 초보 부모들을 위한 모임에 참여해 보라고 권했다. 크리스는
쌍둥이 육아와 바쁜 직장 생활로 시간이 빠듯했지만, 아이들에 대한 사
랑과 좋은 아빠가 되고 싶은 마음에 시간을 내어 모임에 참여했다.

모임에 참여하면서 많은 초보 부모가 자신처럼 불안에 시달린다는 사
실을 알았다. 정신건강의학에서는 이런 현상을 '산후 불안postnatal anxiety'
혹은 '주산기 불안'이라고 부른다는 것도 배웠다. 무엇브다도, 나만 이런

118

불안을 느끼는 것이 아니라는 사실을 알게 되자 마음이 한결 놓였다.

모임의 진행자는 초보 부모들에게 몸속의 불안을 진정시키는 호흡법을 가르쳐 줬다. 그리고 이렇게 말했다.

"아기들은 부모의 불안에 민감하게 반응해요. 부모가 아이 앞에서 편안한 모습으로 있으려면, 무엇보다 먼저 자신의 불안을 돌보는 것이 중요하죠."

크리스는 자신의 감정에 이름을 붙이는 일이 얼마나 중요한지도 깨달았다. 모임 진행자는 이렇게 덧붙였다.

"우리는 아이들에게 감정을 말로 표현해 보라고 가르치는데, 이 조언은 아이들뿐만 아니라 어른들에게도 해당돼요."

크리스는 다른 부모와 마음을 열고 서로 공감하면서, 큰 위로와 안도감을 얻을 수 있었다. 부모마다 육아 경험은 달랐지만, 공통으로 느끼는 점이 하나 있었다. 바로 아이를 키우는 일은 정말 어렵다는 것이었다.

집으로 돌아온 크리스는 불안을 대하는 방식을 새롭게 바꾸기로 했다. 이전처럼 논리적으로 따지거나 머릿속으로 해결하려 애쓰는 대신, 모임 진행자의 말을 떠올렸다. 속이 불편해지고, 심장이 빠르게 뛰며, 어깨가 뻣뻣해지면, 이제 크리스는 한 박자 쉬어 가야 할 때라는 신호임을 안다. 그는 천천히, 깊게 숨을 들이마신 다음 자신의 불안을 말로 표현했다.

"나, 지금 불안해."

곁에 아내가 있으면 도움을 요청하기도 했다. 크리스는 아내의 존재만으로도 더 이상 혼자가 아니라는 안도감을 느꼈다.

그러던 어느 날, 아내는 크리스에게 흥미로운 질문을 던졌다.

"당신의 불안은 어디에서 나오는 것 같아?"

처음엔 그 질문에 말문이 턱 막혔다. 하지만 곧 자신의 불안은 쌍둥이를 키우는 과정에서 받은 스트레스와 깊이 관련됐다는 것을 깨달았다.

하지만 아내는 곧바로 이렇게 꼬집어 말했다.

"당신은 아이들이 태어나기 훨씬 전부터 늘 불안해했어."

크리스는 아내의 말을 듣고 자신의 과거를 되돌아봤다. 어릴 적 그는 "진짜 남자는 울지 않는다.", "남자는 절대 도움을 청하지 않는다."라는 말을 들으며 자랐다. 반려견이 무지개다리를 건너거나 친척이 세상을 떠나는 슬픈 상황이 와도 그의 가족은 감정에 관해 이야기하거나 함께 슬퍼하지 않았다. 어머니는 늘 이렇게 말했다.

"아무도 죽음을 통제할 수 없어. 그냥 잊어버리는 게 최선이야."

어린 시절 기억을 떠올리자 크리스는 가슴 한쪽이 무겁게 짓눌리는 느낌이 들었다. 그는 아내의 말을 곰곰이 되새기며, 자신의 감정을 호기심 어린 시선으로 들여다보기로 했다. 그렇게 마음을 살펴보던 중, 불안 아래에 슬픔이라는 핵심 감정이 자리하고 있다는 것을 깨달았다.

그는 아이들이 태어나며 줄어든 자유 시간, 부모로서의 막중한 책임감, 아직 아버지가 될 준비가 안 됐다는 막막함 때문에 깊은 슬픔을 느끼고 있었다. 자신이 슬픈 이유에 하나하나 이름을 붙이고 인정하자, 마법처럼 마음에 여유가 생기기 시작했다. 그제야 그는 자신이 아이들을 얼마나 사랑하는지, 또 부모로서 새로운 인생이 시작됐다는 사실이 얼마나 기쁘고 설레는지도 느꼈다. 모든 감정에 하나씩 이름을 붙이고 인정하는 과정은 뜻밖에도 큰 위안을 가져다줬다.

이제 크리스는 부모로서도, 한 인간으로서도 전보다 훨씬 편안해졌다. 다음 그림은 크리스의 변화의 삼각형이다. 실선이 아닌 점선으로 표시된 부분은, 그가 자신의 핵심 감정, 지금 같은 경우 슬픔과의 연결을 점점 회복한다는 의미다.

크리스처럼 감정을 다루는 법을 배우면, 우리는 진정한 자아의 열린 마음 상태에 한 걸음 더 다가설 수 있다. 감정이 올라오는 순간 즉각적으로 반응하기보다 잠시 멈춰 마음을 가라앉히고 상황을 조금 더 신중하게 바라볼 여유가 생긴다. 그 결과 우리는 평온함, 유대감, 호기심, 연민을 바탕으로 더 건강하고 현명한 선택을 하게 된다.

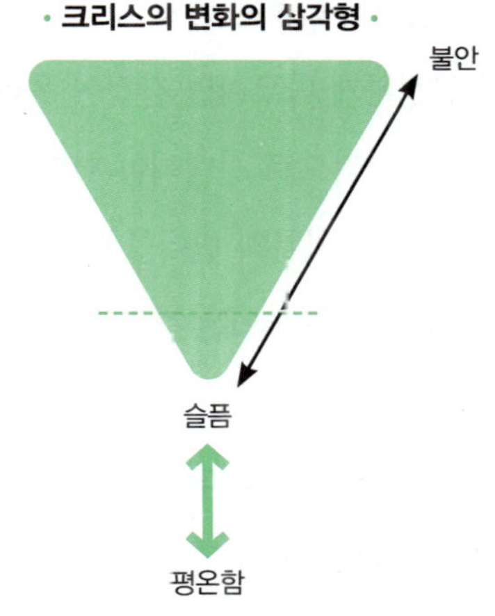

1. 머리끝부터 발끝까지 천천히 몸을 살피며, 지금 어떤 감각이 느껴지는지 알아본다.
2. 자신의 불안에 이름을 붙인다. 단순히 "나 지금 불안해."라고 말해 보는 것만으로도 도움이 된다.
3. 심호흡을 하면서 계속 몸의 감각에 주의를 기울인다. 그리고 불안을 정면으로 마주하거나 살짝 옆으로 밀어 두고 그 아래에 어떤 핵심 감정이 있는지 살펴본다.
4. 자신에게 묻는다.
   '나는 지금 슬픈가?', '화가 났는가?', '두려운가?', '혐오감을 느끼는가?', '기쁜가?', '설레는가?'
5. 몸 안에서 느껴지는 핵심 감정에 하나씩 이름을 붙인다.
6. 마지막으로, 그 감정을 느끼는 자신을 연민 어린 시선으로 바라본다.

불안을 건강하고 현명하게 다루는 방법

불안을 건강하고 현명하게 다루려면 감정이 올라오는 순간 즉각 반응하기보다, 잠시 멈추고 의식적으로 선택해야 한다. 그렇게 할 때 우리는 감정에 휘둘리지 않고 불안을 차분히 받아들일 수 있으며, 평온한 상태에서 나 자신과 아이 모두에게 도움이 되는 결정을 내릴 수 있다.

1) 불안을 타인에게 전가하지 않고, 스스로 인정하고 받아들이기

우리는 불안에 사로잡히면 방어적으로 반응하기 쉽다. 예를 들어, 자신의 불안을 아이에게 투사하거나, 남을 탓하거나, 목소리를 높이거나, 모든 것을 통제하려 든다. 혹은 술, 음식, 일 등에 의지해 불안을 잠시 잊으려 하기도 한다.

자신이 지금 불안하다는 사실을 알아차리지 못하면, 그 불안을 아이나 배우자, 주변 사람에게 떠넘기며 이렇게 말할 수도 있다.

"너 요즘 왜 이렇게 불안해 보여?"

"당신 요즘 많이 불안해 보이는데, 무슨 일 있어?"

겉으로는 상대의 상태를 걱정하는 말처럼 들리지만, 실제로는 내 안의 불안을 상대에게 투사하는 경우가 많다.

또 어떤 사람은 불안을 느끼지 않으려고 주변 사람들을 통제하려 들거나, 괜히 싸움을 걸거나, 관계를 피하거나, 음식이나 술에 의존하기도 한다. 이런 행동들은 모두 불편한 감정에서 벗어나기 위해 무의식적으로 사용하는 방어 전략이다.

하지만 자신의 불안을 알아차리는 순간, 우리는 건강하고 현명하게 선택할 수 있다. 그때 비로소 불안에 이름을 붙이고, 감정을 받아들일 수 있다.

2) 충동 대신, 마음챙김으로 결정하기

불안이 우리를 지배할 때, 그 감정을 빨리 없애고 싶은 마음에 충동적인 결정을 내리기 쉽다. 하지만 이런 선택은 별 도움이 되지 않는다.

예를 들어, 오래전 나(줄리)는 좋아하던 직장을 충동적으로 그만둔 적이 있다. 그때는 미처 알지 못했지만, 새로운 상사와 함께 일해야 한다는 불안에서 벗어나기 위해 충동적으로 내린 잘못된 결정이었다.

지금 똑같은 상황이 다시 찾아온다면, 나는 변화의 삼각형을 활용해 그때와는 전혀 다른 방식으로 대처할 것이다. 먼저 모든 것을 잠시 멈추고, 천천히 깊게 복식 호흡을 하며, 몸의 감각을 살핀 다음 내 불안에 이름을 붙일 것이다. 그다음 그 아래에 있는 두려움과 분노라는 핵심 감정을 인식할 것이다. 그리고 이 감정들을 나침반 삼아, 상사와 대화를 시도했을 것이다. 가능한 한 부드럽고 우호적인 태도로, 직장에서 내가 필요로 하는 것들을 솔직하게 표현하면서 말이다. 물론 그렇게 했어도 결국에는 그 직장을 그만뒀을 수도 있다. 하지만 결정을 내리는 과정만큼은 완전히 달랐을 것이다.

자신의 불안을 인식하고 평온함, 유대감, 호기심, 연민의 상태에 닿을 수 있을 때, 불안을 더 건강하고 현명하게 다룰 수 있다. 예를 들어, 업무 프로젝트 때문에 불안하다면, 잠시 멈춰 호흡을 가다듬고, 불안 아래에 어떤 핵심 감정이 숨어 있는지 살펴볼 수 있다. 또는 아이가 새로 바뀐 돌보미와 첫날을 어떻게 보낼지 불안하다면, 불안의 진짜 원인이 무엇인지 들여다보고, 마음이 편안해지도록 돌보미에 대해 조금 더 알아볼 수도 있다.

3) 피하지 말고 마주하기

불안이 너무 클 때는 회피가 최선의 해결책처럼 느껴질 수 있다. 예를 들어, 돈 문제가 걱정되면 재무 설계사와의 상담을 미루고, 건강이 안 좋을까 봐 불안하면 병원 가기를 뒤로 미룬다. 이런 행동은 불안을 잠시 누그러뜨리는 듯 보이지만, 장기적으로는 전혀 도움이 되지 않는다. 회피는 불안을 더 키울 뿐이다.

불안을 피하지 않고 마주하는 경험은 우리의 뇌를 다시 훈련한다. 이 과정을 통해 뇌는 '이 감정은 두려워할 대상이 아니라, 충분히 들여다보고 진정시키며 다룰 수 있다.'라는 사실을 배우게 된다.

4) 억누르기보다 받아들이기

불안을 받아들이기란 쉽지 않다. 하지만 불안을 받아들이지 않으면, 통제할 수 없는 일에 집착하기 쉽다. 예를 들어, 초보 부모는 아직 그럴 준비가 되지 않았음에도 아기에게 규칙적인 일과를 강요할 수 있다. 사춘기 자녀를 둔 부모라면, 아이가 사귈 친구를 대신 정해 주거나 누구와 교제해야 하는지 간섭하고 싶어질 수도 있다.

하지만 우리가 평온함, 유대감, 호기심, 연민의 상태에 있을 때는 감정뿐 아니라 우리가 처한 상황까지도 받아들일 수 있다. 물론 받아들인다고 해서 그 상황에 만족하거나 불안한 느낌을 좋아한다는 뜻은 아니다. 다만 지금 이 순간 일어나는 일을 바꾸거나 통제하려 애쓰지 않고, 있는 그대로 인정하는 태도를 말한다.

5) 혼자 끙끙대기보다 도움 구하기

불안이라는 억제 감정을 인정하기는커녕 알아차리지도 못하고, 그 밑에 있는 핵심 감정도 인식하지 못한 상태라면, 혼자 틀어박혀 끙끙대기 쉽다. 특히 이런 방식이 어린 시절부터 몸에 밴 사람이라면 더욱 그렇다.

하지만 열린 마음 상태에서는 자신에게 무엇이 필요한지 더 분명하게 인식할 수 있다. 그 결과, 사랑하는 사람에게 마음을 털어놓거나, 비슷한 경험을 가진 사람들이 모여 서로를 돕는 모임에 참여하거나, 전문가의 도움을 받는 등 스스로 도움을 요청할수 있다.

감정을 어떻게 다루느냐에 따라 감정의 굴레에서 벗어날 수도 있고 그 안에 갇힐 수도 있다. 불안은 걱정을 부추기고, 인정받지 못하거나 외면당한 분노, 슬픔, 두려움, 기쁨 같은 핵심 감정은 불안을 키운다.

마음을 더 평온하고 단단하게 만드는 비결은 자신의 핵심 감정을 알아차리고, 이름 붙이며, 그 감정이 전하려는 메시지에 귀 기울이는 것이다.

아이의 불안

- 세 살 찰리는 침대 밑에 괴물이 숨어 있을까 봐 밤마다 잠을 이루지 못한다.
- 아홉 살 조이는 뉴스에서 학교 총격 사건을 접한 뒤, 학교에 가는 것 자체를 두려워하게 됐다.
- 열여섯 살 앨런은 교통사고를 겪은 후, 다시는 운전을 하지 않겠다고 다짐했다.

불안은 아이가 성장하는 과정에서 피할 수 없는 감정이다. 그렇다고 부모가 아이의 걱정이나 불안을 모두 없애 줘야 한다는 뜻은 아니다. 부모가 할 수 있는 일은 아이와 긍정적인 정서적 유대감을 유지하고, 아이의 요구에 세심하게 반응하는 것이다. 아이가 이야기할 때는 섣불리 의견을 내기보다 호기심 어린 태도로 아이의 말에 귀 기울이며, 도움이 될 만한 질문을 건네는 것이 좋다. 예를 들어, 아이가 "새로 오신 선생님이 무서울 것 같아."라고 말한다면, "왜 그렇게 생각해?"라고 물어본다. 핵심은 아이의 말을 막지 않고 경청하며, 함께 생각하고 문제를 풀어 나가는 것이다.

아이의 나이를 고려해 조언은 최소한으로 하고, 조언하더라도 먼저 아이의 허락을 구하는 것이 좋다. 예를 들어, 이렇게 말할 수 있다.

"이 일에 대해 엄마(아빠)가 어떻게 생각하는지 들어 보고 싶니?"

대부분의 아이는 부모가 자신의 감정을 캐묻는 것을 좋아하지 않는다. 부모가 캐물으면, 아이는 자신의 사생활이 침해당하거나, 자신이 너무 적나라하게 드러난 것 같아 불편함을 느낄 수 있다. 이럴 때는 아이의 감정을 직접 묻기보다 간접적으로 언급하거나 부모 자신의 감정을 예로 들어 말함으로써 아이가 자신의 감정에 이름을 붙이고 받아들이도록 도와줄 수 있다. 예를 들어, 이렇게 말해 보자.

"당연히 그럴 수 있지. 정말 무서웠겠구나."

"그때 정말 긴장됐겠다."

129쪽에는 이런 순간에 피해야 할 표현의 예시도 함께 실었으니 참고하길 바란다.

아이에게 위와 같이 말한 뒤에는, 아이의 반응을 유심히 관찰해 보자. 아이가 한결 편안해 보이거나, 말을 더 이어 가거나, 질문을 한다면, 당신의 말이 아이의 마음을 조금은 가볍게 해 준 것이다. 반대로, 아이가 입을 닫거나, 방어적으로 반응하거나, 자리를 피하거나, 화를 낸다면, 그 순간에는 아무 반응도 하지 말자. 물른 쉽지 않다는 걸 안다. 하지만 그럴 때일수록 아이를 향한 마음의 끈을 놓지 않는 것이 중요하다. 아이들이 때로는 특별한 이유 없이 부모에게 짜증을 내거나 공격적으로 굴기도 하지만, 대부분은 부모 때문이 아니다. 그저 아이가 자신의 감정을 감당하기 힘들 뿐이다.

물론, 아이가 불안해하는 모습을 곁에서 지켜보는 일은 쉽지 않다. 아이가 큰 시험이나 중요한 경기를 앞두고 긴장하거나, 대학 진학을 앞두고 초조해하는 모습을 보는 것은 부모에게도 견디기 힘든 일이다. 게다가 감정은 전염되기 때문에 아이의 불안이나 우울한 기분은 가족 전체에게까지 번지기 쉽다. 그럴 때일수록 지금 아이에게 어떤 감정이 일어나고 있는지, 그 감정이 나에게 어떤 영향을 주는지 함께 알아차리는 것이 중요하다.

불안해하는 아이를 돕는 방법

요즘의 양육 문화에서는 하나의 오해가 진실처럼 받아들여지고 있다. 바로 아이가 불편한 감정을 느끼게 해서는 안 된다는 믿음이다. 이런 믿음은 부모가 지치고 스트레스를 많이 받을수록 더 강하게 자리 잡는다. 아이가 불안해하거나 힘들어하는 모습을 보는 것 자체가 부모 자신의 불안과 무력감, 죄책감을 자극하기 때문에 이를 있는 그대로 받아들이기 어렵다. 하지만 불안은 우리가 마음대로 없앨 수 있는 감정이 아니다. 우리가 할 수 있는 일은 아이가 긴장하거나 두려워한다는 사실을 인정하고, 아이의 말을 차분히 들어주며 공감해 주는 것이다. 그리고 아이가 계속 성장하고 풍요로운 삶을 살아가기 위해 해야만 하는 일들을 하도록 격려하는 것이다. 이런 과정이 반복도면 아이의 불안은 점차 자기 자신에 대한 믿음과 자신감으로 바뀐다.

다음은 아이가 불안해할 때, 부모가 건넬 수 있는 말의 예시다. 이 말들은 아이의 나이에 상관없이 건넬 수 있다.

· 아이가 불안해할 때 건넬 수 있는 말들 ·

1. 이건 정말 힘든 일이구나. 엄마(아빠)도 얼마나 어려운지 알아.
2. 엄마(아빠)가 어떻게 도와줄까?
3. 네가 걱정할 만해. 이런 상황이라면 누구라도 그럴 수 있어.
4. 엄마(아빠)가 네 곁에 있어.
5. 엄마(아빠)가 도와줄까? 아니면 그냥 안아 줄까? 둘 다 해 줄까?
6. 혼자 있고 싶으면, 그렇게 해도 돼. 괜찮아.
7. 변화는 누구에게나 무섭고 어려울 수 있어. 네 마음 이해해.

다음은 아이가 불안해할 때, 부모가 하지 말아야 할 말들이다. 이러한 말들은 아무리 좋은 의도에서 말하더라도 아이는 자기 감정이 존중받지 못했다고 느낄 수 있다.

· 아이가 불안해할 때 피해야 할 말들 ·

1. 그 생각은 아예 하지도 마!
2. 걱정할 필요 없어!
3. 용감하게 한번 해 봐. 너라면 할 수 있어!

4. 그 정도 일로 너무 호들갑 떨지 마.

5. 다 괜찮아질 거야. 불안해할 이유가 없어.

6. 정신 좀 차려!

7. 넌 왜 그렇게 걱정이 많니?

8. 엄마(아빠)도 예전에 비슷한 일을 겪었는데, 그때 엄마(아빠)는 전혀 불안하지 않았어.

깊은 호흡, 변화의 삼각형 실천과 더불어, 다음은 우리가 직접 실천해 보고 효과를 느껴 추천하는 활동들이다. 이 중 두세 가지를 골라, 당신과 아이가 필요할 때마다 함께 해 보자.

• 산책하며 하늘을 올려다보고, 구름의 모양이 무엇을 닮았는지 이야기하기

• 친구와 대화하기

• 따뜻한 차 한 잔 마시기

• 거품 목욕이나 샤워하기

• 음악 듣기

• 재밌는 TV 프로그램이나 영화 보기

• 가볍게 운동하기

• 강아지나 고양이 등 반려동물과 놀기

• 아이와 함께 베이킹하거나 만들기 활동하기

• 책 읽기

• 서로 꼭 껴안거나 오래도록 따뜻하게 안아 주기

• 공놀이나 게임하기

불안은 피하거나 사라지길 바라야 할 대상이 아니다. 오히려 자신이나

아이의 내면에 주의를 기울여야 한다는 신호다. 다음 장에서는 죄책감을 살펴본다. 죄책감은 누구나 느끼는 보편적인 감정이지만, 자기 돌봄과 부모의 행복을 방해하는 경우가 많다. 하지만 죄책감을 건강하게 다룰 수 있다면, 우리는 오히려 더 단단해지고 자유로워질 수 있다.

우리는 불안과의 관계를 바꾸고, 다양한 방법으로 기분을 개선할 수 있다. 육아 스트레스 속에서도 불안해하지 않고 차분한 마음을 유지하고 싶다면, 다음 연습을 시도해 보자.

감정과 생각 구분하기

불안과 걱정은 흔히 함께 나타나지만, 걱정은 감정이 아니라 생각이다. 이 둘은 혼동하기 쉽지만 그 차이를 이해하는 것은 매우 중요하다.

다음번에 불안을 느낄 때는 마음속에 떠오르는 걱정이나 되풀이되는 생각이 무엇인지 알아차리고 적어 보자. 예를 들어, '아이가 아프면 어쩌지.', '시험을 망치면 어떡하지.', '규칙을 세웠다고 화내면 어쩌지.' 같은 걱정이 떠오를 수 있다.

걱정과 되풀이되는 생각은 변화의 삼각형에서 방어에 해당한다. 방어를 알아차리면, 방어가 억누르거나 밀어내려고 애쓰는 억제 감정과 핵심 감정을 알아차려 이름 붙일 수 있다. 다음에 제시하는 방법들이 이 과정을 도와준다. 결국 우리의 목표는 머릿속 생각에서 벗어나 몸의 감각에 집중하는 것이다. 이렇게 하면 시간이 지나면서 걱정과 되풀이되는 생각이 점차 잦아들 것이다.

불안은 어디에서 오는가?

어떤 집에서는 불안을 '긴장'이라는 이름으로 부르며, 세대를 거쳐 전해지기도 한다. 어떤 집에서는 불안을 게으름을 막고 열심히 살게 하는 동기 요인으로 여기기도 하고, 또 어떤 집에서는 위험을 피하는 데 꼭 필요한 감정으로 오해하기도 한다. 반대로, 불안이라는 감정 자체를 아예 인정하지 않는 집도 있다.

당신의 부모님이 불안을 어떻게 다뤘는지 떠올려 보자.

어린 시절 당신이 걱정하고 긴장하며 불안해할 때, 부모님이 어떤 말과 행동을 했는가?

부모님의 반응 혹은 무반응이 어떤 도움이 됐고, 또 어떤 상처를 남겼는가?

불안이 고조되는 순간 알아차리기

1. 당신을 유난히 불안하게 하는 상황을 하나 떠올려 보자. 예를 들어, 가족과 갈등을 겪을 때, 관계에서 경계를 설정해야 할 때, 운전할 때, 혹은 아이가 아플 때처럼 말이다.

2. 이제 불안한 순간을 떠올리며, 모든 걸 잠시 멈추고 심호흡을 시작해 보자. 머리끝부터 발끝까지, 다시 발끝에서 머리끝까지 천천히 몸의 상태를 살펴보자. 어떤 감각이 느껴지는가? 심장이 평소보다 빠르게 뛰는가? 배가 아프거나 어깨가 잔뜩 긴장돼 있는가? 몸이 떨리거나 손끝이 저릿저릿한가? 얼굴에서는 어떤 감각이 느껴지는가? 불안은 다른 모든 감정과 마찬가지로, 몸에서 시작된다. 불안할 때 몸에서 어떤 감각이 일어나는지 알아차리면, 불안에 휘말리지 않고 나와 불안 사이에 약간의 거리를 둘 수 있다.

3. 이런 감각들을 알아차렸다면, 천천히 깊게 복식 호흡을 해 보자(66쪽 참고).

이 연습은 필요할 때 언제든 반복해도 좋다.

몸의 감각에 집중하기

불안은 우리 안의 핵심 감정과 핵심 욕구에 주의를 기울여야 한다는 신호다. 다음 연습을 통해 불안 아래에 숨은 핵심 감정을 만나 보자.

1. 발바닥이 땅에 닿아 있는 느낌을 느끼며, 배로 깊은숨을 천천히 들이쉰다.

2. 몸속 어딘가에서 느껴지는 불안에서 비롯된 감각에 주의를 기울인다.

3. 판단하지 말고, 지금 느껴지는 감정을 있는 그대로 받아들이며 그 아래에 어떤 핵심 감정이 있는지 하나씩 살펴본다. 다음 질문을 던져 보자.
   - '나는 지금 슬픈가?'
   - '화가 났는가?'
   - '두려운가?'
   - '혐오감을 느끼는가?'
   - '기쁜가?'(기쁨도 때로는 불안을 불러올 수 있다!)
   - '설레는가?'
   - '지금 나에게 필요한 건 무엇인가?'

4. 발견한 감정 하나하나에 이름을 붙이고, 그 감정을 있는 그대로 받아들인다. 불안이 높을수록 여러 핵심 감정이 동시에 나타날 수 있다. 이 감정들은 서로 충돌할 수도 있다는 점을 기억하자. 그럴 때는 한 번에 하나씩, 차례로 감정을 인정하고 서로 반대되는 감정이 함께 존재하도록 두면 된다.

이 방법을 자주 연습해 보자. 그렇게 할수록 몸의 감각을 통해 진정한 나, 있는 그대로의 나와 연결되는 힘이 점점 더 커질 것이다.

CHAPTER 6

죄책감

내가 지은 죄가 뭘까

아이가 친구들을 만나러 가야 한다며 쇼핑몰에 데려다 달라고 클레어에게 애원했다.

"제발 데려다주세요, 엄마. 제 친구들은 다 간단 말이에요!"

"엄마가 미안한데, 오늘은 정말 안 돼." 클레어가 말했다. "엄마가 친구랑 선약이 있어."

클레어는 딸이 크게 실망했다는 걸 눈빛만 보고도 알 수 있었다.

'난 정말 나쁜 엄마야!'

클레어는 속으로 생각했다. 딸을 실망하게 했다는 사실이 견딜 수 없을 만큼 괴로웠고, 당장 친구와의 약속을 취소하고 싶은 충동이 들었다. 딸보다 자신의 약속을 우선시했다는 죄책감이 밀려왔다.

아이가 어리든 다 컸든, 대부분의 부모는 한 번쯤 클레어와 같은 상황을 겪어 봤을 것이다. 사실, 부모로서 죄책감을 느끼는 일은 매우 흔하다. 한 조사에 따르면, 부모는 일주일에 평균 23번이나 죄책감을 느낀다고 한다.

죄책감을 줄이는 방법으로 흔히 자기 돌봄, 즉 '셀프케어self-care'가 마치 정답인 것처럼 거론된다. 소셜 미디어를 잠시만 훑어봐도, '거품 목욕을 해라.', '와인을 한 잔 마셔라.', '데이트 약속을 잡아라.'와 같은 셀프케어 조언이 넘쳐 난다.

하지만 죄책감을 인식하고, 인정하며, 제대로 다루지 못한다면, 일시적인 해결책은 별 도움이 되지 않는다. 죄책감이라는 감정을 조금만 더 깊이 이해하면, 그 감정이 당신을 괴롭히는 대신 도움이 될 수 있다.

죄책감 이해하기

죄책감은 자신이나 타인에게 해를 끼치는 행동을 억제하는 감정이다. 이 감정은 우리가 거짓말을 하거나 법을 어기지 않도록 막는다. 또 통제되지 않은 분노, 질투, 탐욕을 조절하는 데 도움을 준다. 덕분에 우리는 가정이나 직장에서 옳은 행동을 할 수 있다. 예를 들어, 아이에게 짜증을 내거나, 술을 지나치게 많이 마시거나, 거짓말을 했을 때 우리는 죄책감을 느낀다. 이 감정은 우리가 행동하기 전에 잠시 멈춰 서서 한 번 더 생각하게 한다. 이런 이유로 죄책감은 변화의 삼각형에서 억제 감정으로 분류된다. 즉, 충동적으로 자신이나 타인에게 상처 주는 행동을 하지 않도록 억제하는 감정인 것이다.

하지만 죄책감은 때로 우리에게 해가 되기도 한다. 이 감정은 잠시 아이들과 떨어져 혼자만의 시간을 갖고 싶어 하거나 아이 키우는 일을 항상 즐거워하지는 않는다는 이유로 '난 정말 형편없는 부모야.'라고 믿게 만든다. 또 자신에게 지나치게 가혹한 잣대를 들이대도록 만든다.

하지만 죄책감이 우리의 행동을 지배하거나 통제하게 두면 안 된다. 죄책감을 자신에 대한 의미 있는 정보로 바라보자. 죄책감이 드는 순간, 왜 그런 감정을 느끼는지 차분히 들여다보면 더 현명한 선택을 할 수 있다.

물론 죄책감을 자기 이해의 자료로 삼는 일이 말처럼 쉽지는 않다. 특히 부모로서는 더욱 그렇다. 부모는 아이를 돌보고 보호하려는 본능이 강해서, 어떤 결정을 내릴 때마다 '지금 아이의 욕구를 들어줘야 할까, 아니면 아이의 성장과 발전에 도움이 되지 않으니 잠시 참게 해야 할까?'라는 고민에 빠지게 된다. 이처럼 부모는 선택의 갈림길에 설 때마다 끊임없이 죄책감을 느끼게 되므로, 그 감정을 이해하고 건강하게 다루는 법을 아는 것이 무엇보다 중요하다.

사실, 부모는 아무 잘못도 하지 않았는데 자신의 바람이나 욕구를 충족시키려 했다는 이유만으로 죄책감을 느끼는 경우가 많다. 예컨대 딸을 쇼핑몰에 데려다주는 대신 친구와 시간을 보내고 싶었던 클레어처럼 말이다. 거의 모든 부모가 비슷한 갈등을 겪는다. 우리는 종종 '아이의 욕구와 나의 욕구 중 누구의 욕구가 더 중요한가?'라는 끝나지 않는 내적 갈등에 휘말린다.

물론 부모라면 아이의 욕구를 자신의 욕구보다 우선시해야 할 때가 있다. 하지만 때로는 자기 자신을, 자기 일과 자신만의 시간을 우선시해야 할 때도 있다. 이처럼 선택의 갈림길에 설 때에는 무조건 아이의 욕구만 앞세우기보다, 잠시 멈춰서서 그 선택이 어떤 결과를 가져올지 한 번 더 생각해 봐야 한다. 그렇게 하지 않으면 에너지가 소진되고 번아웃이 오며, 끝없이 요구하기만 하는 아이를 원망하게 될 위험이 있다. 인간관계에서 원망은 매우 치명적이다. 자칫 아이를 포함해 우리가 사랑하고 아끼는 사람들과의 관계를 무너뜨릴 수 있다. 부정적 감정이 쌓이면 결국 정신과 신체 건강에도 해를 끼친다. 사실, 죄책감은 우리가 생각하는 것만큼 괴롭거나 두려운 감정이 아니다. 죄책감이 왜, 어떻게 생기는지 이해한다면, 충분히 죄책감을 감당할 수 있고, 더 현명한 부모가 될 수 있다.

죄책감은 몸에서 어떻게 느껴질까?

이제 죄책감을 피하지 말고 감정을 있는 그대로 느껴 보자. 죄책감은 방어를 사용해 피할 수도 있는데, 왜 굳이 피하지 말고 느끼라고 하는 걸까? 죄책감은 다른 모든 감정과 마찬가지로, 몸속에서 어떤 감각으로 느껴지는지 알아차리면, 더 이상 두려워하거나 피하지 않고 건강하게 다루는 힘을 기를 수 있다.

클레어는 죄책감이 들 때 가슴이 서서히 짓눌리는 느낌이 든다고 말했다.

"가슴이 답답하게 조여 오는 것 같고, 온몸이 금방이라도 무너져 내릴 것 같아요."

그녀는 이 감각에서 당장 벗어나고 싶은 충동을 느꼈다. 너무 고통스러웠기 때문이다. 사실 클레어와 같은 반응은 매우 흔하다. 죄책감은 견디기 힘든 감정이라, 사람들은 그 감정에 곧바로 휩쓸리거나 굴복하고 싶어 한다.

하지만 죄책감에 굴복할 필요는 없다. 죄책감이 몸의 감각으로 드러날 때 피하지 말고 온전히 느끼며 건강하게 다루는 연습을 해 보자. 그러면 충동적으로 반응하기보다 더 깊이 생각하고 행동할 수 있다. 그 순간, 우리는 감정을 더 주체적으로 다루며 죄책감에 휘둘리지 않게 된다. 나아가 자신의 욕구를 존중하고, 타인과의 건강한 선 긋기를 하며, 때로는 자신을 먼저 돌봐도 괜찮다는 사실을 깨닫게 된다.

부모가 죄책감을 대하는 태도를 바꾸면, 아이는 부모에게서 감정을 대하는 방식을 배운다. 그 결과, 아이 역시 자신의 욕구를 존중하고 자신을 돌볼 줄 알게 된다. 또 아이는 부모에 대해 이렇게 생각한다.

'우리 엄마는 힘들 때 자신을 돌볼 줄 알고, 나에게도 그렇게 하라고 격려해 줘.'

이런 삶의 태도는 아이가 성인이 돼도 오래도록 이어진다.

어린 시절의 트라우마가 죄책감에 미치는 영향

죄책감은 때로 우리가 어린 시절에 겪은 상처와 트라우마에서 생겨난다. 상처와 트라우마 중에는 우리가 기억하는 것도 있고, 기억하지 못하는 것도 있다. 하지만 기억나지 않더라도 지금 느끼는 죄책감이 유난히 깊거나 쉽게 사라지지 않는다면, 어린 시절의 상처나 트라우마에서 비롯된 것일 수 있다.

시에나는 어린 시절, 어머니에게 의견을 말하거나 반대할 때마다 어머니가 그녀에게 죄책감을 느끼게 했다. 예를 들어, 시에나가 친구들과 영화를 보러 가겠다고 말하면, 어머니는 이렇게 소리쳤다.

"넌 엄마랑은 같이 있기 싫니?"

이런 환경에서 자란 시에나는 자신의 두 아이에게 단호하게 선을 그어야 할 때마다 어김없이 깊은 죄책감에 사로잡힌다.

"아이들의 바람을 다 들어주지 않으면, 아이들이 나를 더 이상 사랑하지 않을까 봐 두려워요."

당신의 부모 역시, 당신이 어린 시절에 의견이나 욕구, 바람을 표현할 때마다 죄책감을 느끼게 했을지도 모른다. 어쩌면 지금까지도 같은 패턴이 반복되고 있을 수도 있다.

어린 시에나는 엄마가 죄책감을 유발할 때마다 탐정처럼 엄마의 표정과 말투를 읽으려고 애쓰며 엄마의 감정 상태를 세심하게 살폈다. 엄마가 자신에게 서운해하면, 엄마에게 특별히 더 신경 쓰며 칭찬을 아끼지 않았다. 또 엄마의 부탁이라면 대부분 다 들어줬다. 심지어 고등학교 졸업 파티 전날, 파티에 함께 가기로 한 파트너와의 저녁 식사 자리에 엄마가 같이 가는 것을 허락했을 정도였다.

자신을 '사람들의 비위를 잘 맞추는 사람'이라고 말하는 시에나는 다른 사람, 특히 아이들을 자신보다 우선시하는 일이 전혀 어렵지 않다고 했다.

"나는 희생이 체질이에요." 그녀는 자랑스럽게 말했다.

시에나가 자신의 희생적인 성향을 자랑스러워하는 게 잘못된 건 아니다. 타인을 배려하고 공감할 줄 아는 성향은 좋은 부모, 친구, 동료가 되는 데 꼭 필요한 자질이다. 하지만 시에나의 경우, 늘 남을 먼저 챙기는 태도는 사실 죄책감과 분노를 느끼지 않으려고 무의식적으로 선택한 방어였다. 방어는 어린 시절의 시에나가 가정에서 조금이나마 안전함을 느끼도록 도와준 생존 전략이었다.

항상 타인에게 맞춰 주는 태도는 어린 시절, 부모에게서 사랑받지 못하거나 제대로 보살핌받지 못한다고 느꼈던 경험에서 비롯된 방어다. 어렸을 때는 착한 아이로 행동해 부모에게서 받을 수 있는 최선의 사랑과 관심을 얻거나, 부모의 상처 주는 말과 행동을 피할 수 있었을지도 모른다. 하지만 이때 생긴 깊은 상처는 성인이 된 지금, 다른 사람과의 관계 속에서 진짜 자신으로 살아갈 수 없게 가로막는다. 또 자신의 욕구와 바람을 솔직하게 표현하지 못하게 한다. 시에나의 경우, 이 모든 죄책감은 사실 내면의 분노를 덮는 감정이었다. '내가 분노를 드러내 엄마를 화나게 하면 사랑받지 못할 거야.'라고 느끼며 죄책감으로 분노를 억눌렀다. 결국 그녀는 죄책감이라는 억제 감정과 방어 속에 갇혀, 진정한 안식을 느끼지 못한 채 지내고 있다.

진짜 잘못에 대한 건강한 죄책감

또 하나 주목해야 할 죄책감이 있다. 바로 우리가 누군가에게 상처 주는 말이나 행동을 했을 때 느끼는 죄책감이다. 이런 유형의 죄책감은 파괴적인 충동과 행동을 억제하는 감정으로, 가족과 공동체 안에서 조화롭게 살아가도록 돕는 역할을 한다. 부모라면 누구나 한 번쯤 아이에게 상처가 되는 말이나 행동을 해서 후회한 적이 있을 것이다. 이런 순간들을 외면하지 않고 의식적으로 떠올리면, 자신의 행동을 돌아보고 아이와의 관계를 회복하며 한층 성장할 수 있다.

· 건강한 죄책감이 주는 세 가지 이로움 ·

1. 죄책감은 타인에게 상처 주는 행동을 멈추게 한다.
2. 죄책감은 행동을 스스로 조절하게 만들어, 가족을 포함한 타인과 조화롭게 살아가도록 돕는다.
3. 죄책감은 사회의 법과 규범을 따르도록 이끈다.

다음은 건강한 죄책감을 불러일으키는 행동의 예시다.

- 캐럴은 계속 칭얼거리는 네 살배기 아들에게 "넌 문제야!"라고 소리친다.
- 제이슨은 딸이 울며불며 감정이 폭발하자, 방 안으로 들어가 문을 잠가 버린다.
- 로건은 숙제를 계속 늦게 제출하는 십 대 아들에게 "게으른 녀석 같으니라고." 라며 화를 낸다.

아이를 키우다 보면, 극도로 짜증 나는 순간이 있다. 그럴 때 네 살배기 아이에게 문제아라고 부르거나, 딸아이의 감정 폭발이 감당하기 어려워 그 자리를 피하거나, 숙제를 제때 내지 않는 십 대 아들에게 "게으른 녀석 같으니라고." 같은 말을 할 수도 있다. 그렇다고 해서 나쁜 부모가 되는 것은 아니다. 하지만 이런 반응이 계속 반복되면, 아이의 불안을 높이고 자존감을 낮춰, 장기적으로 정신 건강과 회복 탄력성에 부정적인 영향을 미칠 수 있다.

그렇다면 아이에게 이런 말과 행동을 하는 순간, 우리 안에서는 도대체 무슨 일이 일어날까? 우리는 감정의 힘에 압도돼 이성을 잃고, 가장 원초적인 감정 충동에 지배당한다. 이는 어린아이의 떼쓰기와 다를 바 없는, 일종의 분노 발작으로 볼 수도 있다.

이런 행동이 반복되면, 무의식적으로 아이에게 '네가 너무 부담스러워.', '너의 실수는 절대 용서받을 수 없어.', '네 감정은 별로 중요하지 않아.'라는 메시지를 보낼 수 있다.

세상의 모든 부모는 한 번쯤은 의도치 않게 아이에게 상처를 주기 마련이다. 아마 그때 자신의 감정을 제대로 알아차리지 못했거나, 자신을 다스릴 여유가 없었을지도 모른다. 하지만 다행히도 이런 부분은 얼마든지 바꿀 수 있다. 세상에 완벽한 부모란 존재하지 않는다. 그저 항상 노력하는 부모가 되면 된다.

캔디스는 아들이 점심시간에 친구들에게 따돌림을 당하고 놀림을 받았다는 사실을 알게 됐다. 아들은 친구들이 자신의 음악 취향을 비웃으며 "넌 정말 지루해."라고 놀렸다고 했다. 그 이야기를 듣는 순간, 캔디스는 피가 거꾸로 솟는 듯한 분노를 느꼈다.

'감히 네 녀석들이 내 아들을 놀려? 당장 가서 가만두지 않겠어!'

여느 부모와 마찬가지로, 그녀는 아들을 보호해야겠다는 본능에서 충동적으로 반응했다.

하지만 캔디스는 그 아이들을 혼내 주러 가기 전에 잠시 멈춰 서서 자신을 다잡았다. 그녀는 격해진 마음을 진정시키고, 열린 마음 상태의 네 가지 역량을 떠올렸다. 먼저 천천히 복식 호흡을 하며 평온한 마음을 되찾았다. 그리고 '그 아이들은 왜 그렇게 못되게 행동했을까?' 하고 호기심을 품어 봤다. 또 아들을 향한 연민과 유대감을 다시 느끼며, 만약 자신이 감정적으로 폭발하는 모습을 보이면, 아들의 기분이 어떨지 떠올렸다. 그러자 이런 생각이 들었다.

"그 아이들에게 창피를 주고 싶지 않아. 그리고 내 아들도 난처하게 만들고 싶지 않아."

결국, 건강한 죄책감 덕분에 캔디스는 모성 보호 본능에서 터져 나오는 분노를 억누를 수 있었고, 상황을 더 악화시키는 일을 피할 수 있었다.

진정성 있는 사과로 상처를 회복하는 방법

누군가를 비난하거나, 망신을 주거나, 혹은 외면하고 무시하는 등 정말로 상처 주는 행동을 했다면, 그 사람과의 관계를 가능한 한 빨리 회복하는 것이 좋다. 관계를 회복하는 가장 효과적인 방법 중 하나가 바로 사과다.

스트레스가 극에 달했던 순간, 어린 자녀에게 "정신 좀 차려!"라고 소리치거나, 십 대 자녀에게 "이제 철 좀 들어라!"라고 다그쳤을 수 있다. 그럴 때는 자신을 비난하기보다 연민의 시선으로 바라봐야 한다. 그런 순간에 차분하고 이성적으로 행동하기란 절대 쉽지 않기 때문이다. 사실 우리는 모두, 서로에게 상처를 주고받는다. 사과는 자기 행동을 인정하고 책임지는 연습이며, 이를 통해 아이들에게도 자기 행동에 책임지는 법을 가르칠 수 있다.

관계·소통 전문가들은 진정성 있는 사과를 전할 때 다음 단계를 따르라고 말한다. 첫째, 진심을 담아 "미안합니다." 혹은 "죄송합니다."라고 말하고, 무엇 때문에 사과하는지 분명하고 구체적으로 밝힌다. 둘째, 자기 말이나 행동이 상대에게 미친 영향을 이해하고 있음을 표현하며 상대의 감정에 공감한다. 셋째, 상대에게 "당신의 마음을 풀려면, 내가 어떻게 하면 좋을까요?"라고 묻는다. 말에 그치지 않고 상대를 위해 행동하겠다는 진심 어린 의지를 보여야 한다. 그것이 상황을 바로잡고 사과의 뜻을 전하는 가장 확실한 방법이다.

누군가에게, 특히 아이에게 상처를 줬을 때는 그들의 아픔을 알아차리고 공감하고 있음을 분명히 보여 줘야 한다. 그리고 방어하거나 흥분하지 않고, 그들의 말에 차분히 귀 기울일 준비가 됐음을 전해야 한다.

앞서 살펴본 내용을 바탕으로 진정성 있는 사과의 단계를 다시 정리해 보자.

1. 미안하다고 말하면서, 무엇이 미안한지 분명하고 구체적으로 말한다. 예를 들어, "네 방을 치우라고 말하다가 갑자기 화를 내서 미안해."라고 말할 수 있다.

2. 아이가 당신 때문에 상처받았다고 말하거나, 말은 안 해도 슬픈 표정이나 움찔하는 모습을 보인다면, 사과해야 한다. 당신의 행동이 아이에게 상처를 줬다는 사실을 이해하고 있음을 표현하자. 예를 들어, 이렇게 말할 수 있다.
"엄마(아빠)가 목소리를 높였을 때, 네가 너무 무서웠을 것 같아. 겁주려던 건 아니었어."

3. 관계를 회복하거나 문제를 함께 해결하려는 구체적인 노력을 보여 주자. 아이가 원한다면 대화를 시도해도 좋다. 예를 들어, "엄마(아빠)가 소리를 질렀을 때 네 기분이 어땠는지 이야기해 볼까?"라고 물어볼 수 있다.

- 죄책감은 사회생활을 원만히 할 수 있도록, 우리의 핵심 감정과 욕구, 바람을 억제하는 역할을 한다.
- 죄책감은 사회적으로 올바르게 행동하도록 돕는다.
- 아무런 잘못이 없더라도, 단지 자신을 우선시했다는 이유로 죄책감이 들 수 있다.
- 죄책감을 느끼는 상황과 그 강도는 각자의 어린 시절 경험에 따라 달라진다.
- 죄책감 아래에 숨어 있는 핵심 감정을 알아차리고 돌보면, 죄책감에 갇히지 않고 자신을 더 건강하게 돌볼 수 있다.
- 누군가에게 상처를 줬다면, 그 상처를 회복하려는 행동을 해야 한다.

클레어의 이야기: 자기 이해 넓히기

클레어는 한 부모 가정의 외동딸이었다. 그녀는 엄마의 온전한 관심을 간절히 바랐지만, 엄마는 주말에도 일을 해야 했다. 그럴 때마다 엄마는 클레어를 텔레비전이나 컴퓨터 앞에 앉혀 두고 서재로 들어가 일을 했다.

"급한 일이 아니면 엄마 부르지 마. 알았지?"

엄마는 단호하게 말하며 문을 닫았다. 그렇다고 해서 엄마가 무정하거나 클레어를 사랑하지 않는 건 아니었다.

"엄마랑 함께 보낸 시간은 늘 즐거웠어요."

클레어는 이렇게 회상했다. 엄마와 공원에 놀러 갔던 일, 함께 웃던 순간들, 따뜻한 포옹 같은 행복한 기억들이 선명하게 떠올랐다. 하지만 그런 기억들이 클레어를 더 혼란스럽게 만들기도 했다. 일하느라 바빴던 엄마에게 서운함을 느끼는 자신이 너무 이기적으로 느껴졌기 때문이다.

'엄마는 다정하고 좋은 사람인데, 그런 엄마에게 화를 내다니…. 나는 정말 나쁜 아이야.'

클레어는 생각했다. 그녀는 분노가 누군가에게 상처받았을 때 자연스럽게 일어나는 핵심 감정이라는 사실을 아직 알지 못했다. 그래서 '상황이 이러니 화가 나는 건 당연해.'라고 자신을 다독이기보다, 그 감정을 부적절하다고 여기며 억눌렀다. 결국 클레어는 분노를 느낀 자신이 나쁜 사람이라고 생각했고, 그것이 잘못된 생각이라고 알려 주는 사람은 아무도 없었다.

분노를 둘러싼 죄책감은 클레어의 마음속 깊이 자리 잡아, 그녀가 엄마가 된 이후에도 영향을 미쳤다. 클레어는 무의식적으로 어린 클레어의 시선으로 자신의 딸을 바라봤다. 그래서 딸의 부탁을 들어주지 못할 때면, 딸도 어린 시절의 자신처럼 화를 낼 거라고 지레짐작했다. 결국 분노는 클레어의 과거와 현재를 이어 주는 감정이었다. 어린 시절, 자신이 간절히 바라던 관심을 엄마가 주지 않았을 때 느꼈던 감정이, 쇼핑몰에 데려다 달라는 딸의 부탁을 거절하는 순간 되살아난 것이다. 클레어는 또 다른 두려움도 품고 있었다.

'혹시 내가 딸을 화나게 하면, 딸이 나에게 화를 내거나 마음을 닫고 나를 멀리하지 않을까?'

그녀는 마음속으로 그렇게 걱정했다. 어린 시절, 엄마에게 화를 내면 엄마의 사랑을 잃을지도 모른다는 불안이 딸과의 관계에서 그대로 반복되고 있었다.

여기서 한 가지 분명히 짚고 넘어가고 싶은 점이 있다. 이 글을 읽고 아이와 놀아 주지 않거나 아이가 원하는 것을 모두 들어주지 않으면, 아이가 나에게 분노를 품을지도 모른다고 걱정하지 않아도 괜찮다. 오히려 아이의 분노를 있는 그대로 받아들일 수 있기를 바란다. 아이가 당신에게 분노나 실망감을 표현하더라도, 불안이나 죄책감에 휩쓸리지 않고, 가능한 한 평온함과 연민, 유대감을 유지해야 한다.

부모로서 우리가 해야 할 일은, 아이에게 화를 느낄 자유를 허락하는 것이다. 아이가 당신이 세운 한계와 경계에 대해 화를 내는 건 지극히 자연스러운 반응임을 인정하고, 그 순간에도 아이를 향한 연민과 유대감을 놓지 말자. 이런 경험을 통해 아이는 자라서 배우자, 친구, 동료가 세우는 한계와 경계도 원망이나 적대감 없이 받아들이는 법을 배우게 된다. 더 나아가, 그런 상황에서도 타인에 대한 배려와 유대감, 연민을 잃지 않는 성숙한 사람으로 성장할 것이다.

하지만 클레어는 딸이 어떤 감정을 느낄지 여전히 두려웠다. 두려움은 그녀의 죄책감을 더욱 키웠고, 그 죄책감은 모녀 관계의 밑바탕에 깔린 복잡한 감정을 가려 버렸다. 클레어는 변화의 삼각형을 길잡이 삼아, 자신의 죄책감과 마주하기로 결심했다. 그 과정에서 어린 시절 엄마에게 느꼈던 분노가 딸을 양육하는 방식에 깊게 스며들어 있었음을 깨달았고, 현재 딸과의 관계를 훨씬 더 명료하게 바라볼 수 있었다. 그녀는 죄책감이나 원망에 덜 휘둘리면서도 아이에게 필요한 한계를 세울 수 있었고, 무엇보다 아이의 감정을 더 관대하게 받아들이며 자신에게도 더 너그러워질 수 있었다.

클레어는 마음을 가다듬고 몸의 감각에 집중했다. 그리고 자신에게 이렇게 물었다.

'딸의 부탁을 거절했을 때 일어날 수 있는 최악의 상황은 뭘까?'

가장 먼저 떠오른 건 늘 그랬듯 아이에 대한 죄책감이었다. 하지만 이번엔 그 감정 아래에 무엇이 숨어 있는지 궁금해졌다. 그 질문을 곱씹는 순간, 어린 시절 엄마의 모습이 떠올랐고 몸 안 깊은 곳에서 강한 에너지가 치밀어 올랐다. 클레어는 자신에게 다시 물었다.

'지금 나는 슬픈 걸까? 두려운 걸까? 아니면 화가 난 걸까?'

답은 분노였다! 곧이어 또다시 죄책감이 밀려왔다. 이번에는 엄마에게 분노를 느낀 것 자체에 대한 죄책감이었다. 그때 클레어는 몸속에서 느껴지는 익숙한 감각을 알아차렸다. 죄책감과 분노가 뒤섞인 가슴이 서서히 짓눌리는 듯한 고통이었다.

다음 그림은 클레어가 어린 시절 겪었던 내적 갈등을 변화의 삼각형으로 표현한 것이다.

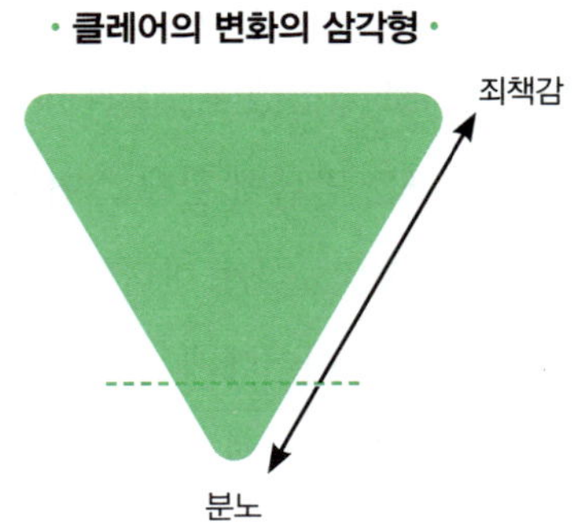

이 그림은 클레어가 엄마에 대한 죄책감과 분노 사이를 오가며 그 감정들 속에 갇혀 있는 모습을 보여 준다. 아래쪽 꼭짓점 근처의 점선은 클레어가 자신의 핵심 감정인 분노와 단절돼 있다는 사실을 나타낸다. 그녀는 죄책감의 베일을 걷어 내려고 자신에게 이렇게 물었다.

'어린 시절의 나는, 엄마가 함께 놀아 주지 않았을 때 어떤 감정을 느꼈을까? 그리고 지금의 나는 그때의 엄마에게 어떤 감정을 느끼고 있을까?'

이 질문을 던진 순간, 클레어는 마음을 가라앉히고 다시 몸의 감각에 집중했다. 그리고 변화의 삼각형 핵심 감정을 하나씩 떠올리며, 지금 자신을 괴롭게 하는 감정이 무엇인지 차분히 살펴봤다.

클레어는 지금 이 순간에도 여전히 남아 있는 엄마를 향한 감정을 다루기 위해 변화의 삼각형을 적용했다. 그 과정에서 어린 시절 자신이 바라던 만큼의 관심과 사랑을 받지 못해 엄마에게 분노를 느꼈던 것이 지극히 자연스럽고 타당한 감정이었음을 인정할 수 있었다.

그녀는 죄책감 아래에 숨어 있던 분노를 마주하고, 그 감정을 온전히 느끼며, '그래, 이 상황에서 화가 나는 건 당연해.'라고 생각했다. 그 순간, 클레어는 진정한 자아의 열린 마음 상태에 들어섰다.

돌이켜 보니, 클레어는 어렸을 때 엄마의 사랑과 관심을 충분히 받지 못해 속상하고 화가 났을 뿐이었다는 사실을 깨달았다. 이런 감정은 누구나 공감할 수 있는 지극히 자연스러운 감정이었다. 이 사실을 깨닫자 자신의 과거와 현재가 또렷하게 구분됐다.

클레어는 딸이 필요로 할 때 엄마로서 충분히 곁에 있어 줬다는 사실을 다시금 깨달았다. 그러자 마음속 죄책감이 서서히 옅어졌다. 이제 그녀는 딸이 쇼핑몰에 데려다 달라고 하거나 친구를 집에 초대하고 싶다고 할 때, 그 부탁이 자신의 중요한 욕구와 충돌한다면 죄책감에 휘둘리지 않고 "안 돼."라고 말할 수 있었다.

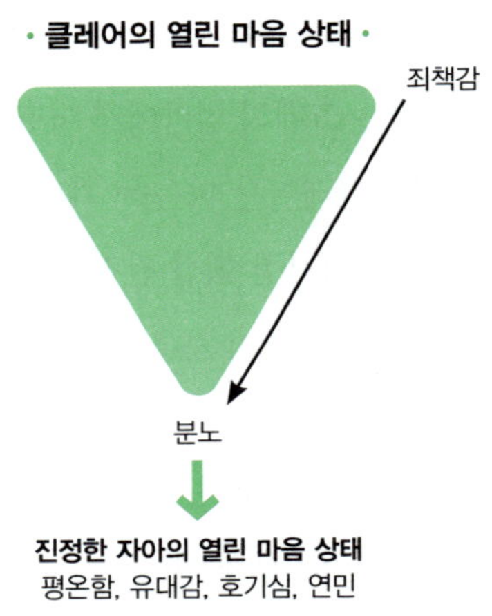

"이번엔 정말 안 될 것 같아. 네가 실망한 거 알아. 화가 나는 것도 당연해. 하지만 오늘은 엄마가 네 부탁을 들어줄 수 없을 것 같아. 대신 다른 방법을 함께 찾아볼까?"

이제 클레어는 딸에게 이렇게 말할 수 있다. 그리고 자신과 딸 모두에게 더 깊은 연민을 품게 됐다. 그 덕분에 그녀를 옥죄던 죄책감이 한결 가벼워졌다. 놀랍게도 이런 변화는 딸과의 관계에도 긍정적인 변화를 일으켰다. 딸은 엄마의 말을 이해했고, 엄마가 자신을 돌볼 줄 아는 사람이라는 걸 알기에 이제는 엄마에게 무리한 부탁을 하더라도 예전처럼 죄책감에 휘둘리지 않았다.

과거와 현재의 감정이 어떻게 연결돼 있는지를 이해하게 되자, 죄책감과 분노를 이전과는 전혀 다른 시선으로 바라보게 됐다. 이제는 그 감정에 휘둘리지 않고, 있는 그대로 느낄 수 있었다. 그 결과, 딸을 대하는 태도도 훨씬 부드러워졌다. 클레어는 평온한 마음 상태에서 딸을 향한 연민과 유대감을 유지하며 차분하면서도 단호하게 딸에게 필요한 한계를 세울 수 있었다. 딸 역시 그런 엄마와의 관계 속에서 자신의 감정을 억누르지 않고 온전히 경험할 수 있었다.

죄책감을 다루는 일은 자기 돌봄과 관계 회복의 문을 여는 일이다. 감정을 마주하면, 더 이상 그 감정에 갇혀 있지 않고 고통에서 벗어날 수 있다.

다음 장에서는 또 다른 억제 감정인 수치심을 살펴본다. 수치심은 우리를 숨게 만들고, 우리의 아름다운 자아를 가려 보이지 않게 만드는 감정이다. 많은 사람이 수치심에 대해 말하기를 꺼리지만, 사실 수치심을 인정하고 마음을 열어 이야기하는 일은 매우 중요하다. 고통스러운 감정과 진심으로 마주할 때, 우리는 비로소 그 굴레에서 벗어나 자유로워질 수 있다.

죄책감의 본래 목적은 타인에게 잘못된 말이나 행동을 해서 상처 주는 일을 막는 것이다. 하지만 실제로는 잘못한 일이 없어도 죄책감을 느낄 때가 많다. 죄책감의 뿌리를 이해한다면, 죄책감을 더 건강하게 다룰 수 있다. 이제 죄책감을 새로운 시각으로 바라보고 더 건강하게 다루는 방법을 익혀 보자.

죄책감이 일으키는 몸의 감각 알아차리기

죄책감이 들 때, 그 감정을 피하지 말고 몸속에서 어떤 감각이 느껴지는지 차분하게 주의를 기울여 보자. '내가 왜 굳이 불편한 감정을 마주해야 하는 거지?'라는 의문이 들 수도 있다.

그럴수록 잠시 멈춰 죄책감이 몸속에서 어떻게 느껴지는지 가만히 지켜보자. 그렇게 몇 초라도 죄책감과 함께 머물다 보면 점점 익숙해지고, 더 이상 그 감정을 두려워하거나 피하지 않게 된다. 몸으로 느껴지는 불편한 감각을 견디는 힘이 세질수록, 죄책감을 더 깊이 이해하고 잘 다룰 수 있다. 그 결과, 자기 자신을 더 깊이 알게 되고, 자신과 아이 모두를 위해 죄책감을 훨씬 건강하게 다스릴 수 있다. 이 연습을 시도하는 것만으로도 이미 자신을 잘 돌보고 있는 것이다.

이제 잠시 멈추고, 죄책감을 느낄 때 몸속에서 일어나는 감각에 다시 집중해 보자. 죄책감을 불러일으켰던 상황을 떠올리며, 몸의 어디에서 어떤 변화가 느껴지는지 살펴보자. 그 감정이 몸속에서 어떤 감각으로 나타나는가? 떠오르는 느낌을 직접 적어 보자.

어깨에 긴장이 느껴질 수도 있고, 배가 아플 수도 있다. 목에 뭔가 걸린 듯 답답하거나, 가슴 깊은 곳이 서서히 짓눌리는 느낌이 들 수도 있다. 죄책감은 사람마다 다양한 방식으로 나타난다. 몸이 보내는 죄책감의 신호를 가장 잘 아는 사람은 바로 나 자신이다.

내가 지은 죄가 뭘까?

이제 죄책감이 들려주는 이야기에 귀를 기울여 보자. 우리는 종종 죄책감을 무언가 큰 잘못을 저질렀다는 신호로 오해한다. 하지만 실제로는 아무 잘못을 하지 않았을 때도 죄책감을 느낀다. 따라서 진짜 잘못과 정당한 자기 돌봄(혹은 가족 돌봄)을 구분하는 일은 매우 중요하다. 예를 들어, 아이에게 괜히 짜증을 내는 것은 분명 잘못된 행동일 수 있다. 반면, 나를 돌보기 위해 잠시 휴식을 취하거나, 가족의 생계를 위해 열심히 일하는 것은 잘못이 아니다. 가장 최근에 죄책감을 느꼈던 순간을 떠올려 보자. 그리고 다음 질문에 차근차근 답해 보자.

1. 죄책감을 느꼈던 말이나 행동은 무엇이었는가?
2. 죄책감을 인터뷰한다고 상상하며 이렇게 물어보자.
   "내 죄가 뭐야?"
   그리고 죄책감이 들려주는 대답에 귀 기울여 보자.
3. 혹시 '아이보다 내 욕구를 먼저 챙긴 죄'라고 답하는가?(그렇다면, 그것은 죄가 아니다.)
4. 아니면, '누군가에게 화를 내거나 상처 주는 말을 한 죄'라고 답하는가?
5. 그 말이나 행동의 동기는 무엇이었는가?
6. 이전에도 비슷한 이유로 죄책감을 느껴 본 적이 있는가? 이런 패턴이 반복되는가?

7. 이런 종류의 죄책감을 처음 느꼈던 건 몇 살 때였는가?

8. 그 말이나 행동으로 인해 상처받은 사람은 누구였는가?

9. 나는 어떤 방식으로 그 사람에게 상처를 줬는가?

10. 내가 상처를 줬다는 사실을 어떻게 알았는가? 그 사람이 말로 표현했는가, 행동으로 보여줬는가, 혹은 표정으로 드러냈는가?

11. 그 말이나 행동에 대해 사과가 필요했는가? 혹은 지금 필요한가?

12. 누군가와의 관계가 멀어졌다면, 관계를 회복하기 위해 내가 먼저 사과를 해야 하는가?

13. 나의 죄, 즉 말이나 행동이 그 사람에게 어떤 영향을 미쳤는가?

이 질문에 답한 뒤에는 죄책감을 스스로 받아들이고 다독여야 할지, 아니면 상처를 준 누군가에게 사과하고 관계를 회복하려고 노력해야 할지 생각해 보자. 가족의 생계를 책임지느라 열심히 일하는 것은 죄가 아니다. 아이가 그런 상황을 힘들어하더라도, 그건 부모의 잘못이 아니다. 다만, 그 과정에서 무심코 아이에게 상처를 줬다면 그 부분은 돌아볼 필요가 있다. 중요한 것은 죄책감을 알아차리고 감정에 이름을 붙이는 일이다. 그래야 그 감정이 무의식적으로 터져 나와, 가족과 주변 사람에게 상처 주는 방식으로 드러나지 않는다.

가정 교육이 남긴 죄책감의 흔적

우리가 죄책감을 느끼는 방식은 가정 교육의 영향을 많이 받는다. 어렸을 때부터 '내가 조금 손해 보더라도 다른 사람을 먼저 배려해야 한다.'라는 가르침을 받았거나, 부모님이 이 가르침을 몸소 실천하는 모습을 보며 자라 왔을 수도 있다. 이런 메시지를 반복적으로 받다 보면, 어느새 우리 안에 깊이 각인되고, 때로는 무의식적으로 이 메시지대로 행동하게 된다.

가정에서 어떤 메시지를 받으며 자랐는지, 다음 질문들을 통해 차분히 돌아보자.

- 부모님은 타인의 욕구를 먼저 챙기느라 자신을 지나치게 희생하는 편이었는 가? 그렇다면, 부모님은 타인을 우선시할 때 어떤 감정을 느꼈을까? 다음 단 어 중에서 부모님이 느꼈으리라 생각하는 감정을 골라 보자.
  - 분노, 슬픔, 두려움, 죄책감, 수치심, 우울, 불안, 기쁨, 자부심
- 이 밖에도 떠오르는 감정이 있다면 자유롭게 적어 보자.
- 어린 시절 부모님에게 생각을 솔직하게 말하거나, "싫어요.", "안 할래요."처럼 단호하게 말했을 때, 부모님은 어떻게 반응했는가? 따뜻하고 친절하게 대했는 가? 차갑고 냉정하게 대했는가? 부모님이 어떻게 반응했는지 구체적으로 떠 올려 보자.
- 어린 시절 부모에게서 받은 가르침이 양육관, 가정 교육, 자기 돌봄에 대한 태 도, 가치관에 어떤 영향을 미쳤는가?
- 어린 시절 부모와의 관계에서 배운 죄책감이 자녀를 대하는 방식에 어떤 영향 을 미치고 있다고 생각하는가?
- 어린 시절 부모의 욕구와 당신의 욕구가 충돌했을 때, 그 갈등은 어떤 방식으 로 해결됐는가? 그 방식은 도움이 됐는가, 아니면 마음의 상처로 남았는가?

아마 자신의 욕구를 돌볼 때 죄책감을 느낀다는 사실을 이미 깨달았을 수도 있다.

위 질문에 대한 답변을 다시 살펴보자. 어린 시절, 당신의 가정에서는

자신의 욕구를 우선시하는 것에 대해 어떤 메시지를 줬는가? 그 메시지를 한 문장으로 정리해 보자.

혹시 자신의 욕구나 바람이 너무 이기적이라고 생각해서 죄책감을 느꼈던 적이 있는가? 그렇다면, 죄책감의 베일을 걷어 내고, 당신을 죄책감에 빠뜨린 사람에게 어떤 감정을 품고 있는지 들여다보자.

그 사람에게 슬픔, 분노, 두려움, 혐오감 같은 감정을 느끼는가? 그렇다면 그 감정들을 있는 그대로 인정해 주자. 판단하거나 억누르지 말고 그 감정을 느끼는 자신에게 따뜻한 연민을 보내자. 이제 그 감정들, 즉 당신의 핵심 감정을 변화의 원동력으로 삼아 보자. 이 감정들이 앞으로 원하는 방향으로 나아가는 데 어떤 힘이 돼 줄 수 있을지 스스로에게 물어보자.

죄책감 치유 훈련

다음은 마음속 깊이 자리한 죄책감을 다스리고 치유하는 훈련이다. 방법은 간단하지만 효과는 강력하다.

1. 먼저 편안한 장소를 찾아, 편안한 자세를 취한다. 앉아도 좋고, 서 있어도 괜찮다. 발바닥이 바닥에 닿는 감각을 느끼며, 지금 이 순간의 자신에게 주의를 기울여 본다.

2. 이제 호흡에 의식을 집중해 보자. 코로 천천히 숨을 들이마시며, 가능한 한 많은 공기를 들이쉰다. 들이마신 공기가 배 깊숙이 내려가 배가 부풀어 오르는 것을 느껴 보자. 잠깐 숨을 멈춘 뒤, 뜨거운 국을 불어 식히듯 입술을 살짝 오므려 천천히 내쉰다. 몸과 마음이 편안해질 때까지, 이 과정을 몇 차례 반복해 보자

3. 이제 몸을 위에서 아래로 천천히 살피며, 죄책감이 느껴지는 부위를 찾아보자. 그 감정을 부정하지 말고, 마치 소중한 사람을 만난 듯 다정하게 인사해 보자.
"그래, 너 여기 있구나."

4. 죄책감을 인정하고 따뜻하게 바라볼 때 어떤 느낌이 드는가? 조금 편안해지는 가? 위로받는 느낌이 드는가? 어떤 느낌이 들어도 괜찮다. 정답은 없다. 이제 그 죄책감을 사랑과 연민의 시선으로 바라보며, 오랜 친구에게 말하듯, 마음속으로 다정하게 말해 보자.
"네가 왜 그런지 이해해."

5. 이제 그 죄책감을 따뜻하게 꼭 안아 주자. 그 순간, 몸 안에서 어떤 변화가 일어 나는지 서두르지 말고 천천히 느껴 보자.

오늘도 자신을 돌보려 노력한 당신, 정말 잘했다. 이 연습은 필요할 때 마다 언제든 다시 해도 좋다.

건강한 선 긋기에 죄책감을 느끼는 시에나

심리상담 코너의 첫 번째 주인공은 앞서 잠시 언급했던 줄리의 내담자 시에나다. 그녀는 점점 더 짜증이 늘고, 혼자 있고 싶은 욕구가 커지며, 우울감이 깊어져 상담실을 찾았다. 특히 엄마와 함께 있는 시간이 괴로웠는데, 엄마가 늘 그녀와 아이들을 비난하며 그녀가 그어 놓은 선을 아무렇지 않게 넘어왔기 때문이었다. 최근에는 엄마가 이번 여름 방학에는 좀 더 오래 머물다 가라며 그를 끈질기게 설득했다.

"넌 나랑 같이 있는 게 싫으니? 네가 자꾸 나를 피하는데, 어떻게 네가 날 사랑한다고 느낄 수 있겠니?"

엄마의 이런 말들은 시에나에게 깊은 죄책감을 불러일으켰다.

시에나는 상담 시간에 자신의 이야기를 할 때, 마치 사실만 전달하는 기자처럼 감정이 배제된 담담한 어조로 말했다.

"사실 우리 가족은 정말 바빠요. 그래서 엄마를 자주 만날 수 없죠. 남편은 출장이 잦고, 아이들은 수영 수업이 있고, 저는 동네 도서관에서 자원봉사를 하거든요."

이런 말들은 시에나가 엄마를 만나지 않아도 괜찮다고 스스로 합리화하기 위한 변명이었다.

그 순간, 시에나는 자신의 감정과 완전히 단절된 상태였다. 엄마의 비난과 선 넘는 행동이 얼마나 고통스러운지 느끼지 못한 채, 그저 우울감, 짜증, 대인기피 같은 증상들만 겪고 있었다. 그녀는 상처로부터 자신을 보호하기 위해, 우리가 종종 사용하는 방어인 자기 합리화를 사용하고 있었다. 자기 합리화는 감정을 느끼지 않으려고, 자신의 선택이나 행동을 논리와 이성으로 정당화하는 심리적 방어를 말한다. 다음은 시에나가 사용한 방어를 변화의 삼각형으로 나타낸 그림이다.

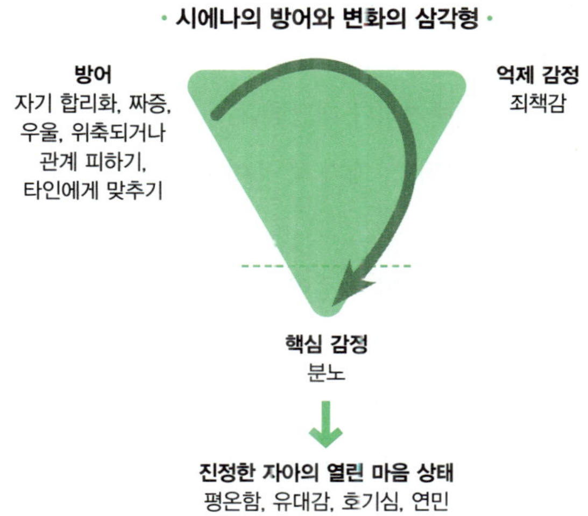

시에나는 변화의 삼각형을 통해, 자기 말과 행동이 사실은 방어 반응이었음을 알아차렸다. 이제 그녀는 그동안 외면해 온 감정에 하나씩 이름 붙이고, 차츰 인정하게 됐다.

그녀는 호기심과 연민 어린 태도로 몸의 감각에 주의를 기울였다. 그러자, 방어로 인해 그동안 닿을 수 없었던 핵심 감정에 닿을 수 있었다. 앞서 언급했듯이, 호기심은 우리가 처한 상황을 더 넓은 시각에서 바라보게 해, 마음을 차분하게 안정시키는 강력한 힘이 있다.

줄리가 부드럽게 말했다.

"지금 이 순간, 우리 속도를 아주, 아주, 느리게 늦춰 볼까요? 달팽이처럼요. 그리고 내면에서 어떤 감정이 올라오는지 함께 살펴봐요. 이제 복식 호흡을 여섯 번 깊이 해 봅시다. 숨을 들이쉬며 몸의 감각을 느껴 보세요. 엄마에 대해 이야기할 때, 몸에서 어떤 감각이 느껴지나요?"

시에나는 잠시 머뭇거리다 대답했다.

"어깨가 잔뜩 긴장되고, 배가 꽉 조여 오는 느낌이에요."

줄리가 다시 물었다.

"그 감각들은 지금 어떤 감정이 말을 걸고 있다는 신호예요. 어떤 감정인지 느껴지나요?"

시에나는 시선을 피하며 잠시 침묵했다. 고개를 숙인 채 한참을 머뭇거리다 조심스러운 목소리로 말했다.

"죄책감…인 것 같아요."

시에나는 엄마에게 "안 돼요."라고 말하는 순간, 자신이 나쁜 딸이 되는 것만 같아 죄책감을 느꼈다.

하지만 그녀가 애초에 자기 시간을 우선시하면 죄책감을 느끼도록 태어난 것은 아니었다. 그런 죄책감은 어린 시절, 엄마와의 관계 속에서 형성된 것이었다. 엄마는 늘, 딸인 시에나보다 자신의 욕구를 먼저 챙기는 것이 당연하고 옳은 일이라고 말했다.

이제 시에나는 자신의 죄책감에 이름을 붙이고, 그 감정을 있는 그대로 인정할 수 있었다. 그러자 그 감정을 호기심 어린 시선으로 바라보게 됐다.

줄리가 다시 물었다.

"시에나, 죄책감은 내가 어떤 잘못을 저질렀다는 생각에서 비롯된다고 했죠. 엄마가 만나자고 했을 때 만나지 않는다면, 어떤 죄를 지은 걸까요? 당신 안의 죄책감에 이렇게 물어보세요. '내 죄가 뭐야?' 그리고 그 대답에 귀 기울여 보세요."

시에나는 잠시 눈을 감고 가만히 생각에 잠겼다. 잠시 후, 그녀가 입을 열었다.

"제가 엄마를 잘 돌봐드리지 못한 게 죄라고 생각했어요. 하지만 곰곰이 생각해 보니, 사실 아무런 잘못도 하지 않았다는 걸 알겠어요. 전 그저 엄마와 보내는 시간을 줄이고 싶었을 뿐이에요. 엄마가 저를 너무 힘들게 하고, 자꾸 상처를 주니까요. 직접 말로 표현하니까, 제가 왜 죄책감을 느꼈는지 이해가 되네요."

자기 생각을 입 밖으로 소리 내어 말하는 과정에서, 시에나는 생각을 정리할 수 있었다. 그녀는 깊은 한숨을 내쉬고, 안도한 듯 미소를 지었다. '나를 우선시하면 죄책감을 느껴야 한다.'라는 생각이 어디서 비롯된 것인지 이해하자 자신을 옥죄던 감정의 굴레에서 조금씩 벗어날 수 있었다.

이 과정에서 얻은 안도감을 계기로 시에나는 엄마에게 어떤 핵심 감정을 느끼는지 알아차릴 수 있었다. 그녀는 자신의 욕구를 우선 시할 때마다 죄책감을 느끼게 하고, 집요하게 간섭하며 경계를 침 범해 온 엄마에게 분명한 분노를 느끼고 있었다.

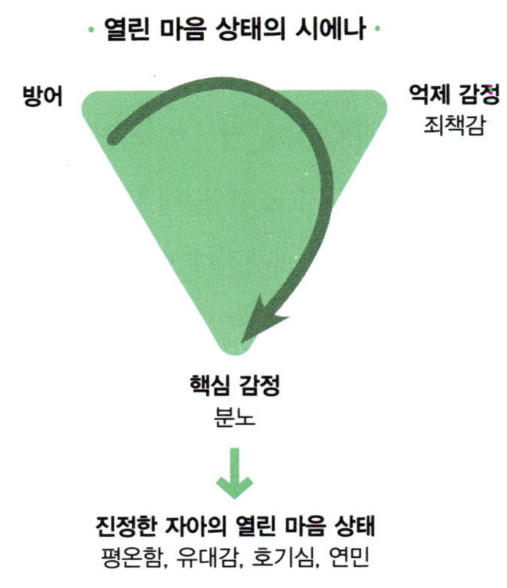

우리의 방어와 감정에 귀 기울이며 대화를 나누는 과정은, 미처 인식하지 못했던 죄책감의 진짜 목적을 깨닫도록 도와준다. 이 과 정을 통해 시에나는 이제 엄마의 말이나 행동에 화가 날 때 그 감 정을 알아차릴 수 있었고, 분노의 에너지를 건강하게 활용할 수 있 었다. 시에나는 그 에너지로 자신의 욕구를 분명하고 당당하게 표 현할 수 있었다. 또 자신을 우선시하는 일이 잘못이 아니라는 확신 이 생겼다. 자신의 욕구를 존중하고, 건강한 선 긋기를 하게 되자, 놀랍게도 엄마와의 관계가 조금씩 나아졌다. 엄마는 전혀 변하지 않았음에도 말이다.

때때로 시에나는 몸속 어딘가에 여전히 죄책감이 남아 있다고 느꼈다. 하지만 분노의 에너지를 활용해 자신을 지키는 건강한 선 긋기를 연습하면서, 죄책감을 점차 누그러뜨릴 수 있었다. 그녀는 열린 마음의 진정한 자아를 되찾아 진정으로 자신을 위해 선택하게 됐다. 이제는 죄책감이 건강하게 작동하지 않을 때도 감정에 휘둘리지 않고 자신을 다독이며 이렇게 말할 수 있었다.

"나도 내 시간을 보낼 자격이 있어. 이건 이기적인 게 아니야."

시에나는 자신의 죄책감이 어디에서 생겨났는지 이해하면서, 마음속 깊이 쌓여 있던 내면의 상처와 트라우마를 치유하기 시작했다. 타인에게 지나치게 맞춰 주려는 행동이 나를 보호하기 위한 방어임을 인식하는 연습을 꾸준히 하면서, 점차 몸의 감각과 감정에 더욱 민감하게 귀 기울이게 됐다. 그녀는 변화의 삼각형을 활용해 죄책감 밑에 숨어 있던 핵심 감정인 분노를 인정하고, 분노를 안전하고 건강하게 다루기 시작했다. 그 결과, 이전보다 훨씬 더 깊은 평온함과 자기 연민을 느꼈고, 어디까지 선을 그어야 할지도 명확하게 알게 됐다. 시에나가 용기를 내 선 긋기를 실천할수록, 점점 더 자연스럽고 쉬워졌다. 그리그 마침내, 이전과는 다른 새로운 방식으로 살아갈 수 있다는 희망이 그녀 안에 조용히 피어올랐다.

이제 여러분도 죄책감을 느낄 때, 자신에게 이렇게 물어보자.

"만약 내가 이 죄책감을 짊어지지 않고 나 자신을 우선시할 자격이 있다고 믿는다면, 나를 죄책감에 빠뜨린 사람들에게 어떤 감정을 느끼게 될까?"

대부분 죄책감의 밑에는 분노와 슬픔이 있다. 이 핵심 감정들을 있는 그대로 느끼고 돌보면, 죄책감은 서서히 누그러진다. 그리고 그때 비로소 진정한 마음의 평온이 찾아온다.

피하고 싶은 감정,
수치심

수치심은 여러 가지 이유로 오랫동안 외면받았다.
사실, 수치심에 대한 수치심이 깊이 자리 잡고 있어서
이 감정은 늘 숨겨져 있다.

— 거센 카우프만Gershen Kaufman(1980)

- 존은 누군가에게 상처를 줬을 때, 사과하거나 잘못을 인정하지 못한다. 심지어 상대가 가족일 때조차 마찬가지다.

- 셀레스트는 집이 완벽하게 깨끗하지 않으면 아이들 친구나 손님은 물론, 자신이 만나고 싶은 친구나 가족조차 초대하지 않는다.

- 프랭크는 아이들이 자신의 높은 기준에 미치지 못하면 부끄러움을 느끼고, 아이들에게 그 감정을 쏟아내듯 가혹하게 나무라며 망신을 준다.

- 메건은 성인이 된 자식들이 명절에 인사하러 오지 않았다는 이유로 몇 달 동안이나 연락을 끊고, 그리움의 고통을 감수하면서도 끝내 자식들을 용서하지 않는다.

- 앤젤라는 어린 자녀들을 돌보느라 지칠 대로 지쳐 몸과 마음이 한계에 다다랐다. 그런데도 그녀는 매일 어머니에게 전화를 하거나 어머니 댁을 방문한다. 어머니는 늘 상처 주는 말만 하는데도, 어머니와의 연락을 차마 끊지 못한다. 어머니와 하루라도 연락하지 않으면, 견딜 수 없을 만큼 괴로운 감정이 밀려와 버틸 수 없기 때문이다.

이런 행동의 이면에는 수치심이 작용하고 있다. 수치심은 불안이나 죄책감처럼 기쁨, 슬픔, 분노와 같은 핵심 감정을 억누르기 때문에 억제 감정으로 분류된다. 핵심 감정이 지금 나에게 무엇이 최선인지를 알려 주는 신호라면, 수치심은 그와 반대로 작용해 우리가 속한 집단의 이익에 부합하도록 행동하게 만든다. 생물학적 관점에서도 수치심은 가족, 친구, 지역공동체, 종교 모임 등 우리가 속하고자 하는 어떤 집단에서도 잘 적응하고 동화되도록 돕는 역할을 한다.

수치심은 이기적인 충동을 억제하는 데는 도움이 되지만, 우리 존재의 아름다움을 해치고 진정한 자아로 성장하는 길을 가로막을 때는 문제가 된다. 따라서 우리는 건강한 수치심과 해로운 수치심을 구분할 필요가 있다. 건강한 수치심은 타인을 고려할 줄 아는 성숙한 시민으로 성장하도록 돕지만, 해로운 수치심은 태생적으로 결함이 있는 존재라고 느끼게 해 진정한 자신감의 형성을 방해한다.

건강한 수치심은 우리가 속한 사회에서 조화롭게 살아가도록 돕는 감정으로 가치관과 도덕성을 지켜 나가게 한다. 예를 들어, 부모는 아이에게 다른 사람을 해치거나, 규칙을 어기거나, 거짓말을 해서는 안 된다고 가르친다. 또 "그럴 때는 고맙다고 말해야지." 같은 말이나, 단호한 눈빛 같은 비언어적 신호를 통해 아이가 예의 바르게 행동하도록 이끈다. 우리는 가족의 가치관이나 사회적 윤리에 어긋나는 행동을 할 때 죄책감과 함께 자연스럽게 수치심을 느낀다. 건강한 수치심은 불편하게 느껴질 수 있지만, 우리의 성장과 성숙을 돕는 유익한 감정이다.

반면, 해로운 수치심은 내면 깊숙이 자리 잡은 무가치함과 부족함의 감정이다. 이 감정은 어릴 때부터 자신의 존재 일부가 반복적으로 비난 받거나 조롱당할 때 형성된다. 또 사회로부터 자신의 존재가 인정받지 못할 때도 생겨난다. 그 결과, '나는 근본적으로 결함이 있는 사람이다.' 라고 믿게 된다.

수치심의 유형	특징
건강한 수치심	• 사회가 질서 있고 조화롭게 유지되도록 돕는다. • 우리가 규칙과 규범을 지키도록 이끈다. • 선한 행동을 하도록 동기를 부여한다. • 타인과의 유대감을 유지하도록 돕는다.
해로운 수치심	• 자신이 본질적으로 나쁜 사람이라고 믿게 만든다. • 자신이 근본적으로 부족한 존재라고 느끼게 한다. • 선한 마음과 행동을 왜곡한다. • 진정한 자아를 숨기게 만든다.

해로운 수치심은 생존에 필수적인 감정이 아니다. 해로운 수치심은 우리가 근본적으로 부족한 존재라고 느끼게 하고 깊은 상처를 남겨, 정서 발달과 타인과의 건강한 관계 형성 능력에 악영향을 미친다. 해로운 수치심은 느끼지 않고 사는 편이 훨씬 낫다.

수치심을 느껴 보지 않은 사람은 아무도 없다. 모든 사람은 각자 자신만의 방식으로 수치심을 짊어지고 살아간다. 우리는 누구나 인생의 어떤 시점에서든, 어떤 이유로든 가장 취약하고 도움이 필요한 순간에 거절당하거나, 외면받거나, 비난받거나 벌을 받은 경험이 있다.

수치심은 뼛속까지 파고드는 괴로운 감정이기 때문에, 우리는 종종 방어로 덮어 버린다. 방어는 타인의 비위를 맞추려는 태도, 부정, 책임 전가, 분노, 도덕적 우월감 등으로 나타난다. 수치심은 의식적으로 인식하지 못하더라도 여전히 자기 자신, 자녀, 타인과의 관계에 깊이 영향을 미친다.

수치심은 너무나 고통스러워서, 우리의 마음은 수치심이 존재한다는 사실조차 알아차리지 못하도록 온갖 방식으로 방어하고 왜곡한다. 그러나 억눌린 수치심은 결국 건강하지 못한 방식으로 표출돼 정서적 안녕을 해친다. 실제로 수치심은 우울, 불안, 자기비판, 완벽주의, 중독 등 여러 정신 건강 문제의 주요 원인 중 하나다.

수치심의 해로운 영향 중 하나는 '나는 결함이 있고, 보잘것없으며, 사랑과 관심을 받을 자격이 없는 존재다.'라고 믿게 만든다는 점이다. 이런 불쾌한 감정은 우리를 숨게 만들고, 필요한 것을 요구하지 못하게 하며, 자신을 위한 목소리를 내지 못한 채 외롭고 고립된 상태에 빠지게 한다. 그러나 수치심을 이해하면 해로운 수치심의 힘을 약화하고 그 영향에서 벗어날 수 있다.

수치심을 깊이 이해할수록, 수치심이 만들어 내는 악순환을 멈추는 힘이 생긴다. 이는 자기 연민과 '세대를 잇는 치유generational healing'로 나아가는 길을 열어 준다. 세대를 잇는 치유란, 부모가 자신의 상처와 감정 패턴이 자녀 세대로 이어지지 않도록 이해하고 치유함으로써, 그 회복이 자녀에게까지 이어지는 과정을 뜻한다. 자신의 수치심을 이해하고 건강하게 표현하는 부모는 자녀 또한 자신의 수치심을 이해하고 건강하게 다룰 줄 아는 사람으로 성장하도록 돕는다.

하지만 수치심은 매우 까다로운 감정이다. 그 단어를 입에 올리는 것만으로도 마음이 움찔할 수 있다. 지금 이 장을 읽는 동안에도 어딘가 불편하거나 껄끄러운 감정을 느낄지도 모른다. 그래도 괜찮다. 이제 우리는 수치심이 당신을 끌어 내리려 할 때, 그 감정을 조금 더 편안하게 다룰 수 있도록 돕는 첫걸음을 함께 내디딜 것이다.

· 수치심 속에서도 마음을 안정시키는 법 ·

수치심을 알아차리고 다루려면 지금 이 순간에 머무르며 자신과 연결된 상태를 유지하는 것이 중요하다. 이를 위해서는 수치심이 불러일으키는 위축감과 반대되는 신체적 감각, 즉 자신감과 당당함을 떠올리면 도움이 된다. 물에 빠져 허우적대는 상태로는 목적지까지 헤엄쳐 갈 수 없다. 먼저 물 위에 드는 법, 즉 마음의 안정을 유지하는 법을 배워야 한다. 다음 연습은 바로 그 과정을 돕는다.

1. 당신이 무언가를 잘 해냈다고 느꼈던 순간, 혹은 스스로 유능하고 성공적이었다고 느꼈던 때를 떠올려 보자. 예를 들어, 맛있는 음식을 만들었던 순간, 직장에서 탁월한 성과를 냈던 순간, 아이에게 따뜻하게 반응했던 순간, 혹은 마라톤 대회를 위해 꾸준히 훈련했던 순간일 수도 있다. 그 기억을 떠올리며 그때의 감정을 충분히 느껴 보자. 그리고 어떤 식으로든 '별거 아니었어.'라며 자신을 깎아내리고 싶은 유혹을 잠시 멈춰 보자.

2. 그때의 자신을 지금 이 순간 눈앞에 떠올려 보자. 그때의 모습을 생생히 그리며, 자랑스러웠던 순간의 감정이 다시 몸 안에서 살아나는 것을 느껴 보자. 그 이미지를 계속 떠올리며 숨을 깊게 들이쉬고, 그때의 좋은 기분을 온전히 느껴 보자.

3. 이제 자신의 몸과 마음이 점점 커지는 느낌을 느껴 보자. 아이들이 무언가를 해냈을 때 마음껏 자랑스러워하고 당당해하는 것처럼, 크고 당당해지는 감각을 느껴 보자.

4. 이 긍정적인 감각을 기억해 뒀다가 수치심이 올라와 작아지는 느낌이 들거나 불안해질 때마다 언제든 불러오자. 그럴 때는 발바닥이 바닥에 단단히 닿아 있는 느낌에 집중하고, 가장 유능하고 자랑스러웠던 그 순간의 자신을 다시 떠올려 보자.

5. 이 용기 있고 의미 있는 연습을 해낸 자신에게 진심으로 축하와 격려를 건네자. 당신은 이미 치유와 성장의 길 위에 서 있다.

수치심은 몸에서 어떻게 느껴질까?

수치심은 뼛속 깊이까지 느껴져 우리를 완전히 압도하며, 껍질 속으로 몸을 숨기는 거북이처럼 움츠러들게 한다. 수치심을 느끼면 가장 부끄러운 비밀이 소셜 미디어에 퍼지기라도 한 것처럼 쥐구멍이라도 숨고 싶어진다. 또 목과 어깨에 힘이 빠지면서 머리와 가슴이 축 처지고, 생각이 흐트러지며 혼란스러워진다. 몸이 점점 작아지는 듯한 느낌이 들고, 누군가의 시선에 노출되는 것조차 견디기 힘들어 사람들의 눈을 피하게 된다. 실제로 잘못한 일이 전혀 없더라도 이성적 판단이나 현실과는 무관하게 이 모든 신체 반응이 자동으로 일어난다.

하지만 의식적인 노력과 연습을 통해, 수치심에서 점점 더 빠르게 회복할 수 있다. 앞으로 수치심이 올라온다면 다음 4단계를 연습해 보자.

• 수치심의 악순환을 멈추고 마음을 진정시키는 연습 •

1. 발바닥이 바닥에 닿아 있는 느낌에 집중하고, 천천히 깊고 부드럽게 호흡한다.
2. 고개를 들어 천천히 주위를 둘러본다.
3. 주변을 살피며 나를 현재로 데려오는 감각적인 단서를 찾아보자. 눈에 보이는 색깔 세 가지, 귀에 들리는 소리 세 가지, 손끝에 느껴지는 감촉 세 가지를 찾아본다.
4. 마음이 차분해지고, 지금 이 순간에 온전히 머물고 있다는 느낌이 들 때까지 1~3단계를 반복한다.

어린 시절의 트라우마가 수치심에 미치는 영향

우리는 대개 어린 시절부터 수치심을 경험한다. 하지만 어린 시절에 경험한 수치심이 과거에만 머무는 것은 아니다. 이 고통스러운 감정은 현재의 삶에도 여전히 영향을 미치며, 그 감정을 알아차리고 인정하는 법을 배우지 못하면 자녀와의 관계까지 영향을 미친다.

제이슨의 부모님은 어릴 때부터 그의 감정을 자주 억누르고는 했다. 제이슨이 울면, 어머니는 "그만 울어! 계속 울면 진짜 혼날 줄 알아!"라며 소리를 질렀다. 제이슨이 여동생의 잘못을 이르면, 아버지는 "그만 좀 해! 지금 그런 소리 들을 기분이 아니야!"라고 호통쳤다.

부모님이 이렇게 거칠게 호통치면, 제이슨은 금세 움찔하며 부모님이 싫어하는 행동을 멈췄고, 이런 아들의 반응에 부모님은 자신들이 잘하고 있다고 믿었다. 그러나 그들은 제이슨의 순종이 부모님에 대한 존경이나 사랑이 아니라 두려움에서 생겨났으며, 그 두려움은 어른이 돼도 사라지지 않는다는 사실을 미처 몰랐다.

실제로 제이슨은 어른이 된 후에도 자기 자신에게 엄청난 압박을 가하며 살았다. 어린 시절부터 주입된 가족과 사회의 기준에 미치지 못할 때마다 자신을 가차 없이 책망했다. 아버지가 된 뒤에는, 아기의 울음소리만 들어도 마음이 조급해지고 온몸이 긴장됐다. 아기를 달래지 못할 때마다 그는 자신을 '형편없는 아빠'라고 여기며 자책했다.

이런 괴로운 생각들 때문에 제이슨은 점점 아이와 함께 보내는 시간을 피하게 됐다. 그래서 늦게까지 일하거나, 집안일에 열중하거나, 휴대폰을 멍하니 들여다보며 시간을 보냈다. 이 모든 행동은 자신을 '못난 아버지'라고 느끼지 않기 위한 회피였다.

안타깝게도 제이슨은 이런 감정을 혼자서 감당했다. 주변에 도움을 구하면, 불평하거나 투정하는 사람처럼 보일까 두려웠기 때문이다. 그는 심지어 아내에게조차 도와달라고 말하지 못했다.

사실 제이슨은 자신도 모르는 사이에 어린 시절에 느꼈던 수치심에 사로잡혀 있었다. 그 누구도 그 감정을 인정해 주거나, 감정을 어떻게 다뤄야 하는지 가르쳐준 적이 없었기 때문이다. 게다가 그는 자기비판적인 태도가 자신을 발전시키는 긍정적인 힘이라고 오해하고 있었다. 그는 자신을 모질게 채찍질하지 않으면, 의욕도 목표도 없는 사람으로 전락할 것이라고 생각했다. 도대체 어떻게 어린 시절의 경험이 우리를 그토록 강하게 붙잡고 있는 걸까?

어린 시절에 수치심을 느꼈던 경험은 뇌에 깊이 각인돼 오랫동안 뇌리에 남는다. 의식적으로 떠올리지 못해도 여전히 뇌의 신경 회로에 저장돼 우리의 감정 반응에 영향을 미친다. 수치심은 뇌의 신경회로를 통해 함께 느꼈던 다른 감정들과 연결되며, 그 감정들과 강하게 결합한다. 우리가 기뻐서 웃을 때 누군가가 "지금 웃음이 나오니?"라고 말했다면, 그 순간의 기쁨은 수치심과 결합된다. 이런 일이 반복되면 우리의 몸과 마음은 자동으로 기쁨을 느끼지 않도록 학습한다.

부모가 치유되지 않은 어린 시절의 상처를 안고 있다면, 슬픔이나 분노 같은 핵심 감정을 인정하거나 받아들이기 어렵다. 그 결과, 이런 감정들은 마치 건드리는 것조차 위험하게 느껴져 아예 피하고 싶은 대상이 된다. 제이슨은 감정을 느끼거나, 필요한 것을 말하거나, 도움을 요청하는 것이 무능하고 실패한 사람의 행동이라고 믿었다. 그는 수치심은 느낄 수 있었지만, 그 아래에 깔린 다른 핵심 감정들과 욕구는 느낄 수 없었다.

만약 제이슨의 부모가 감정을 이해하고 건강하게 다루는 방법을 알고 있었다면, 자신 안의 수치심을 알아차리고. 그것을 아들에게 무의식적으로 전가하지 않았을 것이다. 그랬다면 제이슨은 전혀 다른 어린 시절을 보냈을 것이다. 그리고 자신에게 더 친절하고, 덜 비판적이며, 더 자신감 있고 유능한 어른으로 성장했을 것이다.

로리가 열여덟 살 때, 갑작스러운 심장마비로 아버지가 세상을 떠났다. 하지만 로리는 슬픔이나 상실의 고통을 제대로 느낄 수 없었다. 어린 시절 내내 아버지가 "슬퍼하는 건 나약한 사람들이나 하는 짓이야."라고 말했기 때문이다. 슬픔을 표현할 때마다 수치심을 느껴야 했던 로리는 "나는 슬프다."라고 말하며 그 감정을 인정할 수 없었다. 대신, '진짜 사나이는 절대 울지 않는다.'라는 믿음 속에 자신을 가둔 채, 방어적인 태도로 살아갔다.

이제 아버지가 된 로리는 아이들과 함께하는 시간이 진심으로 즐겁지만, 아이들이 슬픔을 느낄 때 어떻게 반응해야 할지 몰라 당황스럽다. 아이들이 울면 돌아가신 아버지가 늘 했던 말을 그대로 아이들에게 되풀이한다.

"우는 건 갓난아기나 하는 짓이야!"

하지만 이제는 놀이터에서 만나는 다른 부모들마저 그런 말을 하는 그에게 곱지 않은 시선을 보낸다. 아내 역시 "아이들에게 감정을 억누르라고 하지 말아요."라며 그를 타일렀다. 그제야 로리는 처음으로 곰곰이 생각했다.

'내가 하는 말들이 아이들에게 상처가 될 수도 있을까?'

그는 아이들을 진심으로 사랑했고, 아이들에게 어떤 상처도 주고 싶지 않았다.

1. 과거에 누군가로부터 수치심을 느꼈던 순간을 떠올려 보자.
2. 그 경험이 지금까지 영향을 미치고 있는가? 그렇다면, 어떤 방식으로 영향을 주고 있는지 생각해 보자.
3. 그때의 경험이 아이를 양육하는 방식에도 영향을 미치고 있는가?

수치심이 탐구심과 성취욕, 즐거움, 설렘에 미치는 영향

아이들은 걸음마를 배우고, 벽에 낙서를 하며, 세상을 탐험하는 모든 순간에 새롭고 흥미로운 것에 대한 호기심으로 가득 차 있다. 아이들의 사랑과 열정은 자연스럽게 부모나 형제자매에게도 향한다.

그런데 사랑과 설렘, 기쁨, 호기심이 거절 당하거나 외면받는 순간, 아이의 마음은 수치심으로 가득 채워진다. 세상을 향해 뻗어 나가려는 아이의 활기 넘치는 에너지가 부모의 찌푸린 표정, 꾸중, 거절, 혹은 무관심에 부딪히는 것은 마치 전속력으로 달리던 자동차가 단단한 벽에 부딪히는 것과 같다.

때때로 우리 역시 수치심에 휘둘린다. 아이의 재능이나 관심사가 우리가 기대하던 모습과 다를 때면 특히 그렇다. 우리는 부모로서 '아, 우리 아이가 운동 신경이 뛰어났으면, 음악에 소질이 있었으면, 수학 천재가 됐으면'하고 바란다.

어릴 적 베시는 피아노 연주를 무척 좋아했다. 한 곡을 완벽하게 연주하기 위해 몇 시간이고 연습했고, 몇 달간 노력한 끝에 마침내 베토벤의 곡을 완주하게 됐다. 베시는 성취감과 기쁨으로 가득 차 부모님에게 달려갔다. 하지만 부모님은 '지나치게 뿌듯해하면 결국 자만에 빠진다.'라는 말을 들으며 자라 와서 스스로 자부심을 느끼는 것에 강한 불안을 느끼는 사람들이었다. 결국 부모님은 베시에게 이렇게 핀잔을 줬다.

"그게 그렇게 호들갑 떨 일이니? 카네기홀 무대에 서려면 아직 한참 멀었잖니."

부모님의 말 한마디에 베시의 기쁨과 자부심은 순식간에 꺼져 버렸다. 우리는 베시의 부모처럼 반응하기보다는, 아이의 활기찬 에너지에 미소와 설렘, 기쁨으로 응답해야 한다. 아이의 감정을 있는 그대로 받아 줄 때, 아이는 그 감정을 건강하게 경험할 수 있다. 태도의 문제가 아니라, 생물학적인 원리다. 즉, 아이의 감정을 인정하고 수용하는 것은 좋은 부모의 태도라는 차원을 넘어, 아이의 신경계를 안정시키고 감정 조절 능력을 발달시키는 생물학적 과정이다.

당신이 베시라고 상상해 보자. 무언가를 성취해 낸 뒤 들떠 있을 때, 부모님이 찬물을 끼얹듯 차갑게 반응했다고 가정해 보자.

1. 그 순간, 어떤 기분이 들었을까?
2. 그 경험은 당신에게 어떤 영향을 미쳤을까?

부모님이 당신에게 베시의 부모님처럼 말한 적이 있다면, 그 순간 수치심을 느꼈을 것이다. 왜냐하면 수치심은 우리가 의지하고 사랑하는 사람들에게 인정받지 못할 때 생겨나는 감정이기 때문이다. 부모님이 우리의 자부심에 공감하지 않고 오히려 비난한다면, 신경계와 뇌는 '자부심을 느끼는 것은 위험한 일이다.'라는 메시지를 학습한다. 그리고 부모님은 우리의 첫 번째 스승이기 때문에, 이 메시지는 어른이 돼서도 마음속 깊이 남아 자기 자신이나 자신이 이룬 성취를 긍정적으로 느끼지 못하게 한다.

제이크의 부모님은 그의 실수를 사사건건 지적하면 아들을 완벽한 아이로 키울 수 있다고 믿었다. 그래서 제이크는 아침에 일어나자마자 "안녕히 주무셨어요?"라고 인사하지 않으면 혼이 났고, 쓰레기 버리는 걸 깜빡하면 외출 금지를 당했다. 또 시험에서 만점을 받지 못하면 긴 잔소리와 꾸지람이 이어졌다. 부모님은 아들이 성공하길 바라는 마음이었지만, 이 행동이 제이크에게 수치심을 느끼게 한다는 사실은 깨닫지 못했다.

제이크의 아버지와 어머니는 서로 비슷한 환경에서 자랐다. 둘 다 성취욕이 강해 사회적으로 큰 성공을 거뒀다. 아버지는 대형 로펌의 파트너 변호사였고, 어머니는 기업의 CEO였다. 그들은 자신들이 부모로서도 훌륭하다고 믿었다. 하지만 자신들의 양육 방식이 제이크가 실수를 할 때마다 깊은 수치심을 느끼도록 학습시킨다는 사실은 인식하지 못했다.

제이크는 자라면서 실수를 피하는 데에만 급급했다. 그 결과, 조금이라도 실패할 가능성이 있는 일은 시도조차 하지 않았다. 새로운 것에 도전하거나 세상을 탐색하는 일은 제이크에게 불편하고 두렵게 느껴졌다. 결국 그는 '어차피 실패할 가능성이 있으면 시도도 안 할 건데, 궁금해하는 건 시간 낭비야.'라고 생각했다. 그리고 마음속 깊은 수치심을 감추려고 '다른 사람이나 주변이 어떻게 되든 난 상관 안 해.'라는 태도를 보였다. 하지만 이 무심한 태도는 사실 제이크가 수치심으로부터 자신을 지키려고 만들어 낸 방어막이었다.

제이크는 어린 시절 완벽주의적이고 통제적인 환경에서 자랐기 때문에 성장한 뒤에도 실패가 두려워 아무것도 시작하지 못하는, 이른바 '출발 실패failure to launch' 상태에 놓여 있었다. 그는 스스로 무언가에 도전할 동기를 찾지 못했고, 직장에서도 기쁨이나 설렘을 느끼지 못했으며, 적성에 맞는 진로도 찾지 못했다. 어떤 일도 마음에 들지 않았고, 모든 일이 '수준 이하' 혹은 '자신에게 맞지 않는' 일처럼 느껴졌다. 겉으로는 우월감에 싸여 있는 듯 보였지만, 그 이면에는 실패에 대한 극심한 두려움이 깊이 자리 잡고 있었다.

수치심이 지나치면 해롭다

나를 위축시키는 수치심은 대부분 어린 시절에 뿌리를 두고 있다. 상처 받았던 순간들이 치유되지 못한 채 남아, 현재의 삶 속에서 되풀이되는 것이다. 수치심이 안전한 관계 안에서 따뜻하게 공감받고 이해받지 못하면, 우리는 자신을 지키기 위한 방어 기제를 만들어 난다. 그러나 그 방어는 결국 여러 문제를 일으킨다. 무시당하고, 비난받고, 외면받는 경험이 반복될수록 상처는 점점 더 깊어지고, 오래 지속되는 수치심으로 굳어진다. 이것이 바로 해로운 수치심의 시작이며, 이는 우울, 불안, 섭식 장애, 신체이형장애, 나아가 성격장애와 같은 정신적 질환의 씨앗이 되기도 한다.

· 해로운 수치심이 파괴하는 것들 ·

- 기쁨
- 진정한 자부심
- 설렘
- 분노
- 슬픔
- 진정한 욕구
- 깊은 내적 욕구
- 기본적인 본능
- 좋아함과 싫어함의 감정
- 성적 욕구
- 성적 지향
- 성 정체성

우리의 욕구, 바람, 필요, 진정한 자아는 사라지지 않는다. 수치심 때문에 깊숙이 숨어버릴 뿐이다. 수치심은 우리가 무엇을 필요로 하는지 알아차리는 능력 자체를 방해한다. 예를 들어, 따뜻한 손길이나 진정한 유대감과 같은 정서적 연결이 필요한 순간에도 이를 알아차리지 못하게 한다. 또 수치심은 분노와 슬픔 같은 핵심 감정에 얽혀, 이 감정들을 온전히 느끼지도 못하게 하고, 그 감정들이 우리 삶에 전해 주는 중요한 메시지를 활용하지도 못하게 한다.

해로운 수치심은 자연스럽고 건강한 본능마저 무너뜨린다. 배고플 때 먹고, 피곤할 때 쉬고, 화가 났을 떄 경계를 세우는 것 같은 자연스러운 반응을 억눌러 버린다. 그렇게 되면 우리는 더 이상 배고픔도, 휴식의 필요도, 경계의 필요도 제대로 느끼지 못하고, 오로지 수치심과 그로 인한 신체적 불편함만 경험하게 된다.

해로운 수치심이 억누르는 건강한 충동과 증상

핵심 경험	건강한 충동	수치심에 따른 증상
배고픔(본능)	먹기	섭식 장애
관계 맺기, 신체적 접촉(욕구)	관계 추구	외로움
분노(핵심 감정)	자기 보호	우울
진정한 자아	진정한 자아 실현	낮은 자존감

타냐는 어린 시절 반복해서 정서적 학대를 받았다. 부모님에게 말대꾸라도 하면, 엄마는 "너는 정말 이기적이고 형편없는 딸이야. 그런 태도로는 평생 좋은 친구 하나 없이 외롭게 살 거야."라고 악담을 퍼부었다. 타냐가 반찬 투정을 하면, 그날은 아무것도 먹지 못한 채 잠자리에 들어야했다. 타냐의 엄마는 화가 나면 교과서를 숨기거나, 빨래를 해 주지 않거나, 생일을 챙겨 주지 않는 등 잔인한 방식으로 벌을 줬다. 반복된 학대 속에서 타냐의 마음에는 '나는 잘못된 존재야.', '나는 사랑받을 자격이 없어.'라는 생각이 깊은 수치심의 뿌리로 자리 잡았다.

엄마가 된 타냐는 최고의 엄마가 돼야 한다는 강박 속에서 자신을 몰아붙였다. 아이들이 편식하면 타냐는 매일 저녁 아이들 각자의 취향에 맞춰 원하는 음식을 다 따로 만들어 준다. 큰아이가 숙제를 어려워하면 아예 대신 해 주기까지 한다. 자기 부모와는 다른 부모가 되겠다고 굳게 마음먹은 타냐는 자신이 어릴 때 받았던 양육과는 정반대의 방식으로 아이들을 대한다. 타냐의 마음은 이해할 만하지만, 이런 양육 방식은 오히려 그녀를 점점 더 지치고, 우울하며, 아이들에게 서운함을 느끼게 만든다. 게다가 아이들은 타냐의 희생을 알아차리지도, 감사해하지도 않는다.

해로운 수치심이 조금이라도 올라오면 우리의 마음은 건강한 충동을 억누른다. 타냐의 경우, 해로운 수치심은 피곤할 때 잠시 쉬고 싶은 건강한 충동을 억누르고, 대신 아이들에게 저녁 식사를 따로 차려 주는 행동으로 나타난다.

아이들과의 관계에서 합리적인 경계를 세우고 싶어 하는 타냐의 건강한 충동은 나쁜 엄마가 되는 것 같은 참을 수 없는 죄책감을 불러일으켜,

결국 끝없이 베풀고 또 베풀게 만든다.

해로운 수치심의 예방과 치유

우리는 수치심이라는 고통스러운 감정을 느끼지 않기 위해 무의식적으로 방어적인 행동이나 태도를 보인다. 그런데 다른 사람의 행동에서는 방어가 쉽게 보이지만, 정작 자신의 방어는 알아차리기 어렵다. 자신의 방어를 알아차리려면 용기와 꾸준한 자기 성찰이 필요하다. 다음은 해로운 수치심을 가리는 대표적인 방어 행동의 예다. 이 목록은 당신이 수치심을 어떻게 방어하고 있는지 알아차리는 데 도움이 될 것이다.

- 남 탓을 함
- 타인을 판단하거나 평가함
- 타인을 깎아내리거나 무시함
- 자신이나 타인의 결점을 인정하지 않음
- 자신과 자녀의 차이를 받아들이지 못함
- 도덕적 우월감에 사로잡힘
- 문제에 관해 이야기하는 것을 회피함
- 타인의 말을 들으려 하지 않음
- 자신의 욕구, 감정, 행동을 인정하지 못함
- 타인에게 상처를 준 일에 대해 사과하지 않음
- 중독적인 행동에 빠짐

- 강박적으로 타인의 비위를 맞추려 애씀
- 경계나 한계를 설정하지 못함
- 싫다거나 안 된다고 말하지 못함
- 타인을 통제하려 함

이제 위의 목록 중 몇 가지 핵심적인 방어를 좀 더 자세히 살펴볼 것이다. 이를 통해 수치심이 언제 작동하는지를 추적해 볼 수 있다. 예를 들어, 우리가 원하는 것을 요청하지 못할 때, 서로에게 수치심을 떠넘길 때, 자신이나 타인에게 '이래야 해, 저래야 해.'라는 압박을 가할 때, 그 이면에는 늘 수치심이 작동하고 있다.

수치심 알아차리기: 자신이 원하거나 필요한 것을 요청하지 못할 때

누군가에게 도움을 받고 싶거나 그 사람이 무언가를 해 줬으면 하고 간절히 바랐지만, 막상 부탁하려니 입이 떨어지지 않은 적이 있는가?

수치심은 우리를 침묵하게 만드는 감정이다. 우리는 거절당하거나, '너는 너무 의존적이야.', '왜 이렇게 귀찮게 구니?'와 같은 말을 들을까 봐 두려워한다. 이 두려움은 원하는 것을 부탁하거나 요청하지 못하게 할 뿐 아니라, 무엇을 원하는지조차 깨닫지 못하게 한다. 그 결과, 우리는 우울, 분노, 자존감 저하와 같은 증상만 느끼게 된다. 이것은 빙산의 일각과 같다. 겉으로 드러나는 감정 밑에는 훨씬 더 깊고 근본적인 감정이 숨어 있으며, 그 깊은 감정을 마주해야 비로소 마음을 회복할 수 있다.

나(힐러리)의 결혼 생활을 예로 들어 보자. 결혼 초기에 남편 존은 부엌일을 전혀 도와주지 않았고, 처음에는 정말 화가 났다. 하지만 변화의 삼각형을 알고 있었던 나는, 내 마음을 더 깊이 들여다보기로 했다. 그때 비로소 깨달았다. 사실 나는 깊이 상처 받았던 것이었다.

나는 분노와 상처를 느끼는 동시에, 또 하나의 감정을 알아차렸다. 바로 수치심이었다. 남편의 행동이 왜 수치심을 불러일으켰을까? 그 무렵 나는 집안일과 육아, 업무에 치여 늘 지쳐 있었다. 하지만 워낙 독립심이 강한 성격이라 남편에게 직접적으로 "나 좀 도와줘."라고 말하지 못했다. 대신 "피곤하다."라거나 "너무 힘들다."라는 식의 푸념과 불평으로만 내 마음을 표현했다. 남편은 내가 무엇을 필요로 하는지 알 수 없었고, 당연히 도와줄 수도 없었다. 결국, 도움 받고 싶은 내 욕구는 충족되지 않았고, 나는 점점 존중받지 못하고, 이용당하고, 외면당하는 느낌을 받았다. 그리고 바로 그 감정이 내 안의 수치심을 자극했다.

수치심은 나를 방어적인 태도로 몰아갔다. 그래야 무방비 상태로 속이 훤히 드러난 것 같은 느낌에서 벗어날 수 있었기 때문이다. 내 분노는 사실 방어적 분노였다. 분노는 도움이 필요한 자신에 대한 부끄러움과 남편이 내 요구에 반응하지 않는 데서 오는 굴욕감으로부터 나를 보호해 주고 있었다. 이처럼 수치심, 슬픔, 분노가 동시에 뒤섞인 삼중의 감정은 우리가 일상에서 겪는 많은 갈등의 중심에 자리한다.

게다가 남편 역시 집안일을 돕지 않으려는 나름의 이유가 있었다. 그에게도 수치심이 작동하고 있었던 것이다. 그는 집안일은 여자만 하는 일이라는 믿음이 뿌리 깊게 자리한 전통적인 가정에서 자랐다. 그래서 부엌을 청소하거나 설거지하는 일은 곧 남자답지 못한 일로 여겨졌다. 남편 내면의 수치심은 이렇게 속삭였을 것이다.

'부엌에 들어서는 순간, 넌 남자가 아니야.'

내 안의 수치심을 알아차리는 것은 끝이 아니라 시작이다. '지금 내가 느끼는 감정은 수치심이야.'라고 이름 붙이기만 하고 변호를 시도하지 않으면, 그 감정을 피하려고 계속해서 방어에 머물게 된다. 하지만 수치심을 인식하고 치유하려고 할 때 우리는 비로소 서로를 더 깊이 이해하고 배려할 수 있다. 비록 그 과정이 오랫동안 익숙했던 사고방식이나 태도를 내려놓게 해 불편하게 느껴질지라도 말이다.

나는 남편의 감정을 비난하지 않고 호기심과 연민 어린 태도로 조심스레 물었다.

"당신은 왜 남자가 집안일을 하면 안 된다고 생각해?"

그러자 남편은 남자다움과 집안일에 관한 자신의 고정관념을 점점 자각하게 됐다. 그리고 나는 남편이 결혼 전에 했던 말을 부드럽게 상기시켰다. 남편은 이렇게 말했었다.

"힐러리, 나는 서로 평등하게 함께하는 결혼 생활을 하고 싶어."

그래서 나는 한 가지 제안을 했다. 남편이 집안일을 할 때 "이제 뭘 하면 될까?"라고 물어보게 한 것이다. 그동안 그가 늘 물어보던 "내가 뭘 해 주면 좋겠어?"라는 말은 나를 마치 잔소리꾼처럼 느끼게 했기 때문이다. 요즘 남편은 설거지하는 게 즐겁다고 말한다.

"설거지를 하면 마음이 편안해져. 거의 명상하는 기분이야."

그런 남편을 볼 때마다 나는 자신의 수치심을 마주하고, 치유하려 노력하는 그의 모습이 참 고맙고 사랑스럽다.

서로에게 수치심을 떠넘길 때

혹시 이런 부부의 다툼을 들어 본 적이 있는가? 한 사람이 "네가 잘못했잖아!"라고 말하면, 다른 사람이 "아니야, 잘못한 건 너지!"라고 대답한다. 언성이 높아질수록 두 사람은 서로의 말을 듣지 않은 채, 평행선을 달린다.

우리는 이런 현상을 '수치심 떠넘기기'라고 부른다. 우리가 수치심을 받아들이지 못할 때, 그 감정은 "잘못한 건 내가 아니라 너야!"라고 말할 대상을 찾아 나선다. 그리고 서로를 탓하고, 비난하며, 손가락질한다. 대부분 자신이 이런 방식으로 반응한다는 사실조차 인식하지 못한다. 결국 우리는 자기 안의 수치심을 부정한 채, 불편한 감정을 상대에게 떠넘긴다. 이런 일은 부부 사이뿐만 아니라, 부모와 자녀 사이에서도 자주 일어난다.

낸시는 아들에게 학교 행사에 학부모 자원봉사자로 지원했다고 말했다. 그러자 아들은 이렇게 말했다.

"엄마, 제발 다시 생각해 보세요. 자기 엄마가 학교에 오는 걸 좋아하는 애는 아무도 없어요! 너무 창피하잖아요."

아들의 말은 낸시의 가슴에 비수처럼 꽂혔다. 순간 감정이 치밀어 오른 낸시는 자기도 모르게 버럭 소리를 질렀다.

"배은망덕한 녀석 같으니라고! 내가 너를 위해 얼마나 희생하는데, 어떻게 이렇게 이기적으로 굴 수 있니?"

아들에게 소리를 지른 낸시는 세상에서 가장 형편없는 엄마였을까? 아니면 아들의 마음에 상처를 주는 감정적으로 둔감한 부모였을까? 둘 다 아니다. 낸시의 반응은 수치심에 의한 반응이었다. 미식축구에서 태클을 막으려고 상대 선수를 밀어내듯, 낸시는 방어적인 분노와 네가 옳고 아들이 틀렸다는 확신으로 자신의 수치심을 밀어냈다. 그 결과, 아들에게 공감하지 못하고 비난하는 말로 되받아쳤다. 이것이 바로 수치심 떠넘기기다.

그 일이 있고 난 뒤, 아들은 낸시에게 마음의 문을 닫아 버렸다. 예전에는 친구나 학교생활이 어떤지 물어보면, 한참을 이야기해 줬지만, 이제는 냉랭한 태도로 한두 마디로만 대답했다.

낸시는 변화의 삼각형을 실천했고, 그 과정에서 자신의 분노 아래에 슬픔이 숨어 있다는 사실을 깨달았다. 아들이 학교에 엄마가 오는 것을 창피해한다는 사실이 그녀를 슬프게 했던 것이다. 슬픔을 자각하자, 그녀는 자연스럽게 열린 마음 상태의 네 가지 역량, 즉, 평온함, 유대감, 호기심, 연민에 닿을 수 있었다. 낸시는 먼저 자기 자신에게 연민을 보내고, 심호흡을 하며 마음을 가라앉혔다. 그리고 스스로 이렇게 물었다.

"내가 만약 십 대라면, 엄마가 학교 행사에 온다고 했을 때 어땠을까?"

대답은 명확했다. 별로 기쁘지 않았을 것이다.

우리의 궁극적인 목표는 자신의 상처나 감정에 휘둘리지 않고, 편견 없이 진정성 있는 연민으로 반응하는 것이다. 아이에게 "그랬구나, 이해해."라는 한마디를 건네는 것만으로도 큰 의미가 있다. 이 한마디는 진정한 공감을 전달하며, 아이와의 긍정적인 유대감을 유지해 준다.

내면에서 수치심이 작동한다는 사실을 즉시 알아차리지 못할 수도 있다. 하지만 변화는 언제나 작은 알아차림에서 시작된다. 내 안에서 무언가 달라진 듯한 느낌이 든다면, 잠시 멈춰서 지금 내 안에서 무슨 일이 일어나는지 살펴보라는 신호다.

수치심 알아차리기
: 뭔가를 해야만 한다고 자신을 압박할 때

부모들이 하는 이야기를 가만히 들어 보면, "집을 좀 치워야 하는데….", "아이들에게 더 잘해 줘야 하는데…." 같은 말이 자주 들린다. 이처럼 머릿속에 뭔가를 해야 한다는 생각이 떠오르거나 그 말이 입 밖으로 나온다면, 수치심이 작동하고 있다는 신호일 수 있다. 뭔가를 해야 한다는 생각은 보통 사회나 가족이 정한 기준과 관련이 있다. 우리는 그 기준을 충족해야만 스스로 괜찮은 사람이라고 느낄 수 있다고 믿는다. 하지만 이런 생각이 들 때는 그 기준이 도대체 어디에서 온 것인지, 그 기준이 나를 죄책감과 실패감의 악순환 속으로 밀어 넣는 것은 아닌지 한 번쯤 되돌아봐야 한다.

뭔가를 해야 한다는 생각이 언제나 나쁜 것만은 아니다. 때로는 자신을 돌보라는 중요한 신호가 되기도 한다. 예를 들어, 몸이 안 좋을 때 '병원에 가 봐야겠다.'라는 생각이 들거나, 이가 아플 때 '치과에 가야겠다.'

라는 생각이 드는 것은 우리에게 꼭 필요하고 이로운 반응이다.

그러나 수치심에서 비롯된 '해야 한다'라는 생각은 해롭다. 이런 생각은 우리를 자기 자신에 대한 부정적인 믿음 속에 가둔다. 그 결과, 자신이 진정으로 바라는 삶은 외면한 채, 부모님, 종교, 혹은 우리가 속한 사회가 기대하는 모습에 맞춰 살아가게 된다.

뭔가를 해야 한다는 생각에 사로잡힐 때마다, 스스로 이렇게 물어보자.

'왜 그래야 하지?'

'해야 한다는 생각에 타당한 이유가 있을까, 아니면 그렇게 생각하도록 배워온 걸까?'

이렇게 물어볼 수도 있다.

'해야 한다는 생각이 나에게 이로울까, 해로울까?'

이 질문들에 솔직하게 답하다 보면, 지금 내 안에서 작동하는 해야 한다는 생각이 건강한 수치심에서 비롯된 것인지, 해로운 수치심에서 비롯된 것인지 구별할 수 있다.

예를 들어, 캐럴은 아이를 낳고 육아를 하는 동안에는 직장에 복귀하면 안 된다고 생각했다. 어머니와 할머니가 늘 '아이는 엄마가 직접 키워야 한다.'라고 말해 왔기 때문이다. 로버트는 아들이 학교 연극의 오디션에 나가기보다는 운동을 해야 한다고 믿었다. 그래야 친구들과 잘 어울릴 수 있다고 생각했기 때문이다. 그의 아버지가 고등학교 시절 인기 있는 미식축구 선수였다는 사실도 큰 영향을 미쳤다. 사라와 조 부부는 딸이 반드시 대학에 진학해야 한다고 여겼다. 대학에 가야 성공할 수 있다고 믿었으며, 그 믿음은 부모 세대로부터 반복해서 들어온 메시지였다.

하지만 해야 한다는 생각이 반드시 수치심으로 이어지도록 내버려둘 필요는 없다. 그 생각을 있는 그대로 들여다보고 탐색하다 보면, 정말 나와 내 가족에게 맞는 기준인지 분별할 수 있다. 이러한 과정을 통해 세대를 거쳐 반복된 트라우마와 해로운 수치심의 대물림을 끊어 낼 수 있다.

수치심을 가리는 '해야 한다'는 생각	그 생각에 숨겨진 수치심
나는 더 강해져야 해.	내가 나약하다고 믿는 데서 오는 수치심
나는 너무 예민하게 굴지 말아야 해.	감정을 느끼는 자신에 대한 수치심
나는 남을 더 배려해야 해.	욕구가 있다는 사실에 대한 수치심
나는 더 사교적이어야 해.	혼자 있고 싶어 하거나 잘 어울리지 못하는 자신에 대한 수치심
나는 더 날씬해져야 해.	신체 사이즈나 외모에 대한 수치심
나는 말을 좀 더 많이 해야 해.	내성적인 성향이나 말이 적은 자신에 대한 수치심
나는 더 열심히 일해야 해.	내가 게으르다고 믿는 데서 오는 수치심
나는 아이에게 더 많은 활동을 시켜야 해.	부모의 역할을 충분히 하지 못하고 있다는 수치심
나는 완벽한 부모가 돼야 해.	불완전한 자신에 대한 수치심
나는 언제나 아이를 좋아해야 해.	힘든 순간에 아이를 좋아하지 못하는 자신에 대한 수치심

우리의 진짜 모습이나 결점, 실수에 얽혀 있는 수치심을 알아차리는 것은 수치심이 만들어 내는 해로운 생각과 행동의 패턴을 끊어 내는 첫걸음이다. 수치심을 알아차리고, 그 감정에 함께 붙어 있는 잘못된 믿음을 분명히 인식할 때, 자신을 비난하는 대신 연민으로 대할 수 있다. 그 과정을

통해 자신을 있는 그대로 받아들이고 용서하는 힘이 생긴다.

1. 스스로 '나는 뭔가를 해야 해.'라고 말하는 순간이 오면, 그 생각을 의식적으로 알아차려 보자.
2. 정말 뭔가를 해야 할 수도 있고, 아닐 수도 있다. 중요한 것은 호기심을 갖는 것이다. 스스로 이렇게 물어보자.
   '왜 내가 그렇게 해야 하지?"
3. 그 질문에 마음이 어떻게 대답하는지 귀 기울여 들어 보자.
4. 해야 한다는 생각이 나에게 유익한지, 아니면 해로운지 스스로 판단해 보자.
5. 마지막으로, 해야 한다는 생각 아래에 수치심이나 죄책감이 숨어 있는지 살펴보자.

변화의 삼각형으로 수치심 치유하기

수치심을 치유하는 첫걸음은 이 감정을 붙잡고 있는 내 마음을 이해하는 것이다. 이 과정을 거쳐 방어 아래 숨어 있는 수치심을 찾아 느낄 수 있게 되면, 그다음 단계는 그 아래에 묻혀 있는 핵심 감정을 알아차리는 것이다. 이 핵심 감정들은 변화의 삼각형 가장 아랫부분에 자리하고 있다.

리처드는 두 명의 십 대 아들을 둔 아버지다. 그는 고등학교 시절, 친구들을 괴롭히고는 했다. 이제 그의 아들들이 고등학생이 되자, 그 시절의 기억이 그를 끊임없이 괴롭혔다.

"그때는 친구들을 겁주고 위협할 때만 내가 강하고 힘 있는 사람처럼 느껴졌어요."

현재 리처드는 자신의 트라우마를 치유하기 위해 노력하고 있다. 사실, 그는 아주 어렸을 때부터 아버지에게 학대를 받으며 자랐다.

"아버지는 단 한 번도 제게 따뜻한 말을 해 준 적이 없어요. 저를 늘 못난 놈이라고 부르시며, '널 낳지 말았어야 했는데!'라는 말을 반복하셨죠."

우리는 누구나 자신을 보호하고 존중해 주야 할 사람에게서 상처를 받을 때, 두려움과 슬픔, 분노, 수치심을 느낀다. 특히 어린 시절의 학대는 예외 없이 수치심으로 이어진다. 이는 아이들이 충분한 정서적 지지를 받지 못하면, 자신의 감정을 부정적이고 왜곡된 방식으로 받아들이기 때문이다.

리처드가 학창 시절 친구를 괴롭혔던 것은 자신의 나약함과 불안함을 느끼지 않으려고 무의식적으로 선택한 방어였다. 겉으로는 강한 척했지만, 마음속 깊은 곳에서는 자신이 아무런 가치도 없는 사람이라고 믿고

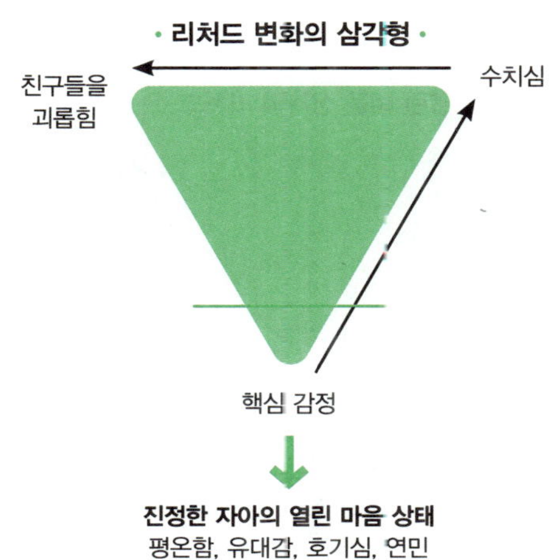

있었다. 그의 감정을 이해하거나 보살펴주는 사람이 단 한 명도 없었기

때문이다. 수치심은 그가 '나는 이 세상에서 가장 나약한 사람이야.'라고 믿게 했다.

위의 변화의 삼각형은 리처드가 자신의 핵심 감정들과 단절된 채 해로운 수치심에 사로잡혀 있었고, 괴로운 감정에서 벗어나고자 공격성과 괴롭힘이라는 방어를 사용하고 있었음을 보여 준다.

리처드는 어린 시절의 자신이 겪었던 고통을 떠올리며 그때의 어린 자신에게 연민을 보내는 법을 배우고 있다. 또 아버지의 학대가 불러일으킨 분노와 슬픔, 두려움을 있는 그대로 느끼는 연습도 하고 있다. 그리고 자신이 어린 시절을 행복하게 보내지 못했다는 사실을 애도하는 한편, 어린 시절 유일한 생존 방식이었던 공격적인 행동으로 다른 이들에게 상처를 준 일 또한 깊이 애도하고 있다. 리처드는 과거에 자신이 저지른 상처 주는 행동에 대한 죄책감을 회피하지 않고 마주하며, 가능한 한 그 잘

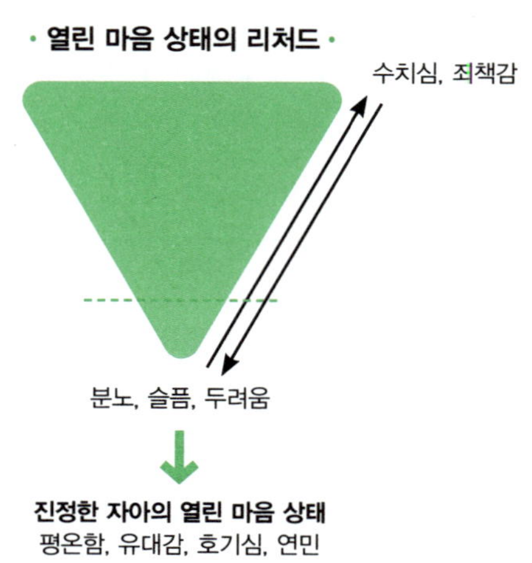

못을 바로잡고 보상하려는 노력을 이어 가고 있다.

리처드가 자신의 트라우마를 마주한 후의 변화의 삼각형은 다음과 같다. 점선은 리처드가 슬픔이나 두려움 같은 취약한 감정이 올라올 때, 여전히 죄책감과 수치심을 느끼며 힘들어한다는 사실을 보여 준다. 하지만 이제 그는 예전처럼 도망치지 않고, 그 감정들을 인식하고 느낄 수 있는 힘이 생겼다.

감정들을 마주하고 느끼는 일은 쉽지 않았지만, 그 과정은 리처드에게 큰 안도감을 안겨 줬다. 그는 자신의 감정을 알아차리고 다룰 줄 알게 되면서 자신감을 얻었다. 수치심을 치유하고 자신감이 커질수록, 자신을 지키려고 사용하던 공격적인 태도는 자연스럽게 사라졌다. 그 결과 자신의 감정적 욕구를 인식하고, 타인, 특히 가족과의 관계를 해치지 않으면서도 그 욕구를 분명하고 건강하게 표현하게 됐다. 또 아버지로서 어릴적 자신이 한 번도 받아보지 못했던 사랑과 지지를 아들에게 전해 주고자 최선을 다한다.

과거의 상처를 완전히 지울 수는 없지만, 상처와의 관계는 바꿀 수 있다. 다양한 도구와 방법을 활용해 수치심을 치유하면, 다시 핵심 감정과 연결될 수 있고, 그 연결은 진정한 자아로 향하는 길을 열어 준다.

수치심에서 벗어나 열린 마음으로 양육하기

수치심 아래에 숨겨진 핵심 감정을 인정하고 받아들이면, 우리는 다시 열린 마음 상태를 회복할 수 있다. 이 과정을 통해 아이를 대할 때는 물론, 가족 간의 갈등 상황에서도 더 평온하고, 더 깊이 연결되며, 호기심과 연민을 지닌 태도로 반응할 수 있다. 지금까지 다룬 스치심에 관한 이야기가 당신이 서두르지 않고 신중하게 대응할 수 있는 힘을 키우는 데 도움이 되길 바란다.

이 세상에는 완벽한 인간도, 완벽한 부모도 없다. 우리는 모두 실수를 한다. 그런 순간에 조금 더 지혜롭게 대처할 수 있도록 도움이 될 만한 몇 가지 대화 예시를 소개한다. 각 예시는 수치심과 방어에서 비롯된 즉각적이고 충동적인 반응과 평온함, 유대감, 호기심, 연민의 열린 마음 상태에서 나온 반응을 비교해 보여 준다.

예시 1 아이가 화를 내며 자기 뜻대로 하려고 할 때

- **수치심에서 나온 반응**: "너는 왜 맨날 네 고집대로만 하려고 하니?"
- **열린 마음에서 나온 반응**: "네가 지금 화가 난 건 이해해. 하지만 모든 상황에서 네가 원하는 대로 할 수는 없어."

예시 2 아이가 TV를 더 보거나 게임을 더 하고 싶어 할 때

- **수치심에서 나온 반응**: "네 형처럼 책 좀 읽으면 안 되겠니?"
- **열린 마음에서 나온 반응**: "재미있는 프로그램이라 더 보고 싶은 마음은 이해해. 하지만 이제 모든 전자기기를 끄고 자야 할 시간이야."

예시 3 아이가 숙제하길 거부할 때

- **수치심에서 나온 반응**: "넌 조금만 힘들면 금세 포기하는구나!"
- **열린 마음에서 나온 반응**: "숙제하기 싫을 때도 있지. 엄마가 어떤 부분을 도와주면 좋을까?"

예시 4 아이가 친구에게 거절당해 슬퍼할 때

- **수치심에서 나온 반응**: "그까짓 일로 왜 그렇게 슬퍼해? 난 또 큰일이라도 난 줄 알았잖아."
- **열린 마음에서 나온 반응**: "정말 속상했겠구나. 슬픈 마음이 드는 게 당연해. 엄마가 어떻게 도와주면 좋을까?"

예시 5 십 대 자녀가 통금 시간을 지키기 싫어할 때

- **수치심에서 나온 반응**: "밖에서 밤새 놀고 싶다는 게 말이 되니?"
- **열린 마음에서 나온 반응**: "더 오래 놀고 싶은 마음은 이해해. 하지만 새벽 3시는 너무 늦은 시간이야."

예시 6 십 대 자녀가 대학 진학을 미루고 일이나 여행 등의 경험을 쌓고 싶다고 하거나, 대학에 가지 않고 바로 취업하고 싶다고 할 때

- **수치심에서 나온 반응**: "그런 바보 같은 생각은 집어치워! 그러면 평생 돈도 못 벌고 자립할 수도 없을 거야."
- **열린 마음에서 나온 반응**: "대학에 가고 싶지 않다는 네 마음은 이해해. 그런데 엄마는 그 길을 가보지 않아서 불안하고, 어떻게 도와줘야 할지 잘 모르겠어. 우리 함께 이야기해 보자."

사실, 우리는 모두 무심코 아이에게 수치심을 줄 때가 있다. 물론 이런 일이 아이의 정서 건강에 좋지는 않지만, 한 번의 실수가 아이에게 영원한 상처를 남기는 것은 아니다. 중요한 것은 관계에 균열이 생겼다는 사실을 인식하고, 적절한 방식으로 사과해 균열을 회복하려는 노력이다 (146쪽 '진정성 있는 사과의 단계' 참고).

1. 수치심은 보통 세 가지 방식 중 하나로 드러난다. 수치심을 직접 느끼거나, 아무 감정도 느껴지지 않거나, 갑자기 강한 분노가 치밀어 오른다. 이 세 가지 신호를 기억하고, 수치심을 느끼는 순간을 알아차려 보자.
2. 아이가 두려움, 분노 같은 감정이나 욕구를 표현하거나, 진정한 자신의 모습을 드러낼 때, 부모로서 지나치게 가혹하거나, 처벌적이거나, 비판적으로 반응하고 있지는 않은지 스스로 돌아보자.
3. 아이의 행동에 대해 한계를 정하거나 규칙을 세울 때도 자신과 아이의 분노, 슬픔, 두려움, 혐오 같은 감정과 욕구 그리고 진정한 자아를 있는 그대로 인정하자.
4. 아이에게 즉각적으로 반응하기보다 아이의 정서적 성장을 장기적인 관점에서 바라보며, 잠시 멈춰 의식적으로 대응하자.

수치심은 매우 고통스러운 감정이라 이 감정이 올라오면 우리는 본능적으로 숨고 싶어진다. 하지만 수치심 앞에서 침묵하거나 피할 필요는 없다. 이번 장에서 다룬 수치심에 관한 지식과 도구는 진정한 자아를 찾아가는 여정의 출발점이자, 당신의 삶에 의미 있는 변화를 만드는 전환점이 될 것이다.

다음 장에서는 핵심 감정 중 하나인 분노를 살펴본다. 모든 부모는 때때로 화를 낸다. 그것은 피할 수 없는 일이다. 우리는 분노가 왜 중요한 감정인지, 어떻게 하면 분노를 지혜롭게 다룰 수 있는지 알아볼 것이다.

　변화의 삼각형을 실천하다 보면, 방어를 조금씩 내려놓는 과정에서 수치심이 드러나는 경우가 많다. 수치심은 인간이라면 누구나 경험하는 감정으로, 보편적이면서도 복잡하고, 때로는 견디기 힘들 만큼 고통스럽다. 하지만 약간의 용기와 정신적 에너지만 있다면, 수치심으로부터 자신을 해방할 수 있다. 이어지는 연습은 그 여정을 부드럽게 이끌어 줄 것이다.

내면화된 부정적 자기 메시지로 수치심 알아차리기

　우리는 가족, 또래, 종교 모임, 사회와 같이 속하고 싶은 집단으로부터 자신에 관한 메시지를 수없이 받는다. 그중에는 '이렇게 하지 않으면 사랑받을 수 없어.', '이렇게 행동해야 인정받을 수 있어.'와 같은 말들도 있다. 이런 말들은 시간이 지나면서 우리 안에 부정적인 신념으로 자리 잡고 수치심을 불러일으킨다. 다음 예시를 살펴보며, 한 번쯤 들어 본 말이 있는지 생각해 보자.

내면화된 부정적 자기 메시지		
"잘난 척하지 마!"	"바보같이 굴지 마!"	"튀지 마! 그냥 남들처럼 해!"
"소심하게 굴지 마!"	"정신 나간 사람처럼 행동하지 마!"	"거만하게 굴지 마!"
"네 약점을 드러내지 마!"	"남에게 기대지 말고 너 스스로 해!"	"넌 너무 의존적이야!"
"넌 너무 말랐어!"	"넌 너구 뚱뚱해!"	"좀 더 강해져야지!"
"넌 너무 못됐어!"	"남자답게 행동해!"	"여자답게 행동해!"

“좀 더 나긋나긋하게 굴어야지!”	“머리를 좀 써!”	“나약하게 굴지 마!”
“형/누나(오빠/언니)처럼 좀 해 봐!”	“너무 예민하게 굴지 마!”	“다른 사람 입장도 좀 생각해!”
“넌 너무 게을러!”	“넌 이기적이야!”	“좀 더 활발하게 행동해!”
“죄짓지 마!”	“윗사람에게 대들지 마!”	“주지넘게 굴지 마!”
“네 욕구 때문에 다른 사람에게 부담 주지 마!”	“절대 네가 틀렸다고 인정하지 마!”	“언제나 착하게 행동해!”

1. 부모, 가족, 친구, 사회, 혹은 종교 모임으로부터 직접적 혹은 간접적으로 들었던 ‘너는 이렇게 해야 해.’라는 메시지를 세 가지 떠올려 보자.

2. 각각의 메시지는 그 당시 당신에게 어떤 영향을 줬는가? 그리고 지금의 당신에게는 어떤 영향을 미치고 있는가?

3. 어린 시절에 들었던 이러한 메시지들이 현재 당신의 양육 방식에 어떤 영향을 주고 있는가?

뭔가를 해야 한다는 생각 들여다보기

스스로 뭔가를 해야 한다는 생각이 들면, 그 생각이 어디서 비롯된 것인지, 나에게 도움이 되는지, 아니면 오히려 해가 되는지 알아차려야 한다. 공책이나 휴대폰 메모장에 평소 자주 되뇌는 ‘해야 한다’는 문장을 세 가지 적어 보자. (예: “나는 항상 아이들을 먼저 챙겨야 해.”)

이제, 그 ‘해야 한다’는 생각들에 호기심을 갖고, 다음 질문에 차분히 답해 보자.

1. '해야 한다'는 생각은 나에게 어떤 도움이 되는가?

2. 이 생각은 나에게 어떤 부담이나 해를 주고 있는가?

3. 이 생각은 아이에게 어떤 도움이 되는가?

4. 이 생각은 아이에게 어떤 부담이나 해를 주고 있는가?

질문에 답하다 보면, 어떤 '해야 한다'는 생각을 내려놓아도 되는지, 그리고 어떤 생각을 아이에게 물려 주지 말아야 할지 자연스럽게 알게 될 것이다.

수치심 달래기

수치심을 달래는 방법을 익혀 두면 두 가지 면에서 큰 도움이 된다. 첫째, 괴로운 감정이 올라오는 순간에도 조금이나마 편안함을 느낄 수 있다. 둘째, 수치심의 강도가 낮아지면서, 그 아래에 숨어 있는 핵심 감정을 변화의 삼각형으로 더 쉽게 알아차릴 수 있다. 이 방법을 시도할 때는, 어떤 감정이 올라와도 판단하지 않고 있는 그대로 느끼는 것이 중요하다.

만약 연습 도중에 마음이 불편하거나 너무 버겁게 느껴진다면, 즉시 멈추고 두 발바닥을 바닥에 단단히 붙인 두, 66쪽에서 소개한 복식 호흡을 하며 몸과 마음을 안정시키자. 이 연습의 목표는 무언가를 억지로 바꾸는 것이 아니라, 내면에 주의를 기울일 때 내 안에서 어떤 일이 일어나는지 알아차리는 것이다.

1. 조용하고 편안하게 앉을 수 있는 장소를 찾는다.

2. 마음을 차분히 가라앉히고, 깊은 복식 호흡을 천천히 시작한다.

3. 이제 자신이 정말 자랑스럽고 좋았던 순간을 떠올려 본다. 그때 어떤 일이 있었는지, 왜 그렇게 뿌듯하고 자신감이 넘쳤는지 차분히 되짚어보자. 그 장면을 머릿속에서 최대한 생생하게 떠올리고, 그때의 좋은 감정에 완전히 몰입해 20~30초 정도 머물러본다.

4. 이제 아주 조심스럽게, 자신이 평소에 나쁘다고 여기거나 받아들이기 어렵다고 느끼는 자신의 한 부분을 떠올려 본다.

5. 가장 자신감 넘치고 안정된 자아와 연결된 상태에서, 평소에 받아들이기 어렵다고 느꼈던 그 부분을 몸 밖으로 꺼내 약 1미터 정도 떨어진 곳에 뒀다고 상상해 보자. 그리고 수치심을 느끼는 그 부분을 차분하고 따뜻한 시선으로 바라본다.

6. 수치심을 느끼는 그 부분이 몇 살처럼 느껴지는가? 어린 시절의 나일 수도 있고, 사춘기나 성인이 된 나일 수도 있다.

7. 이제 수치심을 느끼는 부분에 연민을 보내 보자. 마치 힘들어하는 아이나 친구, 혹은 반려동물을 위로하듯이 따뜻한 말을 건네 보자. 수치심을 느끼는 자신에게 지금 어떤 말을 해 주고 싶은가?

8. 그 말을 건넸을 때 자신 안에서 어떤 변화가 일어나는지, 아무런 판단 없이 그저 지켜보자.

9. 수치심을 느끼는 그 부분은 당신이 건네는 연민에 어떻게 반응하는가?

10. 수치심을 느끼는 자신에게 부드럽게 말해 보자.
    "나는 너를 보고 있어. 이제 너를 외롭게 혼자 두지 않을게."

11. 이제 자신에게 더 큰 연민과 조건 없는 사랑을 건네며 이렇게 말해 보자.
    "너를 사랑해. 언제나 네 곁에 있을게."
    그리고 그 말을 했을 때, 내면에서 어떤 변화가 일어나는지 차분히 느껴 본다.

이 연습을 시도한 자신을 따뜻하게 격려해 주자. 이 연습이 어렵게 느껴졌다면, 아주 자연스러운 일이다. 이 과정은 우리 안의 가장 연약한 부분을 건드리기 때문에 어렵게 느껴질 수 있다. 이 연습을 통해 느낀 점을 더 잘 기억하려면 이번 경험이 어땠는지 한 문장으로 적어 보자. 나중에 다시 연습할 때 그 문장을 읽어 보면, 내 안에서 무엇이 달라졌는지 자연스럽게 비교해 볼 수 있다.

소피아의 분노를 가린 수치심과 방어

소피아는 아이를 낳기 전부터 나(줄리)와 상담해 왔다. 그녀는 늘 타인을 지나치게 배려하는 착한 사람 콤플렉스를 지니고 있었고, 삶이 요구하는 수많은 역할에 짓눌린 채 항상 지쳐 있었다. 처음 상담을 시작했을 때, 소피아는 걸핏하면 감정적으로 폭발하는 남편이나 끊임없이 무언가를 부탁하는 부모님처럼 자신을 힘들게 하는 여러 문제에 관해 이야기했다. 그러나 그런 이야기를 하면서도 그녀는 늘 어색하게 웃거나 키득거렸다. 눈 맞춤을 피하고, 어린아이처럼 쭈뼛거리며, 몸 전체가 잔뜩 경직된 모습을 보이기도 했다. 나는 이러한 신체 반응들이 수치심이 올라올 때 나타나는 신호라는 사실을 알고 있었지만, 그 수치심이 어떤 감정과 얽혀 있는지는 아직 확신할 수 없었다.

소피아는 이전 상담에서 늘 다른 사람에게 맞춰 주는 자신의 습관이 지닌 장단점을 적어 보거나, 필요할 때 단호하게 거절하는 연습을 해 왔다. 그러나 이러한 접근은 소피아의 어려움을 근본적으로 해결해 주지 못했다. 그녀는 여전히 자신을 지나치게 비난했고, 스스로 통제할 수 없는 일들을 끝없이 걱정했다.

그래서 우리는 속성경험적 역동심리치료에 기반한 다른 접근을 시도했다. 나는 소피아가 말로 표현하는 내용뿐만 아니라, 몸의 움직임과 표정, 시선 같은 비언어적 신호에도 세심하게 주의를 기울였다. 그 안에 중요한 단서가 숨어 있다고 생각했기 때문이다. 소피아는 상담을 이어 가며, 시선을 피하는 행동은 수치심을 느낀다는 신호이며, 긴장된 웃음은 자신을 보호하기 위한 방어라는 사실을 알아차렸다.

몇 년이 흐른 뒤, 엄마가 된 소피아는 상담 시간에 육아로 인한 스트레스를 털어 놓았다. 초등학교 3학년인 아들은 요즘 버럭버럭 화를 내는 일이 부쩍 잦아졌다. 여동생을 때리거나, 부모에게 고함을 질렀고, 스크린 타임을 제한하거나 채소를 먹으라고 하면 불같이 화를 냈다.

"정말 어떻게 해야 할지 모르겠어요."

소피아는 한숨을 내쉬며 말했다. 아들이 화를 낼 때마다 소피아는 몸이 얼어붙은 듯 굳거나, 반대로 감정을 주체하지 못하고 폭발했다. 그러나 자신이 왜 그렇게 반응하는지 알지 못했다. 소피아는 이야기를 들려주면서 고개를 숙인 채 신발만 내려다봤다.

소피아의 비언어적 행동은 지금 그녀 안에서 어떤 감정이 올라오고 있음을 분명히 보여 주고 있었다. 다만 그 감정들은 아직 말로 설명할 만큼 분명하지 않았고, 의식과 무의식의 사이 어딘가에 머물러 있었다.

상담 초기에 소피아는 다양한 핵심 감정과 그 감정에 얽혀 있는 수치심 때문에 방어 상태에 갇혀 있었다. 그녀는 그 감정들이 무엇인지 제대로 인식하거나 다룰 수 없었다. 그림 속의 실선은 그녀가

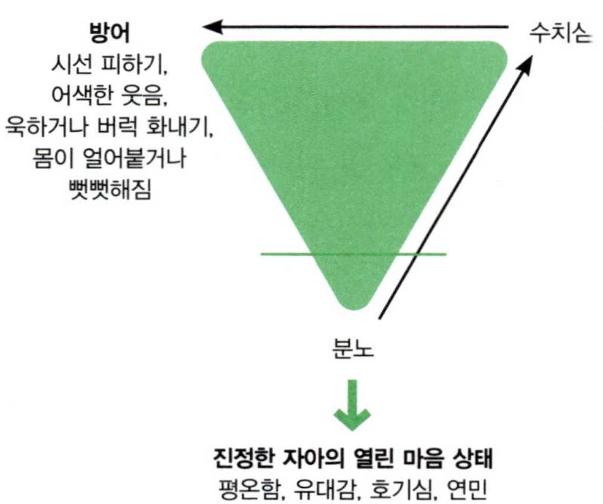

자신의 분노와 열린 마음 상태의 네 가지 역량에 닿지 못하고 있음을 보여 준다.

나는 소피아가 자신의 감정을 외면하고 있다는 사실을 자각하도록 돕고 싶었다. 그래서 다정한 어조로 이렇게 말했다.

"방금 그 말을 할 때, 고개를 옆으로 돌려 제 시선을 피했어요."

그러자 소피아는 다시 고개를 돌려 나를 바라봤다. 나는 조심스럽게 덧붙였다.

"이건 지금 당신 안에서 뭔가 중요한 일이 일어나고 있다는 신호일 수 있어요. 지금 몸에서 어떤 느낌이 드나요?"

소피아는 잠시 숨을 고른 뒤, 조심스럽게 입을 열었다.

"아주 큰 감정의 덩어리가 목에 딱 걸린 느낌이에요. 삼키기도 힘들어요. 그런데 그게 어떤 감정인지 잘 모르겠어요."

그녀의 눈에서 눈물이 뚝뚝 떨어지기 시작했다.

“우리 함께 알아봐요.” 내가 말했다. “당신은 혼자가 아니에요. 제가 함께할 거예요.”

나는 소피아가 다시 안정을 찾을 수 있도록 그녀와 함께 심호흡을 했다. 우리는 코로 깊게 들이마시고, 입술을 오므려 천천히 내쉬며 호흡을 이어 갔다. 미주 신경을 부드럽게 다독이듯 말이다.

“이제 조금 진정된 것 같아요.” 소피아가 말했다.

“좋아요.” 내가 미소 지으며 답했다. “이제 우리가 감정 탐정이 됐다고 상상해 볼까요? 방금 말한 감정의 덩어리에 이름을 붙인다면, 뭐라고 부르고 싶으세요?”

소피아는 잠시 생각에 잠겼다. 그러자 다시 뜨거운 눈물이 그녀의 볼을 타고 흘렀다.

“천천히 해도 괜찮아요.” 내가 부드럽게 말했다. “지금 이 자리에 제가 함께 있다는 걸 잊지 마세요.”

나는 소피아가 수치심 때문에 힘들어한다는 것을 알고 있었지만, 그녀가 스스로 말할 때까지 조용히 기다렸다. 그 순간, 그녀의 몸짓에서 뚜렷한 변화가 느껴졌다. 그녀는 등을 곧게 펴고 앉더니, 내 눈을 똑바로 바라봤다. 그리고 힘 있는 목소리로 말했다.

“그건 빌어먹을 분노예요! 어릴 때는 단 한 번도 마음껏 느낄 수 없었던 거죠.”

“정말 잘 알아차리셨어요.”

나는 그녀의 통찰을 따뜻하게 인정해 주며 말을 이었다.

“지금처럼 강한 에너지로 분노의 감정에 이름 붙인 건 정말 멋진 일이에요. 그러면 그 분노의 에너지가 진짜로 향하고 싶은 곳은 어디일까요?"

소피아는 잠시 생각하다가 말했다.

"음…. 누군가를 미워하고 싶지는 않지만, 제 분노가 향하는 곳은 부모님이에요. 부모님은 제가 화를 낼 때마다 그 감정을 부끄럽게 여기게 하셨거든요."

그녀는 잠시 숨을 고른 뒤, 다시 말을 이었다.

"엄마한테 이렇게 말하고 싶어요. '전 정말 억울했거요. 저도 화낼 권리가 있다고요. 그냥 그 감정을 있는 그대로 느기도록 놔두셨으면 좋았잖아요.'"

소피아는 이제 자신의 분노에 닿게 됐고, 그 감정을 건강하게 다룰 수 있었다. 그녀는 아이들과 함께 '분노의 벽'을 만들고 포스트잇 한 묶음을 건네며 이렇게 말했다.

"학교에서든, 집에서든, 친구 사이에서든 화나는 일이 있으면 여기에 적어서 벽에 붙여 보자."

또 소피아는 여성들이 분노를 자유롭게 표현하기 어려운 사회적 분위기를 인식하고, 이를 깨기 위한 작은 변화를 시도했다. 그녀는 친구들과 커피를 마실 때면 이렇게 물어보고는 했다.

"요즘 화나는 일 있어? 네가 느끼는 분노에 대해 이야기해 줘."

놀랍게도 친구들은 이 질문을 받았을 때 오히려 안도한 표정을 지었다. 친구들은 그동안 쌓아 뒀던 분노에 대해 할 말이 정말 많았고, 누군가 자신에게 물어봐 주는 일이 얼마나 큰 위로가 되는지도 새삼 느꼈던 것이다.

소피아는 이제 분노가 올라오는 순간을 알아차릴 수 있었고, 그 감정을 억누르기보다 일기 쓰기, 산책, 친구와의 대화처럼 안전한 방식으로 풀어내게 됐다. 그 결과 아이들에게 버럭 화를 내는 일도 눈에 띄게 줄었다. 설령 그런 순간이 생기더라도 곧바로 자신의 반응을 돌아보고 사과할 수 있었다. 가족 전체의 분위기 역시 한결 더 평온해졌다.

PART
3

핵심
감정

자신의 핵심 감정
알아가기

분노, 슬픔, 두려움, 혐오, 기쁨, 설렘 같은 핵심 감정은 우리 주변에서 어떤 일이 그 감정들을 자극할 때 생겨난다. 각 핵심 감정에는 자연스럽게 따라오는 고유한 행동 반응이 있다. 각 감정을 우리에게 중요한 것을 알려 주는 내부 알림 장치라고 생각해 보자.

다음은 각 핵심 감정이 어떤 역할을 하고, 어떻게 작동하는지에 관한 설명이다. 내용을 읽으면서 자신과 아이들에게 이 감정들이 어떤 모습으로 나타나는지 떠올려 보자.

- 분노는 위협이나 침해, 충족되지 않은 욕구가 있다는 사실을 알려 준다. 분노가 생기면 싸우고 싶어지거나, 공격적으로 굴거나, 모진 말을 하고 싶어지고, 나 자신이나 다른 사람을 보호하고 싶어지며, 부당하게 느껴지는 상황을 바꾸고 싶은 충동이 생긴다.

- 슬픔은 상실을 알려 주는 감정으로, 잠시 멈춰 서서 타인에게 위로받고 정서적으로 연결되고 싶게 만든다.
- 두려움은 위험을 감지하게 하고, 도망치거나 숨고 싶은 충동을 일으키며, 때로는 온몸이 얼어붙게 만든다.
- 혐오는 해로움을 감지하게 하며, 뒤로 물러나 거리를 두거나 역겨운 것을 뱉어 내고 싶은 충동을 일으킨다.
- 기쁨은 안도감과 즐거움을 알려 주고, 절로 미소 짓게 하며, 마음이 활짝 열리고 행복을 다른 사람과 나누고 싶게 만든다.
- 설렘은 흥미와 새로움을 감지하게 한다. 우리를 설레게 하는 것에 더 가까이 다가가고 싶어진다. 설렘은 에너지가 넘치는 감정이다. 이 감정을 느끼면 깡충깡충 뛰고 싶거나, 하이 파이브를 하거나, 소리를 지르고 싶어진다.

핵심 감정에 관한 중요한 사실들

자신의 핵심 감정을 알아 가면, 몸에서 일어나는 감정을 알아차리고 그 감정과 마주할 용기가 생긴다. 다음 표에 정리한 핵심 감정의 특징을 읽으며, 자연스럽게 호기심이 일어나는지 살펴보자.

핵심 감정의 특징	의미
감정은 있는 그대로 존재한다	사람들은 감정적인 자신이 나약하다고 생각하지만, 감정은 환경이 우리에게 어떤 영향을 미치는지 알려 주는 데이터일 뿐이다. 감정 자체에는 좋고 나쁨이 없다. 그저 존재할 뿐이다.
핵심 감정은 영원하지 않다	핵심 감정은 오래 머물지 않는다. 우리가 그 감정을 인정하고 충분히 느껴 흘려보낼 때까지 그리고 그 감정이 만들어 내는 고유한 에너지가 몸 밖으로 빠져나갈 때까지 잠시 머물 뿐이다.

정서적 민감성은 하나의 스펙트럼 안에서 다양한 강도로 나타난다	사람마다 타고난 유전적·기질적 특성에 따라 어떤 사람은 감정을 약하게 느끼고, 어떤 사람은 아주 강하게 느낀다. "너는 왜 이렇게 예민하니?" 같은 말은 아이들이 있는 그대로의 자신을 부끄럽고 문제 있는 존재로 바라보게 할 뿐이다. 부모의 바람처럼 아이의 정서적 민감도를 낮추지는 못하며, 오히려 아이와의 정서적 거리만 더 멀어지게 한다.
감정은 전염된다	대부분의 감정 소통은 비언어적으로 이뤄진다. 얼굴 표정, 자세와 말투, 움직이거나 말하는 속도에 이르기까지 다양한 비언어적 신호는 우리의 감정 상태를 다른 사람에게 그대로 전달한다.
핵심 감정은 파도와 같다	이 특징은 발가락을 찧었던 경험을 떠올리면 쉽게 이해된다. 발가락을 찧는 순간, 우리는 곧 밀려올 통증을 예상하며 잠시 기다린다. 통증이 서서히 올라온다. 우리는 통증의 파도를 견디기 위해 숨을 고르며 버틴다. '얼마나 더 아파질까?'라고 생각하기도 한다. 그러다 어느 순간 통증이 정점에 이른다. 그리고 이내 통증이 서서히 가라앉기 시작하고 안도한다. 핵심 감정을 느낄 때도 마찬가지다. 감정은 처음에 강하게 올라왔다가, 시간이 지나면 서서히 완화된다는 것을 기억하자. 그리고 감정의 파도를 타는 동안 깊게 호흡하는 것이 중요하다는 점도 명심해야 한다. 몇 분 동안은 감정의 세기가 점점 커지다가도, 결국에는 서서히 잦아들며 안도감이 찾아온다.
감정에 이름을 붙이고 인정해 줘야 한다	"나 지금 화났어!", "나 슬퍼.", "나 너무 무서워." 이렇게 감정에 이름을 붙이면 몸이 차분해진다. 여기에는 분명한 생물학적 메커니즘이 작용한다. 감정을 언어로 표현하는 순간, 언어와 사고를 담당하는 전전두엽과 감정 반응을 담당하는 변연계가 서로 연결되면서 뇌가 통합적으로 작동한다. 그 결과 감정을 더 잘 조절할 수 있다.
감정은 몸에 뿌리를 두고 있다	우리 몸에서 가장 큰 신경인 미주 신경은 뇌와 몸을 연결하는 중요한 통로다. 미주 신경에 분포한 수백만 개의 감각 뉴런과 운동 뉴런들은 감정을 관장하는 뇌 영역과 심장, 폐, 위, 피부, 소장, 대장, 근육 등 신체의 모든 부위를 연결한다. 그래서 감정이 신체적으로 강렬하게 느껴지고, 정서 건강과 정신 건강뿐 아니라 신체 건강에도 깊은 영향을 미치는 것이다. 감정, 신경계, 호르몬계, 면역계는 서로 긴밀하게 얽혀 있으며, 끊임없이 영향을 주고받는다.

<table>
<tr><td>핵심 감정은 우리의 생존을 돕는 즉각적인 반응 체계다</td><td>커다란 곰이 당신을 공격한다고 상상해 보자. 가장 먼저 어떤 감정이 느껴질 것 같은가? 두려움이라고 생각했다면 맞다. 두려움은 생각보다 훨씬 빠르게 뇌에서 바로 활성화되고, 의식적으로 생각하지 않아도 몸이 자동으로 반응한다. 만약 도망쳐야겠다는 '생각'을 먼저 했다면, 그 결정을 내리기도 전에 이미 공격당했을 것이다.</td></tr>
</table>

감정을 알아차릴 때마다, 잠시 멈춰 서서 그 감정을 인식하고 이름 붙여 보자. 그러면 지금 우리에게 무슨 일이 일어나고 있는지, 왜 그런지 생각해 볼 수 있고 어떻게 반응할지 더 넓은 선택지가 생긴다. 자신에게 이렇게 물어볼 수 있다.

- 이 감정을 지금 바로 다루고 싶은가?
- 내 감정의 영향을 직접적으로 받게 될 아이를 고려해야 할까?
- 다음 행동이 어떤 결과를 가져올지 한 번 더 생각해 봐야 할까?
- 이 감정을 다루는 데 도움이 필요한가?

이처럼 어떤 핵심 감정을 경험하고 있는지 자각하는 것만으로도, 다음 단계로 나아갈 수 있는 토대가 마련된다.

핵심 감정 온전히 느끼기

핵심 감정을 온전히 경험하는 것에는 여러 가지 이점이 있다. 우선, 감정에 이름을 붙이는 것만으로도 평온함이 찾아온다. 드 감정을 표현할 수 있는 힘이 생겨, 아이들을 비롯한 타인과의 소통 능력이 자연스럽게 강화된다. 게다가 감정을 묻어 두거나 회피하지 않고 있는 그대로 직접 경험하려고 노력하면, 열린 마음 상태로 나아갈 수 있다.

부모가 자신의 핵심 감정을 억누르지 않을수록, 아이의 감정을 대할 때 더 큰 인내와 연민을 지니게 된다. 감정 버튼이 눌리는 순간에도, 아이에게 짜증을 퍼붓는 대신 내면에서 무슨 일이 일어나고 있는지 주의를 기울일 수 있다. 또 분노로 가득 차 있을 때도, 상처 주는 방식으로 표출하기보다 자신의 분노를 알아차리고 차분하게 다룰 수 있다.

빌리는 엄마가 장난감을 치우라고 하거나, 이를 닦으라고 하거나, 잠잘 준비를 하라고 할 때마다 "싫어!"라고 소리치며 엄마의 인내심을 시험한다. 전형적인 유아기를 지나는 중인 빌리는 발을 쾅쾅 구르며 반항하고, 때로는 부모를 꼬집기까지 한다.

엄마는 빌리가 나쁜 아이도, 고집불통인 아이도 아니며, 그저 아이답게 행동할 뿐이라는 것을 안다. 하지만 빌리가 계속해서 엄마의 말을 듣지 않을 때면, 요동치는 감정을 다스리기 어렵다. "그만!"이라거나 "왜 자꾸 엄마를 화나게 하는 거니?"라고 소리치치 않으려고 안간힘을 쓴다. 빌리의 엄마는 이럴 때일수록 자신의 감정에 귀 기울여 그 감정을 피하지 않고 마주해야 한다는 것을 알고 있다.

핵심 감정을 느낀다는 것은, 어떤 감정이 촉발됐음을 알아차리고, 그 감정에 이름을 붙인다는 의미다. 예를 들어, 빌리가 다섯 번째로 엄마의 말을 무시했을 때, 몸 안에서 무언가 달라지고 있다는 느낌을 받았다. 그것은 감정의 변화였다. 그녀는 이 변화를 '순간적으로 몸 안에서 확 올라오는 열감과 에너지'라고 표현했다. 바로 이런 신체 감각들이 지금 화가 났다는 신호를 보냈던 것이다.

빌리의 엄마는 자신에게 "나 지금 화났어!"라고 말하며, 자신이 느끼는 감정에 이름을 붙이고 그 감정을 인정해 줬다. 감정에 이름을 붙이고 그 감정을 인정하는 것은 우리의 정서적 안녕에 꼭 필요한 두 가지 기술이다. 아이들이 감정에 북받칠 때 부모가 "차근차근 말로 표현해 보자."라고 알려 주듯, 부모도 자기 자신에게 똑같이 할 수 있다. 이런 기술은 아이뿐만 아니라 어른에게도 평생 도움이 된다.

연구에 따르면 감정에 이름을 붙이는 것만으로도 고통과 스트레스가 눈에 띄게 누그러지는 효과가 있다. 그 이유는 감정에 이름을 붙이는 과정이 언어를 담당하는 뇌 영역과 감정 경험을 처리하는 뇌 영역을 서로 연결해, 뇌가 통합적으로 작동하도록 돕기 때문이다. 아이가 부모의 관심을 끌려고 애쓰는 것처럼, 감정도 우리가 알아차리고 관심을 기울여 주기를 바란다.

빌리의 엄마는 감정을 추적하는 탐정처럼 자신의 몸을 위아래로 살폈다. 그러자 턱과 배에 힘이 잔뜩 들어가 있는 것이 느껴졌다. 그녀는 연민 어린 태도로 자신의 내면으로 주의를 돌리고, 천천히 여러 번 숨을 들이쉬고 내쉬며 가만히 그 감각들을 있는 그대로 느꼈다.

감정이 일으키는 신체 감각에 집중하면, 주전자의 김이 빠져나가듯 그 감정이 몸 밖으로 빠져나간다. 빌리의 엄마가 턱과 배에서 느껴지는 긴장감에 집중하자, 몸이 점차 이완됐다. 그녀의 분노는 아들에게 소리치고 싶게 만들었지만, 그녀는 분노에 이름을 붙이고 분노가 일으키는 몸의 감각을 온전히 느낌으로써 그 에너지를 건강하게 해소할 수 있었다.

감정이 몸에서 어떻게 나타나는지 주의를 기울이면, 감정이 전하는 메시지를 들을 수 있고, 분노를 인정할 수 있으며, 분노가 일으키는 충동을 느끼되 행동으로 옮기지 않고도 에너지를 밖으로 흘려보낼 수 있다. 이는 자신과 아이 모두의 안녕에 매우 중요한 과정이다. 감정적 충동을 상처 주는 방식으로 쏟아내지 않고, 방어 기제로 억눌러 몸 안에 가둬 두지도 않는 것, 바로 이 균형이 핵심이다.

· 핵심 감정을 경험하는 6단계 ·

1. 핵심 감정에 이름을 붙인다.
   "나는 슬퍼/화나/혐오감을 느껴/⋯."
2. 신체 감각을 느낀다.
   "가슴이 너무 답답해."
3. 지금 왜 이 감정이 느껴지는지, 몸이 들려주는 이야기에 귀 기울인다.
   "나는 지금 슬퍼/화나/혐오감을 느껴/⋯. 왜냐하면 ________ 때문이야."
4. 감정이 불러일으키는 충동을 알아차린다. 울고 싶은 충동, 소리치고 싶은 충동, 도망치고 싶은 충동 등을 알아차린다.
5. 깊게 호흡하며 감정을 밖으로 흘려보낸다. 감정이 위로 올라왔다가 밖으로 빠져나가도록 깊게 숨을 쉰다. 감정의 세기가 약해지거나 다른 감정으로 바뀔 때까지 계속 호흡한다. 이 단계에서는 호흡 이외에 다른 어떤 행동도 필요 없다. 이 과정은 온전히 내면에서 일어나는 경험이다.
6. 마지막으로, 꼭 해야 할 행동이 있는지 생각해 본다. 대부분 별다른 행동은 필요 없다. 필요하다면 "잠깐 혼자 있고 싶어."라고 말하는 것처럼, 자신의 필요를 알아차리고 표현하는 것만으로 충분하다.

이어지는 장들에서는 각 핵심 감정을 하나씩 살펴볼 것이다. 이 과정에서 각 감정을 어떻게 알아차리고 이름 붙일 수 있는지, 변화의 삼각형을 활용해 어떻게 다시 열린 마음 상태의 네 가지 역량(평온함, 유대감, 호기심, 연민)에 닿을 수 있는지 배우게 될 것이다.

CHAPTER 9

건강하게
분노를 다루는 방법

메건의 딸아이는 요즘 완전히 미운 세 살이 됐다. 딸아이는 메건에게 "엄마는 나빠!"라고 소리치며 떼를 쓰다가, 제 화를 이기지 못해 메건의 얼굴을 때리기까지 했다. 순간 메건은 피가 거꾸로 솟으면서 아이를 똑같이 때려 주고 싶은 충동이 치밀었다. 하지만 다행히 실행에 옮기지는 않았다. 대신 메건은 자신의 분노를 알아차리고 그 감정을 의식적으로 다루려고 노력했다.

당신은 어떤가? 가끔, 혹은 매일 메건과 같은 상황에 놓이는가? 그렇다면 지극히 정상적인 부모다. 분노는 매우 복잡한 감정이다. 아이의 투정과 반항은 뇌의 변연계를 자극해 분노를 유발하고, 아이에게 되받아치고 싶은 충동을 일으킨다.

아이를 키우다 보면 하고 싶은 일을 원하는 때에, 원하는 방식대로 하기 어렵다. 그래서 양육은 우리를 늘 시험에 들게 한다. 예를 들어, 아이의 반항을 견뎌 내는 힘, 아이와 나 사이의 근본적인 차이를 받아들이는 힘, 아이가 부모의 노력을 알아주지 않는데도 끝없이 희생해야 하는 상황을 버텨 내는 힘을 계속해서 시험한다.

지속적인 스트레스와 압박 속에서 분노를 느끼는 것은 지극히 자연스러운 일이다. 중요한 것은 분노를 다루는 방식이다. 분노를 그대로 폭발시켜 아이에게 지나친 죄책감을 안기지도 말고, 반대로 무시하고 억누르다가 우울이나 무기력으로 이어지지 않도록 해야 한다.

분노라는 핵심 감정은 우리를 보호하기 위해 자동으로 작동하는 생존 반응이다. 우리가 공격받았다고 느낄 때, 무시당했다고 느낄 때, 혹은 거부당했다고 느낄 때 분노는 뭔가 잘못 됐고, 이를 바로잡아야 한다는 신호를 보낸다. 그리고 우리가 경계를 세우고, 자신을 표현하도록 밀어붙인다. 이 원초적인 반응에서 비롯되는 충동은 매우 공격적이며, 자신을 지키기 위해 본능적으로 강하게 치밀어 오른다. 그래서 분노를 자각하지 못한 채 그대로 드러내면, 자기도 모르게 아이에게 소리를 지르거나, 상처 주는 말을 하거나, 차갑게 대하는 등 해로운 행동으로 이어지기 쉽다. 경우에 따라서는 그보다 더 심각한 방식으로도 드러날 수 있다.

다른 모든 핵심 감정과 마찬가지로, 분노 역시 하나의 스펙트럼 내에서 다양한 강도로 느껴진다. 가볍게 짜증이 날 수도 있고, 극도로 화가 치밀어 오를 수도 있다. 이러한 분노는 아이의 행동에서 비롯된다. 이를테면 "엄마(아빠) 싫어."라고 말하기, 무례한 말투 쓰기, 거짓말하기, 반항하기, 부모가 세운 경계 무시하기, 물건 부수기, 가존 규칙 어기기 등이 있다. 이런 상황에서 분노를 느끼는 것 자체는 잘못이 아니다. 앞서 언급했듯이 감정에는 좋고 나쁨이 없으며, 그저 존재할 뿐이다. 중요한 것은 분노를 다루는 방법이다. 부모가 분노를 다루는 방식은 아이의 정서에 중대한 영향을 미치며, 아이가 스스로 분노를 어떻게 관리하고 다루는지, 성인이 됐을 때 정신적으로 얼마나 건강한지, 그리고 아이가 평생 자신과 부모를 어떻게 생각하는지까지 영향을 미친다.

이 장에서는 분노라는 감정을 이해하고, 고통스럽고 에너지로 가득한 이 감정을 어떻게 다뤄야 하는지 살펴볼 것이다. 여기서 소개하는 방법들은 정서 건강에 도움이 될 뿐 아니라, 가족 간의 깊은 유대감을 유지하는 데도 큰 힘이 될 것이다.

분노는 몸에서 어떻게 느껴질까?

가장 최근에 아이 때문에 화가 났던 순간을 떠올려 보자. 예를 들어, 자기가 먹은 그릇을 싱크대에 갖다 놓으라그 했더니 못마땅한 표정을 지었거나 막무가내로 떼를 쓰던 순간, 혹은 거짓말을 하거나 형제자매와 다퉜던 순간을 떠올려 볼 수 있다.

그 순간, 몸에서는 분노가 어떻게 느껴졌는지 기억나는가? 심장 박동이 빨라지거나, 뜨거운 열이 올라왔을지도 모른다. 혹은 미간이 저절로 찌푸려지거나 언성이 높아졌을 수도 있다. 이런 신체 변화는 분노가 올라왔다는 신호다. 이 밖에도 몸이 화끈거리거나 달아오르는 듯한 감각,

폭발할 것 같은 에너지, 자기도 모르게 이를 꽉 물거나 근육이 뻣뻣하게 긴장되는 느낌, 속에서 무엇인가가 꽉 엉켜 있는 듯한 답답함 등이 느껴질 수 있다. 또 소리를 지르고 싶거나, 때리고 싶거나, 딜쳐 내고 싶거나, 무언가를 찢어 버리고 싶은 충동이 올라오기도 한다.

분노가 몸에서 어떻게 느껴지는지 알아차리면, 다시 열린 마음 상태의 네 가지 역량인 평온함, 유대감, 호기심, 연민을 회복하고 분노에 더 건설적으로 반응할 수 있다. 분노가 치밀어 오르는 바로 그 순간 몸에서 느껴지는 감각을 잠시 훑어보기만 해도 곧바로 자신의 감정 상태를 인식할 수 있다는 사실은 꽤 놀랍다. 이 과정은 본능적 반응에서 불필요한 힘을 빼 주는 고마운 역할을 한다. 다시 말해, 분노가 소리를 지르거나 공격적인 행동으로 바로 이어지지 않도록 반응 속도와 강도를 한 박자 늦춰 주는 것이다. 이를 통해 우리는 내면을 들여다볼 수 있고, 다른 사람에게 분노를 충동적으로 쏟아 내지 않을 수 있다.

이제 분노를 느끼는 3단계를 살펴보자.

1. 분노를 느낀다는 것은 화가 났다는 사실을 알아차리는 것이다 분노를 느낀다는 것을 알아차리지 못하면, 그 감정을 다룰 수 없다.
다음은 부모가 자신의 분노를 알아차릴 때 실제로 하는 말들이다.
 ◆ "아이가 말을 안 들어서 화가 났어."
 ◆ "아이가 벽에 낙서를 해서 머리끝까지 화가 났어."
 ◆ "아이가 공부를 안 해서 너무 화가 나."
 ◆ "아이의 얄미운 말투가 내 신경을 긁어."
 ◆ "사춘기에 접어든 아이가 나를 무시하고 무례하게 굴어서 화가 치밀어 올라!"
 ◆ "지금 너무 화가 나는데. 왜 화가 나는지 이유를 잘 모르겠어."

2. 분노를 느낀다는 것은, 분노가 몸에서 어떻게 느껴지는지 알아차리는 것이다. 분노가 올라오면, 얼굴이나 턱에 힘이 들어갈 수도 있고, 몸 전체가 바짝 긴장할 수도 있다. 혹은 몸속 깊은 곳에서 강한 에너지가 확 치밀어 오르는 느낌을 받을 수도 있다. 이처럼 신체 감각에 주의를 기울이면, 화가 나는 순간 '지금 내가 화가 났구나.'하고 바로 알아차릴 수 있고, 분노를 의식적으로 다룰 수 있다.

    내가 분노를 찾아내는 탐정이라고 상상하고, 몸에서 분노가 일으키는 감각을 하나하나 관찰해 보자. 분노가 가장 강하게 느껴지는 곳은 어디인가? 그곳에서 느껴지는 감각을 말로 표현해 보자.

3. 분노를 느낀다는 것은 분노가 불러일으키는 충동을 알아차리고, 그 충동이 분노를 일으킨 대상에게 무엇을 하라고 부추기는지 알아차리는 것이다. 인류가 진화하면서 분노와 같은 핵심 감정을 느끼게 된 이유는 상황에 적절한 행동을 취하기 위해서다. 뇌에서 분노가 촉발되면, 몸에서는 급격한 생리적 변화가 일어나고 지금 당장 뭔가를 하라고 재촉하는 강한 충동이 생긴다.

    우리의 자아는 본래 다정하고 평온하지만, 분노가 만들어 내는 충동은 본질적으로 거칠고 공격적이라는 사실을 기억하자. 아이에게 호통을 치고 싶거나, 벌을 주듯 상처 주는 방식으로 화를 쏟아내그 싶은 충동을 알아차리기단 해도 충동을 행동으로 옮기거나 과하게 반응할 가능성이 훨씬 줄어든다.

분노를 의식적으로 다루지 못하면 충동적으로 밖으로 표출되기도^{acting out} 하고, 속으로 억눌리기도^{acting in} 한다. 분노를 속으로 억누르면, 만성 통증, 두통, 소화 불량 같은 신체 증상이 나타날 수 있다. 더 심해지면 자기 비난과 자기비판, 약물이나 술에 의존하는 행동, 과식하거나 거의 먹지 않는 식습관 문제, 우울감이나 대인기피로 이어질 수도 있다.

혹시 이런 행동을 해봤거나 비슷한 증상을 겪은 적이 있더라도 부끄러워할 필요는 없다. 인간이라면 누구나 그럴 수 있다. 하지만 분노를 의식적으로 다루지 않으면, 그 감정은 결국 밖으로 폭발하거나 안으로 삭이는 방식으로 왜곡돼 나타난다.

자신과 가족에게 상처 주지 않으려면 분노를 마음속에서 온전히 경험하는 연습이 필요하다. 이 능력이 생기면 언제, 어떻게 자신의 분노를 표현할지 혹은 표현하지 않을지 선택할 수 있다. 나아가 부모로서 그리고 한 인간으로서 더 주체적인 삶을 살게 된다.

물론 분노를 다루는 일은 쉽지 않다. 특히 애비처럼 아이와 힘겨루기를 해야 하는 상황에서는 더욱 그렇다.

애비는 자신이 방 청소를 하라고 말할 때마다 십 대 딸이 들은 체도 하지 않아 속이 뒤집혔다. 스스로 정리광이라고 부를 만큼 유난히 정리하기를 좋아하는 애비는 딸아이의 방바닥에 옷가지와 책, 화장품이 뒤엉켜 있는 모습만 봐도 온몸에 긴장과 분노가 치밀어 올랐다. 애비가 방바닥에 있는 걸 싹 다 갖다 버리겠다고 으름장을 놓아도 딸아이는 꿈쩍도 하지 않았다. 오히려 "내 방은 내가 알아서 할게요! 엄마가 보기 싫으면 그냥 문 닫고 안 보면 되잖아요!"라고 소리치기까지 했다. 딸아이의 무례한 말은 애비의 분노에 기름을 부었다.

많은 부모가 애비와 같은 상황을 겪어봤을 것이다. 이런 상황에서는 분노를 폭발시키는 대신, 잠시 멈춰 서서 분노에 이름을 붙이고 그 감정을 마음속에서 있는 그대로 느껴 보기를 권한다. 아이에게 반응하기 전에, 복식 호흡을 깊게 하거나 아이와 함께했던 행복한 순간을 떠올리며 몸과 마음을 먼저 가라앉혀 보자. 그리고 이렇게 말해 보자.

"와… 진짜 힘들다. 부모가 된다는 게 이렇게까지 어려운 줄 몰랐어."

중요한 것은 아이가 반항하는 순간에도 아이와 정서적으로 긍정적인 관계를 유지하는 것이다.

우리가 몸과 마음을 진정시키면, 더 현실적인 해결책을 떠올릴 가능성이 커진다. 예를 들어, 아이 방이 좀 지저분해도 그대로 두거나, 아이가 원하는 대로 문을 닫고 더 이상 신경 쓰지 않는 방법도 있다. 아이를 내가 바라는 모습이 아니라 있는 그대로의 모습으로 보면, 한층 더 깊이 이해할 수 있다.

어린 시절의 트라우마가 분노에 미치는 영향

소피는 어릴 적 고함과 욕설이 난무하는 가정에서 자랐다. 부모님이 크게 화를 낼 때면, 소피와 남동생의 뺨을 때리기도 했다. 이런 경험 때문에 소피는 분노라는 감정 자체를 두려워하게 됐고, 화를 내는 일이 곧 신체적·정서적 폭력이라고 믿게 됐다. 부모님이 분노를 밖으로 폭발시키며 반복해서 상처를 줬기 때문에 소피는 분노라는 감정이 본질적으로 파괴적이라고 여겼다. 소피는 분노가 우리를 보호하기 위해 생물학적으로 설계된 생존 반응이라는 사실을 알지 못했다.

당신의 부모님이 소피의 부모님처럼 분노를 밖으로 폭발시키는 사람이었다면, 분노라는 감정을 해롭고 관계를 망치는 독이라고 생각하기 쉽다. 이런 믿음은 분노를 위험한 감정이라고 느끼게 하고, 아예 피하고 싶게 만들 수도 있다. 사실 이런 어린 시절을 보낸 부모들이 생각보다 훨씬 많다.

다음은 저자들이 만난 내담자 중 상당수가 어린 시절부터 분노에 관해

들어온 메시지들이다. 대부분 부모에게서 들은 것이고, 일부는 사회적 분위기 속에서 자연스럽게 체득한 것이다. 혹시 익숙한 메시지가 있는지 살펴보자.

- 분노는 쓸모없는 감정이다.
- 분노를 드러낸다는 것은 곧 폭력적이라는 뜻이다.
- 화내는 것은 무례한 일이다.
- 분노는 불편한 갈등만 일으킨다.
- 화내는 사람은 다 못된 사람이다.
- 분노는 무시해야 한다.
- 분노를 표현한다는 것은 '분노 조절 문제'가 있다는 뜻이다.

부모들의 실제 경험담을 살펴보며, 현재의 분노가 어린 시절의 상처와 어떻게 연결되는지 알아보자.

1. "어릴 때 남동생에게 화를 내면, 부모님은 늘 저를 혼내며 '네가 더 어른스럽게 행동해야지! 화가 날 것 같으면 그냥 피해.'라고 하셨어요. 그래서인지 지금은 아이들이 조금만 싸워도 불안해지고, 아이들에게 뭐라고 해야 할지, 어떻게 해야 할지 전혀 모르겠어요. 이런 제가 정상인가요?"
   많은 부모가 그렇듯, 이 내담자 역시 '분노를 표현하는 것은 미성숙한 행동이다.'라는 말을 들으며 자랐다. 그녀의 부모는 의식하지 못한 채 그녀의 분노를 억눌렀고, 분노를 어떻게 다뤄야 하는지 배울 기회가 전혀 없었다. 그 결과, 그녀는 자신의 분노는 물론 아이들의 분노까지 모두 불안하게 느끼게 됐다.

2. "제 딸은 맥앤치즈나 양념을 하지 않은 파스타만 먹어요. 새로운 음식을 해 주면 절대 안 먹겠다고 난리를 쳐요. 그러면 저도 화가 치밀어 올라서 어쩔 줄을 모르

겠어요. 어릴 때 집에서 갈등을 너무 많이 겪은 탓인지, 아이와 조금만 부딪혀도 견디기가 너무 힘들어요. 이러면 안 된다는 걸 알면서도, 결국에는 아이가 원하는 대로 먹게 해 줘요. 제가 너무 호락호락한 걸까요?"

대부분의 부모에게 분노를 견디는 일은 쉽지 않다. 이 내담자 역시 분노가 주는 불편함을 견디기 어려워했다. 부모로브터 분노를 다루는 방법을 배운 적이 없었기 때문이다. 그래서 그녀는 자신의 분노를 묻어 버리기 위해, "안 돼."라고 말하고 싶으면서도 아이에게 "그래, 먹어."라고 허락했다. 이런 반응은 습관처럼 굳어졌고, 그녀는 아이의 요구에 점점 더 끌려다니게 됐다. 안타깝게도, 이런 패턴은 시간이 지날수록 그녀를 더 깊은 분노 속으로 몰아갔다.

3. "제 딸이 어느 날 화장품 가게에서 립스틱을 훔쳤어요! 저는 너무 놀라고 화가 나서 '도대체 왜 그런 짓을 한 거야?'라고 소리를 질렀어요. 그러고 나서 견딜 수 없을 만큼 괴로웠어요. 제가 했던 말이 어릴 적 제 아버지가 했던 말과 너무도 똑같았거든요. 이 상황을 어떻게 바로잡아야 할지 모르겠어요. 이제 딸과의 관계는 영영 망가진 걸까요?"

이 아버지는 딸에게 소리를 질렀다는 사실만으로도 커다란 죄책감을 느꼈다. 그의 아버지는 아주 사소한 일에도 고함을 질렀고, 단 한 번도 자신의 행동을 인정하거나 사과한 적이 없었다. 그러다 보니 이 아버지는 틀어진 관계를 어떻게 회복해야 하는지 전혀 배울 수 없었다. 그는 자신의 분노가 딸에게 깊은 상처를 남기고, 부녀 관계를 되돌릴 수 없을 만큼 망쳐버린 것은 아닌지 걱정했다.

이 세 가지 사례에서 각 부모는 저마다의 방식으로 분노와 불편한 관계를 맺고 있었다. 하지만 이 부모들에게는 한 가지 공통점이 있었다. 바로 자신의 분노를 알아차리고 다루는 방법을 배울 기회가 없었다는 점이다. 내면에서 일어나는 감정을 인식하지 못하다 보니, 자신의 요구를 분명히 표현하거나, 경계를 세우거나, 실수했을 때 사과하는 일 역시 훨씬 더 어렵게 느껴질 수밖에 없었다.

하지만 그 어떤 것도 이들의 잘못은 아니다. 이 문제에는 감정을 다루는 실질적인 방법을 충분히 가르쳐 주지 않는 사회에도 책임이 있다. 아이가 두 살이든, 열두 살이든, 스물두 살이든, 우리는 도두 한 번쯤 아이에게 상처가 되는 말을 하거나, 하고 나서 곧바로 후회하게 되는 행동을 한 적이 있다. 가정과 사회로부터 분노에 관해 받아온 메시지들은 우리가 성인이 돼서도 감정을 느끼고 표현하는 방식에 지속적으로 영향을 미친다.

다음 질문에 답하며, 어린 시절부터 분노에 관해 어떤 메시지를 받아왔는지 되돌아보자.

1. 어린 시절, 가정에서 분노 표현이 허용됐는가?
2. 당신이 화를 냈을 때, 부모님은 어떻게 반응했는가?
3. 부모님의 반응은 당신에게 도움이 됐는가? 아니면 상처가 됐는가?
4. 부모님의 반응 방식은 지금 당신이 아이를 대할 때 분노를 표현하고 다루는 방식에 어떤 영향을 미쳤는가?

우리는 어린 시절 부모가 우리의 분노에 어떻게 반응했는지가 지금 아이와 갈등을 겪을 때 분노를 다루는 방식에 큰 영향을 끼친다는 사실을 알지 못한다. 하지만 어린 시절의 경험이 상처로 남아 있다고 해도, 부모님의 실수를 그대로 반복하며 살아가지 않아도 된다는 점을 꼭 기억하자.

분노를 건강하게 다루는 방법

다음은 분노를 건설적이고 건강하게 다루는 구체적인 방법이다. 이 방법은 장기적으로 당신과 아이 모두가 더 행복해지는 데 도움이 된다.

요구 분명하게 표현하기

분노를 공격이 아닌 건강한 자기 주장의 힘으로 바꿔, 원하는 것을 차분하고 분명하게 말해 보자. 목소리가 차분할수록 아이는 더 귀 기울여 듣는다.

요구를 말할 때는 "넌 정말 게을러!", "넌 집안일을 전혀 안 하잖아!"와 같이 '너'로 시작하는 비난형 문장을 피하는 것이 좋다. 이런 말은 아이를 즉각적으로 방어하게 만들고 마음에 상처를 준다. 문장의 주어를 '너' 대신 '나'로 바꿔 이렇게 말해 보자.

"나는 네가 집안일을 좀 도와주면 좋겠어."

이렇게 말해도 아이가 듣지 않는다면, 조금 더 단호한 목소리로 다시 말하거나, 왜 이런 힘겨루기가 계속되는지 이면의 이유를 살펴보자. 모든 시도가 통하지 않는다면, 스스로 이렇게 물어보자.

"지금 당장 아이가 내 말을 안 듣는다고 해서 큰일이 날까?"

"지금 이 힘겨루기에서 내가 아이를 꼭 이겨야만 할까?"

이런 질문은 분노의 열기를 잠시 낮추고, 상황에서 한발 물러나 생각할 수 있는 여유를 준다.

경계 세우기

건강한 경계는 서로를 안전하게 지켜주는 가드레일과 같다. 분명하고 단호하지만, 비난하지 않으며, 부모가 아이에게 무엇을 기대하고 바라는지 명확하게 전달해 준다.

예를 들어, 십 대 자녀가 당신에게 무례하게 말했다면 이렇게 말할 수 있다.

"엄마(아빠)는 네가 그렇게 무례하게 말하지 않았으면 좋겠어. 엄마가 너를 불편하게 만든 게 있다면, 서로 존중하는 방식으로 이야기하자."

이때 아이가 반발하더라도 괜찮다. 당신이 잘못했다는 뜻은 아니다. 그럴수록 침착함을 유지하며, 시간이 조금 걸리더라도 아이가 들을 때까지 같은 말을 반복해 주면 된다.

아무 행동도 하지 않기

중학생이 된 아이가 더 이상 부모와 함께하는 시간을 달가워하지 않는다거나, 부모가 책 읽어 주는 시간을 좋아하지 않을 때처럼, 부모가 어떻게 할 수 없는 상황도 있다. 이런 상황에서는 아무것도 하지 않는 것이 최선일 수 있다.

이럴 때는 자기 대화self-talk가 도움이 되는데, 예를 들면 이런 식이다.

"아이가 나를 무시해서 너무 속상해. 그 나이 또래라면 충분히 그럴 수 있다는 걸 알지만, 그래도 마음이 아파. 지금 내가 화가 나는 건 자연스러운 거야. 그렇다고 내가 여기서 아이에게 소리를 지르거나 야단을 치면, 아이는 상처를 받고 나는 후회하게 될 거야. 지금은 아무 말도 하지 말고,

심호흡으로 마음을 가라앉히고, 친구랑 대화를 좀 해 봐야겠다."

1. 아이에게 화가 날 때, 당신은 어떻게 반응하는가?
2. 지금 당신의 반응 방식 중 바꾸고 싶은 부분이 있는가?
3. 반응 방식을 바꾸면, 당신과 아이 그리고 가족 전체에게 어떤 도움이 될까?

이 질문에 답하다 보면 갑자기 불안하거나 슬퍼질 수도 있다. 어떤 감정이든 자연스러운 것이며, 그 자체로 존중받아야 한다. 분노에 대해 스스로 돌아보는 시간을 보낸 지금의 나를 따뜻하게 응원하자.

변화의 삼각형 활용 사례: 피비의 이야기

피비는 아홉 살 벤저민과 여섯 살 올리버, 두 아들을 키우고 있다. 그녀는 두 아들의 넘치는 에너지와 끊임없는 말다툼에 지쳐 있었다. 강아지 산책을 누가 시킬지, TV 프로그램을 누가 고를지 매일 싸우는 모습을 보는 것이 몹시 괴로웠다.

그녀는 아이들 일에 사사건건 간섭하는 헬리콥터 맘이 될까 봐 두려웠다. 그래서 매번 나서기보다는 한발 물러서는 방식을 택했다. 아이들이 스스로 갈등을 해결하길 바랐기 때문이다.

"엄마는 심판이 아니야!"

이 말은 사실 피비의 부모가 예전부터 입버릇처럼 하던 말이었다. 하지만 피비의 태도는 두 형제의 갈등을 줄이기는커녕, 상황을 더 악화시키는 경우가 많았다.

어느 토요일, 피비는 인내심의 한계에 다다랐다. 아이들이 장난감을 누가 가지고 놀지를 두고 또 말다툼을 벌이기 시작한 것이다.

"형아가 내가 제일 좋아하는 기차를 뺏어 갔어!" 올리버가 고래고래 소리쳤다.

"내가 언제!" 벤저민은 발끈하며 동생의 머리를 툭 쳤다.

피비는 벤저민을 타일렀다.

"아무리 그래도 동생을 때리는 건 절대 안 돼, 벤저민."

그러자 벤저민은 더 크게 소리를 질렀다.

"시끄러워! 엄마는 맨날 올리버 편만 들잖아!"

벤저민의 말에 피비는 단숨에 분노가 치밀었다. 순간 피비는 벤저민을 호되게 혼내고 싶은 충동이 마음속에서 불쑥 올라오는 것을 느꼈다. 그런데 동시에 이런 생각이 스쳤다.

'세상에 나같이 못난 부모가 또 있을까? 나는 왜 아이들 싸움 하나 제대로 말리지 못하는 걸까?'

피비는 두 아들에게 따뜻하고 화목한 가정을 만들어 주고 싶었다. 그리고 두 아들이 어릴 때뿐만 아니라 성인이 돼도 서로(그리고 엄마인 자신과도) 돈독한 관계를 유지하길 바랐다.

피비는 이 깨달음을 길잡이 삼아, 변화의 삼각형을 활용해 자신의 감정을 들여다보고 그 감정이 아이들과의 상호작용에 어떤 영향을 미치는지 차분히 살펴봤다.

아이들이 장난감 때문에 티격태격 다투기 시작한 바로 그 순간, 피비는 이미 진이 쭉 빠지는 듯한 느낌이 들었다. 아이들 싸움을 중재하는 일은 그녀가 가장 버거워하는 부분이었다. 피비가 겨우 마음을 가라앉히려 하는데, 벤저민이 갑자기 동생을 때리고 피비에게 상처가 되는 말을 퍼부으면서 상황은 한층 더 악화됐다.

이 상황에서 피비는 두 가지 이유로 분노라는 핵심 감정을 느꼈다. 첫째, 벤저민이 그녀에게 "시끄러워!"라고 고함을 질렀고, 둘째, 자신이 올리버만 편애한다는 억울한 비난을 들었기 때문이다.

모든 인간이 그렇듯 피비 역시 분노를 의식적으로 통제하거나, 분노가 일으키는 생리적인 변화를 억지로 멈출 수는 없었다. 이런 반응은 타고난 생존 본능으로 의지와 상관없이 자동으로 작동한다. 이 순간 피비는 변화의 삼각형에서 분노라는 핵심 감정을 경험하는 아래쪽 꼭짓점에 있었다.

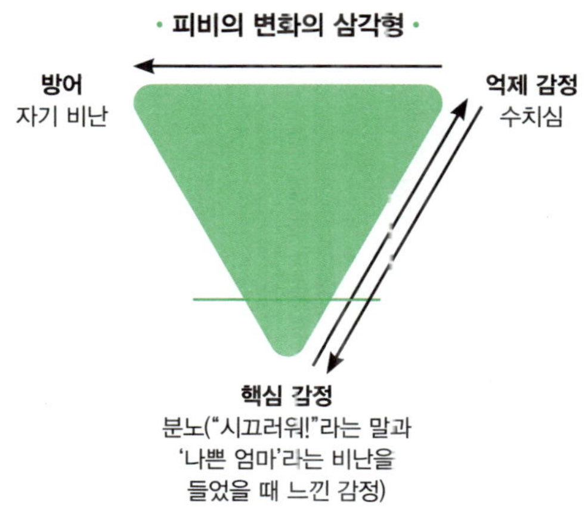

분노 앞에서 우리가 마주하는 갈림길

핵심 감정인 분노가 촉발되면, 우리는 두 갈래 길 중 하나를 선택하게 된다. 하나는 핵심 감정을 차단하고, 변화의 삼각형 위쪽에 있는 억제 감정과 방어로 올라가는 길이다. 다른 하나는 분노에 이름을 붙이고 그 감정을 있는 그대로 인정함으로써, 열린 마음의 네 가지 격량으로 향하는 길이다. 이 길은 우리의 진정한 내면과 연결되는 출발점이다. 이 길을 선택하면 분노를 건강하게 다루고, 더 큰 평온함, 유대감, 호기심, 연민을 향해 나아갈 수 있다.

피비는 변화의 삼각형을 배우기 전까지 내면에서 일어나는 감정을 피하려고만 했다. 분노를 인정하고 받아들이는 대신, 수치심으로 그 감정을 억눌렀다. 그녀의 수치심은 늘 이렇게 속삭였다.

'세상에 나같이 못난 부모가 또 있을까? 나는 왜 아이들 싸움 하나 제대로 못 말리는 걸까?'

하지만 피비에게 일어난 모든 일이나 그녀가 한 행동은 좋고 나쁨으로 판단할 수 있는 문제가 아니었다. 그저 인간이라면 누구나 겪을 수 있는 경험일 뿐이었다.

변화의 삼각형 실천하기

이제 똑같은 상황에서 피비가 변화의 삼각형을 실천했다면, 상황이 어떻게 달라졌을지 살펴보자.

벤저민이 동생을 때리고, 엄마에게 "시끄러워!"라고 소리친 바로 그 순간, 피비는 자신의 몸을 위에서 아래로 천천히 살피며 지금 어떤 감정과 신체 감각이 올라오는지 알아차렸다. 몸 깊은 곳에서 익숙하게 치밀어 오르는 에너지를 감지한 피비는 그 감정이 분노라는 사실을 인식했다.

피비는 자신의 몸과 마음을 천천히 가라앉혔다. 날뛰는 야생마의 고삐를 잡아당겨 진정시키듯, 여섯 번 깊게 복식 호흡을 했다. 호흡을 거듭하면서 마음이 차분해지자, 비로소 상황을 또렷하게 이해할 수 있었다.

'아, 내가 지금 화가 난 이유는 아들이 나에게 "시끄러워!"라고 소리쳤기 때문이구나.'

분노의 원인을 명확히 알아차리자, 피비는 더 이상 자신을 탓하지 않게 됐다. 작지만 강력한 행동 하나가 그녀의 수치심을 누그러뜨렸고, 그 덕분에 피비는 자신에게 연민을 보내며 한층 더 큰 자신감을 느낄 수 있었다.

피비는 벤저민이 왜 그런 행동을 했는지 호기심 어린 시선으로 들여다봤다. 예를 들어, 벤저민이 "엄마는 맨날 올리버 편만 들잖아!"라고 말한 순간 어떤 감정을 느끼고 있었을지 상상해 보려고 했다. 피비는 벤저민이 동생에게 질투를 느끼고, 자기만 온전히 관심받고 싶어 하며, 엄마와 단둘이 보내는 시간이 필요하다고 생각했다. 또 하루에 단 15분이라도 아이가 부모와 일대일로 온전히 교감하는 시간을 보내면, 아이의 자존감에 긍정적인 영향을 줄 수 있다는 글을 떠올리고, 벤저민과의 일대일 교감 시간도 계획했다.

물론 두 형제가 티격태격하는 일은 여전히 자주 벌어졌다. 하지만 벤저민이 폭발할 때면, 피비는 이제 침착함과 연민으로 대처할 수 있었다. 그녀는 분노를 다루는 방법에 놀이 요소를 추가하기 위해 벤저민에게 아주 커다란 드래곤 인형을 사줬다. 그리고 벤저민이 동생을 때리려고 하면, 부드러운 말투로 "어떤 상황에서도 다른 사람을 때리는 건 안 돼."라고 말했다. 그리고 드래곤 인형을 꺼내 벤저민이 마음껏 두들기게 해 줬다. 피비도 장난스럽게 벤저민과 함께 인형을 두들겼다.

피비는 벤저민이 자신의 분노에 이름을 붙일 수 있도록 도와줬다. 예를 들어, "나 지금 너무 화나!", "동생들은 진짜 짜증 날 때가 있어!" 같은 말을 따라 해 보라고 격려했다. 분노라는 감정에 새로운 방식으로 접근하자, 벤저민은 그 감정을 건강하게 밖으로 풀어낼 수 있었고, 상황은 한바탕 웃음으로 마무리됐다. 피비가 벤저민이 분노에 이름을 붙이고 그 감정을 인정하도록 도와준 덕분에 벤저민은 서서히 안정을 되찾았다. 그 결과, 벤저민과 동생의 우애는 깊어졌고, 가족 모두가 한결 더 가까워졌다.

1) 분노가 일으키는 충동, 안전하게 방출하기

우리는 상상력을 활용해 나를 화나게 한 사람에게 하고 싶은 행동을 상상 속에서 실행해 볼 수 있다. 이는 분노에서 비롯된 에너지를 풀어내는 안전하고 효과적인 방법이다. 사실 이 방법에는 과학적인 근거도 있다. 우리의 뇌는 현실과 상상을 명확하게 구분하지 못하기 때문에, 실제 행동으로 옮기지 않고 상상만 해도 감정을 처리할 수 있다. 그래서 누군가에게 사랑받는 장면을 상상하거나, 위험한 상황에서 벗어나는 모습을 떠올리거나, 분노를 여러 방식으로 표출하는 장면을 머릿속에 그리면 정서 건강에 큰 도움이 된다.

흥미로운 사실은, 이런 방식으로 상상 속에서 분노를 표현할 수 있는 사람들은 분노를 실제 행동으로 옮기는 일이 훨씬 적다는 점이다. 진짜 상처는 감정이 실제 행동으로 터져 나올 때 생긴다. 그러나 분노를 상상 속에서 풀어내면 타인에게 상처 주는 행동을 피할 수 있다.

켄달의 십 대 딸은, 켄달이 새 옷을 골라 주려고 하거나 함께 할 만한 재밌는 활동을 제안할 때마다 말대꾸를 하고 못마땅하다는 듯 눈을 굴린다. 켄달은 딸과 함께 뮤지컬 〈위키드Wicked〉를 보러 가려고 티켓을 샀지만, 딸은 고맙다는 말은커녕 "엄마 마음대로 하세요."라고 말하며 휙 돌아서 가 버린다. 그러고는 혼잣말로 "그 뮤지컬 완전 구리던데."라고 중얼거린다. 그 순간 켄달은 몸에서 열이 훅 올라오고, 턱에 힘이 바짝 들어가는 것을 느낀다. 그녀는 이런 신체 감각이 분노의 신호임을 즉시 알아차렸다.

켄달은 턱에서부터 시작해 몸 전체에서 일어나는 감각에 주의를 집중했다. 딸아이 방으로 쳐들어가 고래고래 소리를 지르고 싶은 충동이 올라왔지만, 그 충동을 알아차릴 뿐 행동으로 옮기지는 않았다. 대신 상상 속에서 딸에게 "넌 정말 고마움이라고는 눈곱만큼도 못 느끼는구나!"라고 외치는 장면을 떠올렸다. 숨을 고르며 몸에서 느껴지는 감각과 가만히 함께 머물자, 턱에 잔뜩 들어가 있던 긴장이 서서히 풀렸다.

'십 대 아이를 키우는 일이 참 버겁네.'

켄달은 속으로 이렇게 생각했다. 그녀는 분노 뒤에 종종 따라오는 슬픔이 그대로 머물도록 내버려 뒀다. 몸에서 느껴지던 긴장이 서서히 풀리자, 분노가 한층 누그러지고 몸도 한결 가벼워졌다. 이제야 켄달은 딸과 대화를 나눌 마음의 준비가 됐다. 그녀는 딸아이를 향한 연민은 물론,

자신을 향한 연민까지 담아, 조심스레 말을 꺼냈다.

"〈위키드〉를 보러 가고 싶지 않으면, 엄마는 친구랑 가도 돼. 엄마랑 노는 게 항상 재밌지만은 않다는 거 알아."

켄달의 말에 딸아이는 자신의 감정이 있는 그대로 인정받는 느낌이 들었다.

"고마워요, 엄마. 우리 뮤지컬 보는 거 말고 다른 거 하러 가요."

이렇게 감정이 불러일으키는 충동을 상상 속에서 표현하면 감정의 에너지를 안전하게 해소할 수 있다. 여기서 중요한 점은 상상은 실제로 행동하기 위한 예행연습이 아니라는 것이다. 켄달처럼 상상으로도 감정 에너지를 자연스럽게 해소할 수 있다.

켄달은 상상을 활용해 분노를 해소했다. 이는 상상도 현실처럼 받아들이는 뇌의 특성을 이용해 감정의 에너지와 충동을 안전하게 방출하는 강력한 기법이다. 이런 방식으로 감정을 처리하면 실제로는 아무 일도 일어나지 않기 때문에 누구에게도 피해를 주지 않으며 매우 안전하다. 이 기법의 핵심은 분노가 자연스럽게 올라왔다가 다시 가라앉도록 그대로 두는 것이다.

아이들에게도 상상력을 활용해 감정을 소화하는 놀라운 능력이 있다. 힐러리가 네 살 무렵이었을 때, 동생이 주위 사람의 관심을 독차지하면 질투가 나서 가끔 동생을 때리려고 했다. 힐러리의 엄마는 "동생에게 화가 나는 건 괜찮아. 충분히 그럴 수 있어. 하지만 때리는 행동은 절대 안돼!"라고 단호하게 알려 줬다. 그다음 엄마는 힐러리에게 피에로 모양의 펀칭백을 사주며 이렇게 말했다.

"이걸 동생이라고 상상하고, 화가 나면 마음껏 쳐도 돼!"

힐러리의 엄마는 여러 면에서 시대를 앞서간 사람이었기에, 힐러리를 혼내 죄책감에 빠뜨리면 동생을 향한 부정적인 감정만 커질 뿐이라는 사실을 알고 있었다. 그래서 힐러리가 분노를 상상으로 풀어낼 수 있는 안전한 통로를 마련했고, 그 결과 해로운 감정이 놀이로 전환됐다. 지금도 힐러리와 동생은 절친한 자매로 잘 지내고 있다.

감정의 파도가 한 차례 지나가면, 생각하는 뇌가 다시 작동한다. 그러면 우리는 균형, 인내심, 연민, 명료함을 되찾을 수 있다. 이것이 바로 부모로서 우리가 갖춰야 하는 자질이며, 아이들에게도 자연스럽게 전해 줄 수 있는 가치들이다.

상상력을 활용하는 기법이 자신에게 잘 맞지 않거나 와닿지 않을 수도 있다. 어떤 사람들은 머릿속에 이미지를 떠올리기 어려워 하는데, 이는 아주 평범한 일이다. 또 분노를 떠올리기만 해도 통제력을 잃을까 봐 두렵다면, 전문가의 도움을 받아 더 안전한 방식으로 감정을 다뤄야 한다는 신호일 수 있다.

이 외에도 분노를 가라앉히고 몸을 진정시키는 방법은 여러 가지가 있다. 예를 들어, 호흡에 집중하면서 분노가 만들어 내는 신체 감각에만 온전히 주의를 기울이면, 어느 순간 감각이 변하는 것을 느낄 수 있다. 이런 방식이 잘 맞지 않거나 효과가 없다면, 심호흡을 하며 넓은 바다나 귀여운 강아지처럼 마음이 편안해지는 이미지를 떠올려도 좋다. 또 벽을 두 손바닥으로 힘껏 밀거나, 베개에 얼굴을 묻고 소리를 지르거나, 강도 높은 운동을 하거나, 종이 뭉치를 찢는 등의 행동을 하며 분노를 방출할 수도 있다. 이러한 방법들은 실제로 아무에게도 해를 끼치지 않으면서 감정의 에너지를 몸 밖으로 안전하게 흘려보낼 수 있도록 도와준다.

방어적 분노와 핵심 감정으로서의 분노

헷갈리기 쉬운 개념이기 때문에 다시 한번 강조하고자 한다. 방어는 흔히 분노의 형태로 드러나며, 이때 나타나는 분노는 핵심 감정이 아니다. 예를 들어, 아이가 어느새 훌쩍 커 버린 것 같아 슬프거나, 아이의 안전이 걱정되거나, 아이의 성적이 떨어져서 불안할 때 방어적 분노로 나타날 수 있다. 이런 상황은 정말 무수히 많다. 이처럼 방어적 분노는 겉으로 드러나는 화일 뿐, 그 밑바닥에는 전혀 다른 핵심 감정이 자리하고 있을 가능성이 크다.

그리고 방어적 분노는 누구에게나 나타나지만, 남성에게 더 흔하게 나타난다. 이는 사회가 오랫동안 남자는 두려움이나 슬픔 같은 여린 감정을 드러내면 안 된다고 강요해 온 결과이기도 하다.

이제 방어적 분노가 실제로 어떻게 나타나는지, 몇 가지 사례를 살펴보자.

변화의 삼각형 활용 사례: 에이미의 이야기

에이미의 딸 레나와, 에이미의 가장 친한 친구의 딸 페니는 아기 때부터 아주 가까운 사이였다. 하지만 십 대가 된 지금, 두 아이 사이에는 조금씩 갈등이 생기기 시작했다.

"엄마, 페니가 인기 많은 애들이랑 파티에서 찍은 영상을 SNS에 올렸어. 나는 초대도 안 해 놓고! 너무 열 받아. 페니 차단해 버릴 거야!"

레나는 엄마인 에이미에게 분통을 터뜨렸다.

"너무 예민하게 받아들이지 마." 에이미가 말했다. "페니도 다른 친구가 있을 수 있는 거야. 그리고 너희 둘이 화해 안 하면 여름에 페니랑 페니 엄마랑 같이 여행 가는 것도 불편해질 수 있어."

청소년기 아이가 친구와 다투고 화가 난 모습을 보면, 부모인 당신까지 덩달아 화가 치밀어 오를 수 있다. 그럴 때는 잠시 멈추고, 자신의 감정에 주의를 기울여 보자. 그리고 호기심을 가지고 스스로 이렇게 물어 보자.

"아이의 친구 문제가 왜 나를 이렇게 화나게 하는 걸까?"

변화의 삼각형을 떠올리며 자신을 들여다본 에이미는, 지금 느끼는 분노가 핵심 감정인 두려움을 가리기 위한 방어적 분노였다는 사실을 깨달았다.

청소년기 시절, 에이미는 인기 있는 친구들이 부러웠고, 자신도 그렇게 되고 싶었다. 하지만 현실은 정반대였다. 소위 잘나가는 아이들에게 책벌레라며 놀림을 받았고, 점심시간에도 혼자 밥을 먹는 일이 많았다. 심지어 학교 축제에 함께 가자고 하는 친구가 한 명도 없어서 큰 상처를 받았다. 그때, 에이미가 이런 슬픔을 자신의 엄마에게 털어놓자, 엄마는 이렇게 말했다.

"몇 년 지나고 나면 그 애들은 네 인생에서 아무 의미도 없어. 너무 신경 쓰지 마. 그리고 그깟 친구 관계 때문에 그렇게 슬퍼할 필요도 없어. 세상에 그보다 더 힘든 사람들이 얼마나 많은데."

에이미는 자신의 반응이 딸과는 상관없이, 과거의 상처에서 비롯됐다는 사실을 깨달았다. 딸은 자신이 느끼는 핵심 감정인 분노와, SNS에서 친구를 차단해 버리고 싶은 충동을 엄마에게 솔직하게 털어놨을 뿐이었다. 이 점을 이해한 에이미는 곧바로 딸에게 사과했다.

"미안해. 엄마가 너무 무심했지? 페니한테 화나는 마음, 엄마도 이해해. 그리고 엄마는 항상 우리 레나 편이야. 네가 필요할 때 언제든 엄마가 도와줄게."

변화의 삼각형 활용 사례: 지나의 이야기

지나는 아침마다 딸 마리아가 굼뜨게 움직이는 모습을 보면 속에서 천불이 났다. 마리아가 학교 숙제처럼 중요한 일을 미루는 것도 지나를 화나게 했다. 능력 있는 투자 전문가인 지나는 무엇이든 빨리빨리 해치우는 성격이었다. 그녀는 자신의 성향이 장점이자 단점이 될 수 있다는 사실을 알고 있었다. 자신이 원하는 속도로 일이 진행되지 않으면, 금세 화가 났고 몸에는 힘이 잔뜩 들어갔다. 이런 긴장감은 날카로운 말투와 굳은 몸짓을 통해 마리아에게도 고스란히 전해졌다. 지나의 엄격한 태도 때문에 마리아는 자주 움츠러들었다.

좀 더 느긋한 태도로 딸의 느린 속도에 맞춰가기로 마음먹은 지나는 변화의 삼각형을 활용해 자신의 감정을 더 잘 알아차리려 노력했다. 그 이후로 지나는 딸의 느린 행동 때문에 화가 치밀어 오르면, 한 걸음 물러섰다. 그리고 딸을 다그치는 대신, 심호흡을 하며 몸과 마음을 차분히 가라앉혔다. 그다음 몸속에서 느껴지는 긴장감에 집중했고, 그 감각을 호기심과 연민 어린 시선으로 바라봤다.

그 순간, 갑자기 눈물이 터져 나왔다. 아버지와의 기억이 떠올랐기 때문이다. 지나가 어릴 때부터 아버지는 그녀를 못마땅해했고, 무서울 만큼 엄격했다. 지나가 통금 시간을 딱 한 번 어겼을 뿐인데 아버지는 거의 20분 가까이 쉬지 않고 호통을 쳤다. 또 지나가 대입 원서 하나를 깜빡하고 제출하지 못했을 때도, 아버지는 불같이 화를 내며 온갖 모진 말을 퍼부었다. 저녁 식사 후 설거지를 바로 하지 않았다고 화를 낸 적도 있었다. 지나가 무슨 말을 해도 아버지는 전혀 들으려 하지 않았고, 그럴 때마다 그녀는 완전히 통제력을 잃은 듯한 무력감에 빠졌다. 이런 기억들이 떠오르자, 어떤 생각 하나가 지나의 머릿속을 스쳐 지나갔다. 자신이 모든 것을 통제하려 했던 이유가 과거의 상처와 깊이 연결돼 있다는 사실을 처음으로 깨달은 것이다.

이 사실을 깨닫고 나서야 지나는 자신의 분노가 더 깊은 두려움을 가리기 위한 방어였음을 알아차렸다. 딸의 행동은 지나의 어린 시절을 떠올리게 했다. '늘 완벽하게 해내지 않으면, 모든 것이 한순간에 무너질 수 있다.'라는 압박 속에서 지냈던 시절 말이다. 자신의 두려움이 과거의 경험에서 비롯됐다는 것을 깨닫자, 지나의 생각은 완전히 달라졌다. 느리게 행동해서 딸이 감수해야 할 불이익보다, 그 행동을 비난하는 자신의 모진 말 때문에 딸이 받을 상처가 훨씬 더 크다는 사실을 깨달았다. 이 깨달음 덕분에 지나는 자신의 태도에 작은 변화를 주기 시작했다. 먼저 말투를 부드럽게 하고, 몸짓도 한층 더 편안하게 가다듬었다.

지나는 긴 하루가 시작되는 아침에 딸이 조금이라도 더 평온함을 느끼기를 바랐다. 그래서 딸이 숙제를 미뤄도 예전처럼 다그치지 않고 너그럽게 이해했다. 지나는 아이가 정서적으로 무엇을 원하는지에 가장 먼저 주의를 기울였고, 그러기 위해 자신의 감정도 더 세심하게 살폈다.

부모라면 누구나 지나처럼 감정이 폭발하는 순간이 있다. 방어적 분노는 우리 안에 있는 핵심 감정과 제대로 연결되지 못할 때 모습을 드러낸다. 그리고 이런 경우 방어적 분노는 아이의 문제가 아니라, 대부분 자신의 과거와 깊이 관련돼 있다.

스트레스를 받는다면, 잠시 멈추고, 다음 단계를 따라 자신을 건강하게 돌보자.

1. 열린 마음 상태의 네 가지 역량(평온함, 유대감, 호기심, 연민)을 떠올리고, 그 상태로 천천히 이동해 보자. 몸 안에서 고요함이나 편안함이 느껴지는 지점을 찾아보고, 지금 이 순간에 대해 호기심을 가져보자. 아이를 사랑으로 대하면서도, 내 안의 분노를 있는 그대로 인정할 수 있는가? 지금 이 순간, 나 자신과 아이 모두에게 연민을 느끼는가?

2. 감정을 있는 그대로 느껴 보자. 만약 분노 때문에 평온함, 유다감, 호기심, 연민에 닿기 어렵다면, 변화의 삼각형으로 돌아가 지금 느끼는 분느가 핵심 감정인지, 방어인지 차분히 살펴보자. 지금 내 안에서 무슨 일이 일어나고 있는지 최대한 알아차리고 인정하는 것만으로도 마음은 훨씬 차분해진다. 이런 연습이 익숙해지면, 분노의 에너지를 건강하게 흘려보내거나, 분노 아래 숨어 있는 다른 핵심 감정을 더 또렷하게 알아차릴 수 있다.

우리는 때때로 분노를 두려워하며, 분노를 상처주는 행동과 연결 지어 생각한다. 하지만 핵심 감정으로서의 분노는 우리 자신을 지키고 아이를 보호하는 데 꼭 필요한 감정이다. 분노를 알아차리고 인정하는 법을 배우면, 해로운 방식으로 표출하는 것을 막을 수 있고, 이는 가족의 정서 건강에도 큰 도움이 된다.

다음으로 살펴볼 핵심 감정은 슬픔이다. 슬픔은 어떤 형태로든 상실을 경험할 때 생겨나는 감정이다. 심지어 아이들이 커 가는 모습을 보면서도 우리는 작은 상실을 느낀다. 육아는 크고 작은 상실의 연속이기에, 슬픔을 자연스러운 감정으로 받아들이고 다루는 법을 배우는 것은 매우 중요하다.

분노는 변화를 이끄는 강력한 촉매제다. 분노를 건강하게 다룰 때 우리는 더 큰 내면의 힘을 갖게 된다. 다음 연습을 통해 감정 근육을 단련해 보길 바란다.

"나는 지금 화가 나!"라고 말하며 분노 인정하기

1. 발이 바닥에 닿아 있는 느낌을 느끼며, 깊게 복식 호흡을 해 보자.
2. 이제 머리끝부터 발끝까지 몸을 살피며, 분노가 어디에 자리하고 있는지 찾아보자. 또는 과거에 누군가에게 화가 났던 순간을 떠올리고(나 자신에게 화났던 순간은 제외한다), 그때의 분노가 지금 내 몸의 어디에서 느껴지는지 살펴보자.
3. 몸 안에서 느껴지는 분노를 판단하거나 억누르지 말고, 있는 그대로 바라보자. 그 감정에 호기심을 갖는 것만으로 충분하다.
4. 이제 그 분노가 일으키는 감각을 느끼면서, 소리 내서 혹은 마음속으로 '나는 지금 화가 나!'라고 말해 보자. 그리고 다시 한번 천천히 심호흡해 보자.

방금 "나는 지금 화가 나!"라고 소리 내 말하면서, 분노를 인정할 수 있었는가? 만약 잘 안 됐다면, 어떤 억제 감정이나 방어가 그것을 막았는가?

이 연습을 시도했다는 사실만으로도 충분히 의미 있고 그 자체로 가치 있는 행동이다. 자신에게 잘했다고 말해 주고, 앞으로도 계속 연습해 보자.

핵심 감정으로서의 분노인지, 방어적 분노인지 판단하기

모든 핵심 감정은 방어의 형태로 나타날 수 있다. 따라서 지금 느끼는 분노가 핵심 감정인지, 방어적 분노인지 잘 구분해야 한다.

다음 연습은 지금 느끼는 분노가 실제로 위협이나 부당함에 대한 자연스러운 반응인지, 아니면 다른 핵심 감정을 인정하기 어려울 때 나타나는 방어적 분노인지 알아차리는 데 도움을 준다.

아이와의 관계에서 분노가 올라왔던 순간을 하나 떠올리고, 질문에 답해 보자.

1. 아이의 어떤 행동이 분노를 불러일으키는가?

2. 그 행동의 어떤 점이 특히 당신을 화나게 하는가? 그 행동이 어떤 방식으로든 당신에게 위협이 되는가?

3. 만약 지금 느끼는 분노가 당신의 안전이나 존엄성을 위협하는 것이 아니라면, 아이의 말이나 행동이 슬픔, 상처, 두려움, 아픔, 죄책감, 수치심, 난처함 같은 다른 핵심 감정도 불러일으키는가?

4. 부모님이나 배우자, 혹은 가장 친한 친구가 지금 당신에게 위로의 말을 건넨다면, 어떤 말을 들을 수 있을까?

5. 이제 당신의 분노가 핵심 감정인지 방어인지 판단할 수 있는가? 당신의 분노는 누군가에게 공격받았다고 느껴 자신을 보호하려는 핵심 감정으로서의 분노인가? 아니면, 다른 핵심 감정을 감추기 위해 드러난 방어적 분노인가?

6. 당신이 느끼는 분노는 다음 중 무엇에 가장 가깝다고 느껴지는가? 해당하는 항목에 표시해 보자.

   ◆ 나는 핵심 감정으로서의 분노를 느낀다.
   ◆ 나는 방어적 분노를 느낀다.
   ◆ 두 감정이 모두 느껴진다.

분노가 일으키는 몸의 감각 말로 표현하기

지금 느껴지는 분노를 알아차리고 인정해 보자. 머리끝부터 발끝까지,

다시 발끝에서 머리끝까지 천천히 몸을 살피며, 분노를 느낀다는 사실을 알려 주는 신체 감각을 한두 가지 골라 말로 표현해 보자. 다음은 분노가 일으키는 신체 감각의 예시다.

- 열이 오름
- 폭발할 것만 같은 느낌
- 충동이 치밀어 오름
- 턱에 힘이 잔뜩 들어감
- 불타는 듯한 느낌
- 마음이 급해짐
- 몸이 앞서 나가는 느낌
- 꽉 움켜쥔 느낌
- 답답하게 조여 오는 느낌
- 에너지가 치밀어 오름
- 얼굴이 붉어짐

분노와 함께 머물다가, 안전하게 풀어내기

만약 우리 상담실에 들어와 상담 과정을 지켜본다면, 이 말을 자주 듣게 될 것이다.

"당신의 분노가 하고 싶어 하는 것을 존중해 봅시다."

분노는 생물학적으로 몸속에서 위로 치밀어 올라와, 밖으로 나가려는 성질을 지닌 감정이다. 그만큼 표현되고 해소되기를 원한다. 그래서 분노가 당신에게 상처를 준 사람이나 아이에게 실제로 하고 싶어 하는 행동을 머릿속으로 그려 보는 것은, 분노에 내재한 신체적 에너지를 안전하게 방출하는 효과적인 방법이다. 이렇게 하면 분노가 몸속에 깊이 쌓여 건강을 해치거나, 자기도 모르게 타인에게 상처 주는 행동을 하지 않게 된다. 이 방법은 과학적 근거가 있는 기법이다. 우리의 뇌는 상상과 현실을 명확히 구분하지 못하므로, 상상력을 활용하면 감정을 안전하게 해소하고 평온함, 유대감, 호기심, 연민이 충만한 열린 마음 상태에 더 오래 머물 수 있다.

몸에서 느껴지는 감각에 가만히 머물며 주의를 기울이면, 분노의 충동이 자연스럽게 떠올라 상상 속 장면으로 펼쳐진다. 예를 들어, 턱에 힘이 바짝 들어가면 분노가 무언가를 크게 외치고 싶어 한다는 신호일 수 있다. 또 팔뚝이 뻣뻣하게 긴장된다면, 그 분노가 누군가를 한 대 치고 싶어 할 가능성이 크다.

다음 단계를 따라 연습해 보자.

1. 분노의 강도를 1부터 10까지로 구분했을 때 3~4 정도에 해당하는 중간 수준의 분노를 느꼈던 상황을 떠올려 보자.
2. 눈을 감고 당신을 화나게 했던 사람이나 상황을 마음속에 떠올려 보자.
3. 그 장면을 떠올렸을 때 몸 안에서 올라오는 분노의 감각을 느껴 보자. 천천히 깊게 숨을 들이마시고 내쉬면서, 그 감각과 함께 잠시 머물러 보자.
4. 잠시 후, 그 분노가 지닌 충동이 서서히 모습을 드러낼 것이다. 보통 하고 싶은 말을 마구 쏟아 내거나, 누군가를 크게 꾸짖거나, 심지어 물리적으로 보복하고 싶은 마음으로 나타나기도 한다. 이때 내 분노가 하고 싶어 하는 행동을 판단하거나 비난하지 말자. 당신의 분노는 열린 마음 상태에 있는 진정한 자아의 목소리가 아니다. 그저 몸에 내재한 원시적이고 공격적인 반응일 뿐이다.

5. 이제 몸의 감각에 주의를 집중한 채, 분노가 지닌 충동과 함께 더불러 보자. 그리고 그 충동이 영화의 한 장면처럼 상상 속에서 자연스럽게 펼쳐지도록 그대로 놓아 두자. 이때 떠오르는 이미지는 의도적으로 만들어 내는 것이 아니라, 몸에서 자연스럽게 그려진다. 명심할 점은 상상이 실제로 행동하기 위한 예행연습이 아니라는 것이다. 진짜로 누군가를 때리려는 것이 아니다. 상상이 흐르는 대로 내버려두면 분노가 가라앉고, 긴장감이나 열감이 이완된다.

6. 연습을 마친 뒤에는, 잠시 시간을 내 방금의 경험을 되돌아보자.
   • 상상 속에서 분노를 풀어내는 과정에서 가장 어려웠던 점은 무엇이었는가?
   • 이 경험에서 좋았던 점 혹은 잘 맞았던 점은 무엇이었는가?

앞으로 분노를 느끼는 순간마다 이 연습을 하면 더욱 도움이 될 것이다. 다음번에는 지금보다 한 걸음 더 깊이 들어갈 수 있을 것이다. 만약 중간에 막히거나 어려운 부분이 있다면, 호기심을 가지고 스스로 이렇게 물어보자.

'상상 속에서 분노를 풀어내지 못하게 가로막는 건 무엇일까?'

그 답이 죄책감일 수도 있다. 죄책감은 실제로 많은 사람이 겪는 아주 흔한 걸림돌이다. 그럴 때는 이렇게 생각해 보자.

'괜찮아. 상상 속에서는 아무도 다치지 않아. 이건 내가 감정을 더 건강하게 다루고, 현실에서 더 차분하고 현명하게 행동하기 위한 연습이야.'

상상 기법을 더 알고 싶다면, 이어지는 심리상담 코너를 참고하자.

정말 잘 해냈다! 이 연습을 해낸 자신을 따뜻하게 칭찬해 주자. 분노를 처음 다루는 과정은 절대 쉽지 않다. 하지만 꾸준히 연습하다 보면, 시간이 흐를수록 내면의 힘과 회복 탄력성이 자연스럽게 자라날 것이다.

상상 기법으로 분노를
안전하게 풀어낸 데이비드

데이비드는 나(힐러리)의 내담자로 우울감 때문에 상담을 받으러 왔었다. 나는 우울이 때로 깊이 억눌린 분노에서 비롯되기도 한다는 사실을 알고 있었기에, 데이비드가 상상 기법을 활용해 아버지를 향한 분노에 접근할 수 있도록 도왔다.

연구에 따르면, 감정을 처리하는 과정에서 우리의 뇌는 상상과 현실의 차이를 명확하게 구분하지 못한다. 바로 이 점 때문에 분노가 하고 싶어 하는 행동을 상상 속에서 표현해 보는 것이 효과가 있는 것이다. 내 안의 격렬한 분노가 하고 싶어 하는 행동을 상상 속에서 실행하면, 분노 에너지가 위로 치밀어 올랐다가 자연스럽게 몸 밖으로 빠져나간다. 그렇게 되면 더 이상 억제 감정이나 방어를 사용해 분노를 억누를 필요가 없어진다. 그 결과, 다시 건강한 삶과 열린 마음에서 우러나오는 행동에 에너지를 쏟을 수 있다.

이 기법의 가장 큰 장점은 모든 일이 상상 속에서 일어나기 때문에 누구도 다치지 않는다는 점이다. 게다가 가족을 향해 오래전부터 품고 있던 분노나 지금 느끼는 분노를 상상으로 풀어내면, 오히려 더 친밀하고 긍정적인 관계를 쌓는 데 도움이 된다.

“어렸을 때 그 일이 일어났던 방을 떠올려 볼까요? 그때 느꼈던 분노가 지금도 느껴지나요?” 내가 물었다.

“네. 배 속에서 긴장감이 느껴져요. 뭔가 강한 에너지가 쑥 올라오는 것 같고, 몸이 뜨거워져요.”

“좋아요. 그 감각들과 함께 머물면서, 천천히 심호흡해 보세요.”

나는 그가 주먹을 꽉 움켜쥐는 것을 알아차렸다. 잠시 뒤, 나는 조용히 물었다.

“지금 움켜쥔 주먹이 무엇을 하고 싶어 하나요?”

“아버지를 때리고 싶어요!”

그 말에는 아버지를 실제로 때리고 싶어 하는 강한 충동이 고스란히 드러났다.

“그럼 그 장면을 상상해 볼까요? 당신의 분노가 하고 싶어 하는 것을 존중해 주려는 것뿐이에요. 당신이 실제로 아버지를 때릴 사람도 아니고, 아버지를 많이 사랑한다는 것도 잘 압니다. 하지만 분노라는 감정에서 나오는 충동은 종종 누군가를 때리고 싶다는 마음으로 나타나기도 해요. 그러니 그 충동을 인정해 보고, 몸이 보내는 신호를 믿어 보세요. 분노는 자신을 지키기 위해 반격하도록 설계된 감정이에요. 당신을 보호하려는 마음에서 나오는 거죠. 지금은 어떤 장면이 떠오르나요?”

“아버지를 주먹으로 치고 싶어요.”

“좋아요. 상상 속에서 하고 싶은 대로 해 보세요. 지금은 어떤 모습이 보이나요?”

나는 의자를 데이비드 쪽으로 조금 더 끌어당겨 앉았다. 그리고 목소리에도 힘을 실었다. 내 목소리 톤을 데이비드가 느끼는 강한 분노 에너지에 맞춰 조절하며, 그가 이 감정을 혼자 감당하고 있다고 느끼지 않도록 했다.

"아버지 배를 한 대 치고 싶어요. 그래야 아버지도 그게 어떤 느낌인지 알죠."

"좋아요! 당신의 주먹이 아버지의 배에 닿는 그 순간의 감각을 그대로 느껴 보세요. 영화 속 한 장면처럼 생생하게 떠올려 봐요."

나는 잠시 멈춰 데이비드가 충분히 상상할 시간을 줬다.

"아버지는 지금 어떻게 하고 있나요?" 내가 물었다.

"배를 움켜쥐고 몸을 앞으로 웅크리고 있어요."

"그 모습을 잘 들여다보세요. 무엇이 보이나요?"

나는 데이비드가 상상 속 장면을 처음부터 끝까지 차근차근 따라가도록 도왔다. 그래야 뇌의 변화가 오래 유지될 수 있기 때문이다. 데이비드에게는 완전히 낯설고 새로운 경험이었다. 그는 그동안 단 한 번도 몸에서 자연스럽게 올라오는 감정과 충동을 있는 그대로 따라가 본 적이 없었다. 우리가 억제 감정과 방어를 내려놓고 감정이 자연스럽게 흐르도록 놔두면, 몸은 스스로 치유한다.

"아버지가 멍해 보여요. 혼란스러워 하시는 것 같아요." 데이비드가 말했다.

"좋아요. 이제 다시 몸속에 있는 분노로 돌아가 볼까요? 지금은 어떤 감각이 느껴지나요?"

"가슴 윗부분에서 뭔가 느껴져요."

"그 감각과 함께 머물러 보세요. 거기에서 어떤 충동이 올라오나요?”

“막 뭐라고 소리치고 싶어 해요.”

“만약 우리가 가슴 안의 감각에 마이크를 갖다 대면, 그 감각이 무슨 말을 하고 싶어 할까요?”

“이건, 제 물건을 아버지 마음대로 갖다 버린 대가예요! 아무리 아버지라고 해도 자식의 물건을 함부로 버릴 권리는 없다고요!”

그는 소리치며 말했다.

“자, 지금은 무엇이 보이거나 느껴지나요?”

“아버지가 고개를 푹 숙이고 있어요. 부끄러워하시는 것 같아요.”

데이비드의 목소리에는 슬픔이 묻어 있었다. 그의 분노가 다른 감정으로 변하고 있었다.

“아버지가 부끄러워하시는 모습을 보니, 어떤가요?”

“안쓰러워요. 아버지가 너무 작아 보이네요. 그 모습을 보니까 슬프긴 한데, 이상하게 편안하기도 해요.”

데이비드는 숨을 깊게 들이쉬었다. 그의 몸에서 긴장이 스르르 녹아내리는 것이 느껴졌다.

“분노가 더 남아 있는지 마지막으로 한 번만 더 살펴볼까요? 지금은 어떤 감각이 느껴지나요?”

“아무것도 안 느껴져요. 다 사라졌어요.”

데이비드는 대답했다.

“분노가 지나간 자리에 무엇이 남아 있나요? 머리끝부터 발끝까지 몸 전체를 천천히 훑어보면서, 지금 어떤 감각이 느껴지는지 말해 볼까요?”

"평온함이 느껴져요."

이 상담 이후, 데이비드의 우울감은 서서히 사라졌다. 자신의 분노를 건강하게 다루면서 다른 사람과의 관계에서 적절하게 경계를 세우고 자신의 의견을 더 부드럽고 친절한 방식으로 표현하게 됐다.

CHAPTER 10

슬픔
존중하기

"오늘 하루는 어땠어?" 헬렌은 학교에서 돌아온 십 대 딸아이에게 물었다. 그러자 딸아이는 "알아서 뭐 하게?"라며 버럭 쏘아붙였다. 그 말만 남기고 딸아이는 계단을 쿵쿵 내려가더니 자기 방으로 쏙 들어가 문을 쾅 닫아 버렸다.

딸이 더 어렸을 때는, 하교 시간에 헬렌이 데리러 가면 "엄마! 보고 싶었어!"라고 소리치며 달려와 품에 쏙 안겼다. 그때마다 두 사람은 한참 동안 꼭 껴안고 있었다. 이 따뜻한 기억을 떠올리자 헬렌의 마음이 저릿해졌다. 그런 날들은 이미 오래전에 지나갔다. 이제 십 대가 된 아이가 헬렌이 다가갈 때마다 무뚝뚝하게 밀어내면, 그 상실감이 견디기 어려울 만큼 크게 밀려올 때가 있다.

아이를 키우는 일은 우리 삶에 경이로움과 기쁨을 더해 주지만, 동시에 끝없는 상실감을 불러온다. 예를 들어, 아이가 태어나기 전에는 하고 싶은 일을 하고 싶을 때 마음대로 할 수 있지만, 부모가 되면 자유가 사라진다. 또 아이가 자라면서 부모에게서 점점 독립하는 과정은 매 단계마다 슬픔을 불러일으킨다. 우리는 부모로서, 한때 내 품에 쏙 안겨 똘망똘망한 눈으로 나를 바라보던 아기와 모든 것에 관해 끊임없이 질문하던 호기심 많은 아이를 키우다가, 독립할 준비를 마친 자녀를 바라볼 때면 깊은 상실감을 느낀다.

하지만 걱정할 필요는 없다. 우리가 슬픔을 피하거나 억누르지 않고 온전히 느끼면, 그 슬픔은 오히려 새로운 변화와 설렘으로 이어진다. 그러면 우리는 아이의 성장 과정에서 맞닥뜨리는 상실의 순간들을, 흔들리지 않고 더 자연스럽게 지나가게 된다.

슬픔은 상실을 경험할 때 느끼는 핵심 감정이며, 반드시 존중받아야 할 중요한 감정이다. 수많은 연구에 따르면 이 감정을 덮어 두면 오히려 건강을 해칠 수 있다. 슬픔을 억지로 밀어내면 우울과 불안 증상이 생길 수 있고, 혈압 상승, 만성 두통, 소화 장애 등 여러 가지 신체적 문제가 나타날 수 있다.

모든 감정이 그렇듯, 슬픔도 하나의 스펙트럼 안에서 다양한 강도로 느껴진다. 예를 들어, 아이가 아파서 남편과의 데이트를 취소해야 할 때나, 일의 마감 날짜가 가까워져 아이의 첫 축구 경기를 보러 가지 못할 때 약간의 우울해질 수 있다. 반면, 소중한 친구나 가족, 반려동물이 아프거나 세상을 떠날 때, 혹은 전쟁이나 극심한 고통에 시달리는 사람들에 관한 뉴스를 접할 때 우리는 깊은 비통함을 느낀다.

이 장에서는 자신의 슬픔을 더 잘 알아차릴 수 있도록 돕고, 파도를 타 듯 감정을 자연스럽게 다루며, 편안함을 되찾는 방법을 알려 준다. 또 자 신과 아이에게 평온함, 유대감, 호기심, 연민의 태도로 반응하는 법도 배 울 수 있다. 아울러 슬픔이 변화의 삼각형에서 어떻게 나타나는지, 변화 의 삼각형을 어떻게 감정의 나침반처럼 활용할 수 있는지도 살펴본다.

변화의 삼각형을 활용하는 방법을 익히면, 양육뿐 아니라 삶 전반이 더 활기차지고 정서적으로도 한결 자유로워질 것이다.

· **나 되돌아보기** ·

1. 슬픔이 올라올 때, 그 감정을 알아차릴 수 있는가?
2. 슬플 때 가장 먼저 하는 행동은 무엇인가?
3. 아이가 슬퍼할 때, 어떻게 반응하는가?
4. 어떤 일에는 슬퍼해도 괜찮지만, 어떤 일에는 슬퍼하면 안 된다고 깇는가?

슬픔은 몸에서 어떻게 느껴질까?

핵심 감정으로서의 슬픔은 무겁게 느껴진다. 슬픔이 밀려오면 눈 주변 에서 눈물이 차오르는 감각이 느껴진다. 몸을 아래로 끌어당겨 움츠러들 거나, 가슴에 통증이 느껴질 때도 있다. 또는 온종일 누워 있고 싶은 충 동이 들 때도 있다.

만약 슬픔이 갇혀 있거나 깊이 묻혀 있다면, 답답함이나 속 쓰림 같은 증상을 동반한 불안과 같은 억제 감정만 느껴질 수도 있다. 혹은 슬픔을 무디게 하려고 과음하거나 마음을 닫고 사람들을 멀리하며, 바꿀 수 없는 상황을 통제하려 들거나 아이에게 버럭 화를 내는 등 방어적으로 행동할 수도 있다. 슬픔으로 인해 기분이 가라앉을 때는, 과연 이 슬픔이 사라질 날이 올까 싶은 생각이 들기도 한다.

다행히도 어떤 형태의 고통이든 시간이 지나면 결국 사라지기 마련이다. 우리가 슬픔을 인정하고 온전히 겪고 나면, 감정은 조금씩 잦아든다. 물론 슬픔과 함께 머무르는 데에는 용기와 연습이 필요하지만, 그 과정을 통해 결국 변화와 평온, 차분함으로 나아갈 수 있다. 슬픔을 기꺼이 받아들이고 마주하면, 아이들이 살아가면서 마주할 수밖에 없는 상실로 인한 슬픔을 잘 헤쳐나가도록 이끌어 줄 수 있다.

· 나 **되돌아보기** ·

가장 좋아하는 슬픈 노래를 들어 보자.

- 몸에서 느껴지는 감각을 한두 가지 알아차려 보자.
- 그런 감각들을 알아차릴 때, 어떤 느낌이 드는가? 예를 들어, 어렵거나, 오히려 힘이 나거나, 과거의 슬픈 기억이 떠오를 수 있다 어떤 감정이 올라오든 괜찮다.

어린 시절의 트라우마가 슬픔에 미치는 영향
: 샐리의 이야기

샐리가 아기를 낳은 지 얼마 지나지 않아 시어머니가 집에 찾아왔다.

"샐리, 넌 정말 훌륭한 엄마구나."

시어머니의 한마디에 샐리는 눈물이 터져 나왔다. 자신의 엄마에게서는 이런 따뜻함을 단 한 번도 느껴 본 적이 없었기 때문이다. 샐리의 실수에도 그녀에게 늘 이렇게 말했다.

"너는 하는 일마다 실수하잖아. 제발 이 아이를 키울 대만큼은 그러지 마라."

샐리는 성인이 된 후에도 엄마의 분노가 남긴 상처에서 쉽게 벗어날 수 없었고, 어린 시절의 기억들은 끊임없이 그녀를 괴롭혔다. 샐리는 어린 시절 내내 부모님에게 학대받고, 무시당하고, 수치심을 느끼게 하는 말을 들으며 자랐다.

"아주 작은 실수만 해도 부모님은 버럭 소리쳤어요."

그녀는 이렇게 기억한다. 우유를 조금이라도 쏟으면 엄마는 고함을 질렀고, 성적표에 B가 하나라도 있으면 아빠는 "그 성적으로는 아무 데도 못 간다."라며 샐리를 몰아붙였다.

엄마를 실망시키지 않고, 실수하지 않으려고, 샐리는 시중에 나와 있는 육아서란 육아서는 거의 다 읽었다. 그렇게까지 준비하고 공부했는데도, 샐리는 왜 이렇게 불안한지 도무지 이해할 수 없었다.

"분명 뭔가 잘못하고 있는 것 같아."

샐리는 남편에게 이렇게 말했다. 샐리의 슬픔은 어린 시절 단 한 번도 인정받거나, 사랑받거나, 칭찬받거나, 정서적으로 돌봄을 받아본 적이 없었던 데서 오는 깊은 상실감이었다. 다시 말해 어린 시절에 경험한 정서적 방임이라는 트라우마에서 비롯된 감정이었다. 샐리는 어린 시절 자신에게 쏟아졌던 모진 말들과 상처를 떠올릴 때마다 가슴이 슬픔으로 가득 찼다. 이제 아이를 낳고 엄마가 되자, 오래된 상처가 생생하게 되살아났다.

자신의 감정을 홀로 감당해야 했고, 감정을 이해하도록 도와줄 누군가도, 그 감정을 다루는 법을 배울 기회도 없었던 샐리는 슬픔을 있는 그대로 받아들이거나, 상실을 충분히 애도할 수 없었다. 어린 시절, 샐리는 깊은 슬픔과 외로움에 압도되지 않기 위해 자기도 모르게 방어에 기대어 지냈다. 그 결과 샐리는 불안하고 자신감이 부족한 아이로 자랐다. 그 습관이 엄마가 된 지금까지 이어져 아기와 함께하는 소중한 순간을 온전히 즐기지 못하고 스스로 능력 있는 엄마라고 믿기조차 어려워한다.

다음 그림은 샐리의 변화의 삼각형이다.

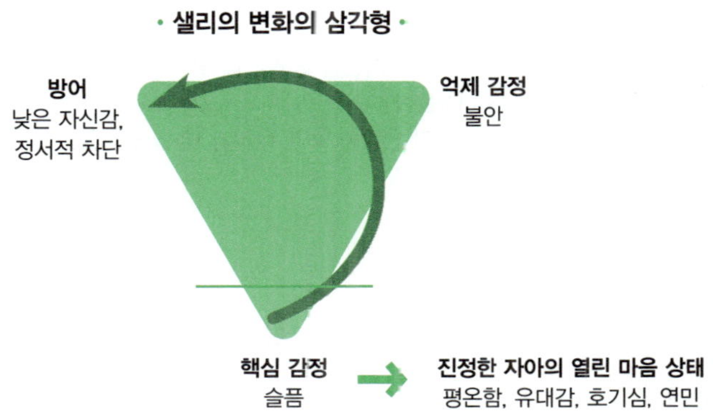

가혹한 대우를 받은 경험은 여러 가지 감정을 불러일으킨다. 그중에는 돌봄과 사랑을 잃는 데서 오는 슬픔을 비롯해, 분노, 혐오, 두려움, 극심한 외로움 같은 감정도 있다. 어릴 때는 고통스러운 감정들이 한꺼번에 밀려오는 상황을 감당할 수 없다. 그래서 신경계는 쉽게 불안정해지고, 그 상황을 버티려고 방어에 의존한다.

샐리 역시 이런 과정을 겪으며 깊은 상처가 생겼다. 부모에게 정서적 학대를 받으며 자란 샐리는 감정을 알아차리고 있는 그대로 받아들이는 법은커녕, 자신의 감정이 존중받아야 할 대상이라는 사실조차 몰랐다. 그러나 샐리가 비로소 자신의 상실을 애도하게 되자, 불안은 눈에 띄게 줄었고, 자신을 더 연민 어린 시선으로 바라보게 됐다.

어린 시절, 슬픔을 느꼈을 때 부모님이 어떻게 반응했는지 떠올려 보자. 슬픔을 회피하려고 억지로 분위기를 밝게 바꾸려 했는가? 슬픔을 표현한 당신을 나무랐는가? 오히려 부모님이 자신의 감정에 압도돼 더 힘들어했는가? 아니면 당신의 슬픔을 알아차리고, 이해해 주며 돌봐 줬는가?
부모님의 이러한 반응은 지금 당신이 자신의 슬픔을 대하는 방식과 아이의 슬픔에 반응하는 방식에 어떤 영향을 미쳤는가?
어린 시절의 경험을 지금의 감정과 연결해 보면, 우리가 왜 슬픔을 있는 그대로 마주하기 어려워하는지에 알 수 있다.

샐리처럼 힘든 어린 시절을 보내지 않았더라도, 사람들은 슬픔이라는 감정 자체를 불편하게 여긴다. 슬픔과 우울을 같은 감정이라고 혼동하기도 하고, 슬퍼하는 자신을 한심하다고 여기며 자기비하를 하기도 한다. 또 어떤 사람들은 우는 행동을 미성숙함이나 나약함의 상징이라고 생각한다. 실제로 많은 사람이 슬픔에 대해 이렇게 생각한다.

이제 슬픔을 있는 그대로 존중하고, 원인을 알아차리며, 감정을 건강한 방식으로 받아들이고 소화하는 방법을 함께 배워 보자. 이 과정은 자기 자신을 포함해 가족 모두의 정서적 안녕에도 큰 도움이 된다.

슬픔과 함께 머무르기

우리 사회가 정서적으로 건강했다면, 누구나 슬픔을 편안하게 느낄 수 있었을 것이다. 울음을 터뜨렸다고 해서 울보라고 놀림 받거나 '질질 짜지 좀 마!'라는 핀잔을 듣지 않았을 것이다. 또 슬픔을 느낀다는 것이 지나치게 예민하다는 뜻이 되거나, 슬픔을 애도하는 것이 나약함의 증거로 여겨지지도 않았을 것이다. 이 모든 것들은 그저 인간다움의 일부로 자연스럽게 받아들여졌을 것이다.

물론 타인의 슬픔, 특히 내 아이의 슬픔을 지켜보는 일은 쉽지 않다. 그래서 우리는 급히 해결책을 찾거나, 억지로 웃거나, 슬퍼하는 사람을 어떻게든 달래려 한다. 하지만 상실을 경험해 본 사람이라면 알 것이다. 슬픔은 절대 이런 방식으로 사라지지 않는다. 즉각적인 해결책들은 슬픔의 근원을 제대로 바라보지 못하게 만든다. 오히려 슬픔을 겪는 사람을 더 외롭게 만들고, 가족이나 친구조차 자신의 슬픔을 이해해 주거나 위로해 줄 수 없다는 깊은 절망감을 느끼게 한다.

우리는 이런 방식으로 슬픔을 급하게 해결하기보다, 자신의 슬픔은 물론 아이의 슬픔과도 함께 머무르는 법을 배워야 한다. 처음에는 슬픔이라는 감정을 기꺼이 받아들이고, 온전히 느끼는 일이 낯설고 어색하게 느껴질 수 있다. 실제로 많은 내담자는 처음에는 이렇게 두려움을 털어 놓는다.

"슬픔에서 영원히 헤어 나오지 못하면 어떡하죠?"

"울음을 멈추지 못하면 어떡하죠?"

하지만 2장에서 언급했듯이, 슬픔은 다른 핵심 감정들과 마찬가지로 파도처럼 밀려왔다가 서서히 잦아든다. 이 감정은 보통 몇 분 이상 지속되지 않는다. 그리고 많은 내담자의 경험이 보여 주듯, 슬픔의 파도를 끝까지 느끼고 나면 반드시 안도감이 찾아온다.

강한 슬픔의 물결을 피하지 않고 끝까지 느껴 보면, 내가 정말 슬펐다는 것, 슬픔을 느끼는 내가 나약한 존재가 아니라는 것, 결국에는 이 감정이 잦아든다는 것을 깨닫고 마음이 한결 편안해진다. 슬픔 속에 갇혀 빠져나오지 못하는 상태와 달리, 슬픔을 피하지 않고 온전히 느끼는 경험은 우리를 치유하고 그 감정을 지나 앞으로 나아가게 한다. 그 과정에서 신경계 역시 안정과 균형을 찾는다.

모든 핵심 감정에는 우리가 건강한 방향으로 행동하게 만드는 본능적인 힘이 내재해 있다. 우리가 슬픔을 느낀다는 사실을 자각하고 핵심 감정을 존중하면, 핵심 감정에 내재된 본능적인 힘이 활성화돼 자신은 물론 아이들도 자연스럽게 돌볼 수 있다.

아이의 성장과 독립 그리고 부모의 상실감

아이들이 서서히 우리 품을 떠날 때면 자연스럽게 슬픔을 느낀다. 아이들이 자라면서 부모를 대하는 태도나 감정이 변하면, 부모는 아이들이 자신을 거절한다고 느낄 수 있다. 이러한 감정은 아이의 나이에 상관없이 언제든 느껴질 수 있다. 아이들이 부모와 심리적으로 거리를 두거나 부모를 밀어내는 것은 건강하고 정상적인 발달 과정이며, 그 과정에서 부모가 느끼는 상실의 슬픔 또한 지극히 자연스러운 감정이다.

다음은 아이의 성장 과정에서 부고가 거절당했다고 느끼기 쉬운 상황의 예다.

- 아기가 부모를 쳐다보지 않거나 밀어내려고 할 때
- 걸음마 하는 아이가 더는 부모의 무릎에 앉지 않을 때
- 중학생 자녀가 함께 TV를 보거나 게임을 하자는 부모의 말을 거절하고 방에 틀어박혀 있을 때
- 고등학생 자녀가 자유 시간 대부분을 친구들과 보내고 싶어 할 때
- 다른 지역의 대학교에 입학한 자녀가 방학에도 집에 돌아오지 않겠다고 말할 때

아이에게 거절당하는 경험은 어느 부모에게나 가슴을 후벼 파는 듯한 아픔을 남긴다. 여기에 슬픔, 외로움, 공허함까지 뒤섞이면, 과거에 겪은 상실이나 트라우마가 다시 떠오르기도 한다. 이런 순간들 속에서 내면의 슬픔을 알아차리지 못하면, 아이의 행동을 정상적인 성장 과정이 아니라 부모를 향한 공격으로 받아들일 위험이 커진다. 그렇게 되면 아이를 비난하거나, 아이를 향한 마음의 문을 닫아버릴 수도 있다.

다음 두 가지 사례를 살펴보자.

1. 루카스는 네 살배기 아들을 재우려 한다. 그런데 아이가 갑자기 울음을 터뜨리며

"엄마가 재워 줘! 엄마하고만 잘 거야!"하고 소리쳤다. 아이의 말은 루카스의 가슴에 비수처럼 꽂혔고, 그는 즉시 자신이 거절당했다고 느꼈다. 루카스는 아이를 달래며 말했다.

"아빠도 재워 줄 수 있어. 자, 우리 아들이 좋아하는 책 같이 읽을까?"

그러나 이런 말은 아이를 달래는 데 거의 도움이 되지 않았고, 아이는 오히려 엄마를 찾으며 더 크게 울었다.

2. 올리비아는 딸과 함께 쇼핑 가기로 한 날을 손꼽아 기다렸다. 그런데 딸이 "엄마 말고 친구랑 가고 싶어."라고 말하는 순간, 올리비아의 마음은 철렁 내려앉았다. 그녀는 속상한 마음을 감추지 못한 채 딸에게 이렇게 말했다.

"넌 요즘 엄마랑은 같이 있고 싶지도 않은가 보구나."

아이들이 이렇게 반응하면 부모는 가슴이 찢어질 듯 아프다. 이런 상황에서 자신이 어떤 감정을 느끼는지 알아차리지 못하면, 아이를 혼란스럽게 하거나 상처를 주는 방식으로 행동할 수 있다.

예를 들어, 루카스는 자신이 슬픔을 느낀다는 사실을 알아차리지 못했기 때문에, 자신과 아들의 슬픔을 인정하고 위로할 수 없었다. 올리비아 역시 자신의 슬픔을 알아차리지 못했기 때문에, 딸이 득립적인 모습을 보이자 서운함을 참지 못하고 딸에게 죄책감을 주는 말을 하고 말았다. 이런 반응은 딸에게 죄책감을 느끼게 하는 데 그치지 않고, 딸이 엄마와 시간을 보내고 싶어 하지 않는 결과로 이어졌다.

아이의 행동이 거절로 느껴져 루카스나 올리비아처럼 반응했다고 해도 부끄러워할 필요는 없다. 부모라면 누구나 한 번쯤은 이런 경험을 해 봤을 것이다. 그러나 아이에게 반응하기 전에 먼저 내면의 슬픔을 알아차리면, 자기 자신과의 관계는 물론 아이와의 관계도 더 건강하게 유지할 수 있다.

아장아장 걸음마 하던 아이가 유치원에 입학할 때, 처음으로 1박 2일 캠프에 갈 때, 또는 집을 떠나 완전히 독립할 때처럼 아이가 자라면서 부모 품에서 조금씩 멀어져 가는 모습을 지켜보는 일은 절대 쉽지 않다. 여러 연구에 따르면, 부모가 경험하는 큰 고통 중 하나는 아이들이 부모에게서 심리적으로 독립하는 순간이라고 한다.

우리가 슬픔을 밀어내고 차단하면, 변화의 삼각형에서 위쪽으로 올라가고, 그 결과 억제 감정과 방어 사이만 왔다 갔다 하게 된다. 이때 우리는 다음과 같이 반응한다.

- **수치심**: "난 부모 자격이 없나 봐.", "내 아이가 왜 나한테 이렇게 행동할까?"
- **방어적 분노**: "내 딸이 감히 나를 이렇게 대할 수는 없지!"
- **비난·책망**: "넌 정말 감사해할 줄 모르는 애그나!"
- **통제**: "이 지저분한 것 좀 치워! 내가 나서지 않으면 이 집은 되는 일이 하나도 없어!"
- **'~해야 한다'는 생각**: "내 아이라면 당연히 나랑 함께 있고 싶어 해야지."

슬픔을 온전히 경험하는 4단계

슬픔은 다른 핵심 감정과 마찬가지로, 억지로 밀어낸다고 사라지지 않는다. 슬픔은 온전히 느끼고 지나가야 하는 감정이다. 슬픔을 있는 그대로 경험하면, 몸과 마음이 평온함, 유대감, 호기심, 연민이 충만한 열린 마음 상태로 돌아간다.

가장 먼저 해야 할 일은 내가 지금 슬프다는 사실을 알아차리는 것이다. 슬픔은 억제 감정이나 방어에 가려져 잘 드러나지 않는다. 하지만 계속 연습하다 보면, 슬픔이 올라올 때 알아차릴 수 있고, 슬픔이 어디에서 시작됐는지도 조금씩 이해하게 된다. 예를 들어, 내가 슬픈 이유를 이렇게 생각할 수 있다.

- '내 품에서 키우던 아이를 처음으로 어린이집에 보내려니, 괜히 마음이 서운하고 허전하네.'
- '이제 여섯 살이 돼 유치원에 들어간다고 생각하니, 아기 때 모습이 점점 사라지는 것 같아 슬퍼.'
- '십 대가 된 아이가 이제 다 컸다고 예전처럼 폭 안기지도 않고 짜증 섞인 눈빛으로 나를 쳐다보니 속상해.'
- '지금 내가 슬프다는 건 알겠는데, 이유는 잘 모르겠어. 그냥 마음이 가라앉아.'

둘째, 잠시 멈춰 슬픔이 일으키는 신체 감각을 충분히 느끼고, 그 감각을 말로 표현해 본다. 예를 들어, 이렇게 표현할 수 있다.

- "지금 슬픔이 가장 강하게 느껴지는 곳은 가슴이야. 마치 5킬로그램짜리 추가 가슴을 짓누르는 것처럼 답답해."
- "눈 주위에 압박감이 느껴져."
- "금방이라도 눈물이 날 것 같아."

셋째, 슬픔에 내재한 충동을 알아차린다. 슬픔이 밀려오면 소파에서 몸을 웅크리고 가만히 있고 싶거나, 누군가의 품에 안기고 싶거나, 누가 이불을 덮어 주고 따뜻한 차를 한 잔 가져다줬으면 하고 바랄 수도 있다.

또 "내가 옆에 있을게.", "슬픈 감정을 느껴도 괜찮아, 이해해." 같은 따뜻한 말을 듣고 싶어질 수도 있다. 이런 충동은 위로가 필요하다는 신호다. 이런 충동은 아주 자연스럽고 인간적인 반응으로, 절대 나약하다는 뜻이 아니다. 두통이 있거나 감기에 걸렸을 때 자신을 돌보듯, 슬픔이 찾아왔을 때도 자신을 돌봐야 한다.

넷째, 슬픔의 파도를 끝까지 타 본다. 슬픔을 알아차린 후, 감정이 불러오는 신체 감각에 주의를 기울이면, 감정은 서서히 위로 떠올랐다가 몸 밖으로 흘러 나간다. 연습을 거듭하면 슬픔이 몸 안에서 어떻게 움직이는지 지켜보며 그 감각과 함께 있는 상태가 점점 더 편안해진다. 이 과정에 머물며 감정의 에너지가 흘러가도록 그대로 두면, 파도가 가장 높은 지점까지 올랐다가 서서히 잦아들 듯, 슬픔도 절정에 이른 뒤 점차 사그라든다. 바로 그때 마음이 한결 가벼워진다. 슬픔의 파도를 온전히 경험하면, 우리의 뇌는 다시 차분하게 생각하고, 긴장과 불안은 줄어들며, 방어에 의존할 이유도 자연스럽게 사라진다. 그 결과 다시 평온함, 유대감, 호기심, 연민에 닿을 수 있다.

슬픔의 파도가 잦아들면 그 뒤어 찾아오는 안도감을 충분히 느끼자. 혹시 아직 슬픔이 남아 있고 위로가 더 필요하다는 신호가 느껴진다면, 그 사실을 알아차리기만 해도 충분하다. 이 과정에서 슬픔에 갇혀 빠져나올 수 없을 것 같은 느낌이 들거나, 두려움이나 불안이 지나치게 커지거나, 슬픔의 파도를 끝까지 타기에 시간이 부족하다면, 나중에 다시 돌아와 슬픔을 돌보면 된다. 또는 정서중심 심리치료사의 도움을 받아 슬픔을 안전하게 경험하는 것도 좋은 방법이다.

레이시는 매주 토요일, 딸과 함께 둘만의 특별한 시간을 보냈다. 딸이 어렸을 때는 함께 공원이나 아이스크림 가게에 갔고, 즈금 더 크고 나서는 서점에 가거나 외식을 하고, 영화관에서 영화를 보기도 했다. 가끔은 그냥 앉아서 딸아이의 학교생활에 관해 수다를 떨며 시간을 보내기도 했다. 하지만 아이가 고등학교에 들어가면서 토요일마다 함께하는 시간이 자연스레 줄어들며 흐지부지됐다. 레이시는 딸과 단둘이 보내던 그 시간을 무척 그리워했다.

그러던 어느 날, 모처럼 딸과 오붓한 시간을 보내고 싶었던 레이시는 이렇게 말했다.

"우리 예전처럼 오늘은 좀 특별하게 보내볼까?"

그러자 딸아이는 어이없다는 표정으로, "엄마, 전 이게 어린애가 아니에요!"라고 쏘아붙이며 자기 방으로 휙 들어가 버렸다. 아이의 거절에 레이시의 마음은 무겁게 가라앉았다. 그녀는 이 무거운 감정이 슬픔이라는 걸 알아차리고, 천천히 심호흡을 했다. 그리고 무례하게 군 딸을 혼내러 방으로 뛰어 들어가는 대신, 남편에게 이렇게 말했다.

"요즘은 우리 딸이 나랑 같이 있고 싶어 하지 않아서 너무 슬퍼."

그 말을 입 밖으로 꺼내는 순간, 레이시의 눈에 눈물이 고였다. 하지만 그녀는 눈물을 억지로 참거나, 슬픔을 느끼는 자신을 탓하지 않고, 그저 슬픔과 함께 머물렀다.

"그래, 아이들이 자란다는 건 참 슬픈 일이지."

남편의 이 말은 레이시의 슬픔을 있는 그대로 인정해 줬다. 레이시는 남편이 자신의 감정을 알아준다고 느꼈고, 그 덕분에 마음이 한결 평온해졌다. 그리고 딸이 열 살쯤 됐을 때 더 이상 믿지 않게 된 산타클로스처럼, 토요일마다 모녀가 함께 보내던 둘만의 시간도 이제는 과거의 일이 됐다는 사실을 깨달았다. 하지만 하나의 루틴이 사라졌다고 해서, 새로운 무언가를 시작할 수 없는 것은 아니다.

부모라면 누구나 한 번쯤 레이시와 같은 경험을 해봤을 것이다. 아이들이 자라면서 부모의 품에서 서서히 멀어질 때, 혹은 아이가 냉랭하게 반응할 때 부모는 슬픔을 느낀다. 아이의 행동이 당신을 슬프게 할 때는 잠시 멈추고, 위에서 살펴본 4단계를 따라 슬픔을 건강하게 다뤄 보자.

다음은 슬픔을 건강하게 다루는 방식의 예시다. 이런 방식은 다른 사람을 비난하거나, 거칠게 반응하거나, 내 감정을 상대방에게 대신 책임지라고 요구하지 않는다. 오히려 자신의 감정을 스스로 책임지는 태도다. 누군가가 슬픔을 유발했을 수는 있지만, 그 감정이 내 안에서 일어난다는 사실을 인정하고, 진정시키며 내가 필요한 것이 무엇인지 표현하려는 노력은 결국 나 자신의 몫이다.

- 내 슬픔을 남 탓으로 돌리지 말고, 스스로 책임진다. 누군가가 "넌 나를 슬프게 했어."라고 말하는 것을 들어 봤는가? 이 말은 상대방이 내 감정을 책임져야 한다는 잘못된 메시지를 담고 있다. 배우자나 부모, 혹은 아이가 당신의 슬픔을 촉발했을 수는 있지만, 그렇다고 해서 그들이 당신의 감정을 책임져야 하는 것은 아니다. 슬픔을 인정하고 다루는 일은 결국 자신의 몫이다.
- 내가 원하는 것을 솔직하게 표현한다. 부모로서, 한 인간으로서 원하는 것을 표현하는 일은 가장 어려운 일 중 하나다. 특히 어린 시절, 부모가 뭔가를 요구하는 행동은 나약하고 부끄러운 일이라고 가르쳤다면 더욱 그렇다. 하지만 자신이 원하는 것을 표현하는 일은 순교자처럼 모든 것을 희생하는 부모가 되지

않도록 도와준다. 그리고 이 과정은 연습하면 할수록 점점 더 쉬워진다.

만약 자신을 위해서는 도저히 표현하기 어렵다면, 아이를 위해서라도 한번 시도해 보자. 부모가 자신이 원하는 것을 건강하게 표현하는 모습은 아이에게 훌륭한 본보기가 된다. 혹시 시도하다가 중간에 막히더라도 괜찮다. 그럴 때는 변화의 삼각형을 활용해, 자신이 원하는 것을 표현하지 못하도록 가로막는 감정이 무엇인지 들여다보자. 대부분 이를 가로막는 감정은 죄책감, 수치심, 불안이다.

- 자신을 비난하지 말고 연민 어린 태도로 대한다. 가장 친한 친구가 슬퍼하고 있다면, 어떤 말을 건넬 것인가? 그 말을 슬픔을 느끼는 자신에게도 그대로 해 줄 수 있는가? 예를 들어, 힐러리는 슬픔이 밀려올 때 자신에게 이렇게 말한다. "아이고, 딱해라. 얼마나 힘드니?" 아이를 돌보듯, 나 자신도 같은 마음으로 돌봐 주자. 그리고 자기 연민은 자신을 불쌍하게 여기는 것과 다르다는 점을 기억하자. 슬퍼한다고 해서 당신이 나약해지는 것은 아니다. 오히려 슬퍼하는 자신을 따뜻하고 친절하게 대할 수 있는 사람이 더 강하고 성숙한 사람이다.

- 눈물을 억지로 참지 않는다. 눈물이 나는 것은 도움이 필요하다는 신호이자, 자연스러운 정서적·생리적 반응이다. 울면 몸 안에 갇혀 있던 슬픔이 밖으로 흘러나와, 슬픔이 분노나 불안, 죄책감 같은 다른 감정으로 왜곡돼 나타나는 것을 막아 준다.

- 혼자 아파하지 말고, 주위 사람에게 도움을 요청한다. 모든 가족 구성원이 당신의 슬픔을 이해해 주거나, 슬플 때 가족이 항상 곁에서 지지해 줄 수 있는 것은 아니다. 가족에게서 위로나 도움을 받기 어렵다면, 신뢰할 수 있는 지인이나 종교 지도자 또는 심리치료사와 이야기해 보자. 슬퍼하는 자신에게 줄 수 있는 아주 훌륭한 선물이며, 당신은 그 선물을 받을 자격이 충분하다.

아이의 슬픔에 어떻게 반응해야 할까?

아이가 슬퍼할 때, 부모로서 아이를 돕는 방법에는 여러 가지가 있다.

이때 아이의 슬픔을 있는 그대로 인정해 주되, 슬픔을 지나치게 파고들거나, 오래 머무르지 않게 해야 한다. 슬픔은 억지로 밀어내지만 않으면, 자연스럽게 찾아왔다가 때가 되면 서서히 잦아든다. 아이의 표정이나 몸짓에서 슬픔이 느껴진다면, 다음과 같이 반응해 보자.

- 아이의 슬픔을 인정해 준다. 예를 들어, "기운이 없어 보이네. 괜찮아?"라고 물어보며 아이가 느끼는 슬픔을 있는 그대로 인정해 주자. 이때 아이가 자기 기분이나 감정에 관해 이야기한다면, 조용히 들어주며 "그랬구나, 많이 속상했겠다."처럼 중립적이면서도 공감하는 말을 건네 자.
- "힘내!", "그건 별거 아니야." 같은 말은 피한다. 아이의 기분을 억지로 바꾸려하거나, 아이의 슬픔을 가볍게 여기는 말은 드움이 되지 않는다.
- 평온함, 유대감, 호기심, 연민을 잃지 않도록 노력한다. 아이의 감정이 흔들릴수록, 부모가 열린 마음을 유지하는 것이 아이에게 큰 힘이 된다.
- 내 감정은 내가 책임지고 돌본다. 아이에게 "너 때문에 속상해." 같은 말로 부담을 주지 않는다.
- 아이가 도움이 필요한지 먼저 물어본다. 예를 들어, "엄마(아빠)가 도와줄까?" 또는 "엄마(아빠)가 안아 줄까?"라고 물어볼 수 있다.
- 아이에게 조언하기 전에는 반드시 허락을 구한다. 예를 들어, "엄마(아빠)가 도움이 될 만한 생각이 하나 있는데, 들어 볼래? 아니면 지금은 그냥 혼자 있을래?"라고 물어볼 수 있다.

슬픔은 해결해야 할 문제가 아니다. 인간이라면 누구나 겪는 자연스러운 감정이다. 슬픔이 느껴질 때 그 감정을 밀어내지 않고 있는 그대로 받아들이면 오히려 그 경험을 딛고 앞으로 나아갈 수 있으며, 더 큰 기쁨을 누릴 여유도 생긴다.

변화의 삼각형 활용 사례: 션의 이야기

션은 매일 저녁 두 아들과 이른바 '스크린 타임 전쟁'을 치르느라 진이다 빠진다. 아이들이 중학교에 들어간 뒤부터는 컴퓨터나 태블릿으로 게임하는 데만 온 신경이 쏠려 있었다. 저녁 시간에도 밥을 허겁지겁 먹고는, 시키지도 않았는데 설거지까지 후다닥 해치운 뒤 "아빠, 밥 다 먹고 설거지까지 끝냈어요. 이제 게임해도 돼요?"라고 묻는 일이 반복됐다. 션은 대부분 허락했지만, 이러다 디지털 기기를 지나치게 많이 사용하는 습관이 굳어지는 건 아닐까 걱정됐다. 어느 날, 그는 이렇게 말했다.

"애들아, 오늘은 게임하면 안 된다. 알겠지?"

"왜요?"

두 아들이 동시에 외쳤다.

"엄마랑 아빠는 너희가 태블릿으로 게임하는 거 말고 다른 활동도 좀 해봤으면 좋겠어." 션이 말했다.

그러자 첫째가 바로 반박했다.

"안 돼요! 이건 너무 불공평해요!"

둘째도 뒤이어 소리쳤다.

"아, 진짜 짜증 나! 태블릿은 왜 하면 안 되는데요?"

두 아이가 계속 조르자, 잠시 마음이 흔들렸지만 그래도 마음을 단단히 먹고 말했다.

"그래도 오늘은 안 돼."

그러자 첫째가 더 크게 소리쳤다.

"아빠가 세상에서 제일 최악이에요! 아빠 진짜 싫어요!"

션은 첫째의 말에 욱하며 '어디서 감히 아빠한테 그런 말을 해!'라고 소리치고 싶은 충동이 치밀어 올랐다.

하지만 아이들과 언성을 높이며 싸우는 대신, 잠시 멈춰 서서 지금 자신에게 무슨 일이 일어나고 있는지 호기심을 가지고 들여다보기로 했다. 몸의 감각에 집중했을 때 가장 먼저 올라온 감정은 짜증이었다. 그는 짜증을 알아차리는 데서 멈추지 않고, 자신어게 이렇게 물었다.

'늘 가장 먼저 느껴지는 짜증 아래에는 어떤 감정이 숨어 있을까?'

그 순간 그는 짜증 아래에 깊은 슬픔이 있고, 그 슬픔은 아이들에게 거절당할 때마다 느껴진다는 사실을 깨달았다. 션은 아이들에게 세상에서 가장 좋은 아빠가 되고 싶었고, 아이들이 자신을 사랑하고 존경해 주기를 바랐다. 그래서 아이들의 입에서 튀어나오는 모진 말은 그에게 참기 힘든 고통이었다.

아이들에게 모진 말로 되받아치고 싶은 충동이 올라왔지만, 션은 꾹 참았다. 대신 자신의 어린 시절을 떠올렸다. 어릴 때 자신도 화가 나면 아버지에게 못되게 말했던 기억이 떠오르자, '아이들은 화가 나면 부모에게 못되게 말하기도 하지.'라고 이해하게 됐다. 그리고 지금 아이들이 소리를 지르는 것은 단지 원하는 것을 얻지 못해 화가 났기 때문이며, 그 말들이 진심이 아니라는 것도 깨달았다. 션은 이제 아이들의 거친 말에 감정적으로 휘둘리지 않고 그 순간을 자연스럽게 흘려보낼 수 있을 만큼 내면의 힘과 여유가 생겼다. 그는 이어서 자신에게 필요한 것을 알아보기 위해 내면으로 주의를 돌렸다.

'지금 이 순간, 내게 가장 필요한 게 뭐지?'

그는 내면을 들여다보며, 지금 자신에게 연민과 따뜻한 포옹이 필요하다는 사실을 알아차렸다. 그래서 그는 자신을 다정하게 다독인 뒤, 아내에게 이렇게 말했다.

"나 좀 안아 줄 수 있어?"

다음 그림은 변화의 삼각형에서 션의 감정 변화가 어떻게 진행됐는지 보여 준다.

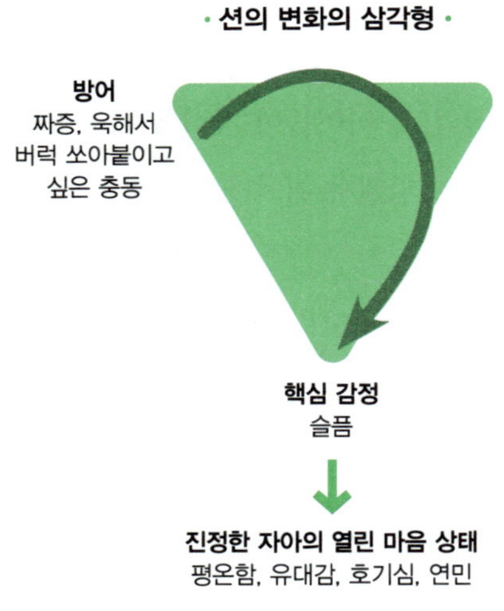

션은 속에서 올라오는 짜증과 아이들에게 버럭 쏘아붙이고 싶은 충동이 방어라는 사실을 알아차리고 잠시 멈춰 섰다. 그리고 방어 아래 숨은 감정을 알아내려고 내면을 들여다봤다. 그는 곧, 아이들이 더 이상 자신을 우러러보지 않는다고 느끼는 데서 비롯된 깊은 슬픔을 발견했다. 그리고 그 슬픔을 돌보려면 따뜻한 위로와 인내의 포옹이 필요하다는 것을 깨달았다.

다음 장에서는 '두려움'이라는 감정을 다룬다. 두려움은 생존에 필수적인 핵심 감정이다. 그 감정을 알아차리고 이름 붙이는 방법과 두려워하는 아이를 도와주는 방법을 함께 살펴볼 것이다.

슬픔은 존중하고 정성껏 돌봐 줘야 한다. 상실을 받아들이고, 슬픔을 온전히 느끼며 감정의 파도를 지나가면 자연스레 더 큰 평온함이 찾아온다. 다음 내용을 따라 연습해 보자.

슬픔을 있는 그대로 인정하기

1. 두 발이 바닥에 닿아 있는 감각을 느끼며, 깊게 복식 호흡을 한다.
2. 머리끝부터 발끝까지 몸을 천천히 살피며, 슬픔이 머무르는 신체 부위가 있는지 살펴본다. 또는 과거에 경험한 상실의 순간을 떠올려도 좋다. 그 장면을 떠올리면, 그때 느꼈던 슬픔이 자연스럽게 다시 올라올 수 있다.
3. 몸 안에서 느껴지는 슬픔을 판단하지 말고, '아, 지금 이런 감정을 느끼고 있구나.'라며 호기심을 가지고 바라본다.
4. 마음속으로 혹은 소리 내 "나는 지금 슬퍼."라고 말해 본다. 그리고 다시 한번 깊게 숨을 들이쉬고 내쉰다.

연습을 해 본 소감이 어떤가? "나는 지금 슬퍼."라고 말하면서, 슬픔을 있는 그대로 인정할 수 있었는가? 만약 연습이 어렵게 느껴졌다면, 슬픔을 느끼지 못하게 가로막는 방어나 억제 감정이 있었는지 떠올려 보자. 예를 들어, 나약해 보일까 걱정되거나, 민망함, 수치심, 외로움 같은 감정이 슬픔을 가렸을 수도 있다. 혹은 연습 자체가 짜증스럽게 느껴졌을 수도 있다. 그렇다고 해도 전혀 이상한 일은 아니다. 지금 느끼는 감정이 무엇이든, 그 감정을 있는 그대로 받아들이자. 그리고 이 연습을 시도한 자신에게 따뜻한 격려를 보내자. 슬픔이 찾아올 때마다, 그 슬픔을 있는 그대로 인정하는 연습을 계속해 보자.

슬픈 상태에서 열린 마음 상태의 네 가지 역량 떠올리기

슬픔을 불러일으키는 아이의 행동 하나를 떠올리고 몸 안에서 느껴지는 감각에 주의를 기울이자. 이제 그 슬픔을 느끼는 상태에서, 열린 마음 상태의 네 가지 역량인 평온함, 유대감, 호기심, 연민을 의식적으로 떠올려 보자. 그리고 다음 질문에 대한 답을 노트나 휴대폰 메모장에 적어 보자.

- 지금 이 슬픔을 가라앉히고 평온함을 되찾기 위해 할 수 있는 일은 무엇일까?
  예) • 복식 호흡을 해 본다(66쪽 참고),
    - 속으로 '이 감정도 결국 지나갈 거야."라고 말해 본다.
    - 혹은 누군가에게 안아 달라고 부탁해 본다.

- 아이가 슬픔을 불러일으키는 행동을 해도, 여전히 아이에 대한 사랑과 깊은 유대감을 유지할 수 있는가? (우리는 여러 감정을 동시에 느낄 수 있다는 점을 기억하자.)
- 지금 일어난 일의 더 깊은 의미에 대해 호기심을 가져볼 수 있는가?
- 지금 이 순간, 나 자신과 아이 모두에게 연민을 가질 수 있는가?

핵심 감정으로서의 슬픔인지, 방어적 슬픔인지 판단하기

어떤 핵심 감정이든 방어로 사용될 수 있다. 따라서 지금 내가 느끼는 슬픔이 핵심 감정으로서의 슬픔인지, 방어적 슬픔인지 구분하는 것은 매우 중요하다. 다음 연습은 지금 느끼는 슬픔이 상실에서 비롯된 핵심 감정으로서의 슬픔인지, 아니면 다른 핵심 감정을 마주하기 어려울 때 사용하는 방어적 슬픔인지 판단하는 데 도움이 될 것이다.

슬픔을 불러일으킨 상황을 하나 떠올리고, 다음 질문에 답해 보자.

1. 지금 느끼는 슬픔은 아이 때문에 생긴 것인가? 그렇다면 아이의 어떤 행동이 당신을 슬프게 하는가?

2. 이 슬픔과 직접적으로 연결되는 상실의 경험이 있는가?

3. 만약 이 슬픔과 연결되는 상실이 없다면, 분노, 혐오, 두려움, 죄책감, 수치심 같은 다른 핵심 감정을 느끼는 것은 아닌가?

4. 이제 이 슬픔이, 상실에서 비롯됐고 위로와 돌봄이 필요한 핵심 감정으로서의 슬픔인지, 아니면 다른 핵심 감정을 마주하기 어려워 생긴 방어적 슬픔인지 판단할 수 있는가?

5. 어떤 결론에 도달했는가? 해당하는 항목에 표시해 보자.
   - 나는 핵심 감정으로서의 슬픔을 느낀다.
   - 나는 방어적 슬픔을 느낀다.
   - 두 감정이 모두 느껴진다.

내 슬픔 스스로 돌보기

아이를 키우다 보면 여러 가지 형태의 상실을 경험하게 된다. 이번에는 상실에서 비롯된 슬픔을 스스로 돌보는 연습을 해 보자.

1. 먼저, 아이와의 관계에서 슬픔을 불러일으키는 상황을 하나 떠올려 보자. 잘 떠오르지 않는다면, 다음 목록을 참고해 보자. 아래는 부모들이 흔히 경험하는 상실의 예다.
   - 아이가 자라면서 더 이상 내 도움이 필요하지 않을 때 느끼는 상실
   - 어린 자녀를 돌보느라 자유와 자율성, 나만의 시간이 없어질 때 느끼는 상실
   - 아이의 애정 표현이나 포옹이 점차 줄어들 때 느끼는 상실
   - 아이가 예전처럼 다정하게 대해 주지 않을 때 느끼는 상실
   - 아이가 집을 떠나 독립할 때 느끼는 상실
   - 아이가 내가 바랐던 길과 다른 선택을 할 때 느끼는 상실
   - 아이가 친구, 연인, 내 배우자, 새엄마(새아빠) 등 다른 사람을 나보다 우선시할 때 느끼는 상실

2. 편안하게 앉을 수 있는 곳을 찾는다. 두 발이 바닥에 닿아 있는 감각을 느끼며,

천천히 복식 호흡을 여섯 번 해 보자.

3. 몸 전체를 위에서 아래로 천천히 살피며, 지금 내가 슬픔을 느끼고 있다는 것을 알려 주는 신체 감각이 있는지 찾아보자. 그리고 그 감각을 두세 단어로 표현해 보자. 정답은 없다. 느껴지는 신체 감각을 언어로 표현하려는 시도 자체가 중요하다. 이때 느껴지는 감각은 아주 미세할 수도 있다.

4. 지금 몸에서 느껴지는 슬픔의 신체 감각에 그대로 머물러 보자. 호흡을 이어 가면서 약 20초 동안 그 감각을 조용히 지켜본다. 이때 슬픔을 판단하지 말고, 연민과 호기심 어린 시선으로 바라보자.

5. 숨을 고르며 슬픔의 신체 감각에 주의를 기울이다 보면, 감각이 조금씩 달라지는 것을 느낄 수 있다. 변화를 있는 그대로 받아들이고, 슬픔이 몸 안에서 자연스럽게 흘러가도록 놔두자. 깊게 호흡하면서 슬픔을 계속 느껴 보자. 눈물이 나도 괜찮고, 눈물이 나지 않아도 괜찮다. 슬픔의 파도를 끝까지 타 보자. 핵심 감정의 파도는 약 2분 정도면 지나간다. 파도가 끝나면 안도감이 찾아올 것이다.

6. 지금의 경험을 잠시 되돌아보자. 어떤 점이 가장 어려웠는가? 어떤 부분이 편안하거나 잘 맞는다고 느껴졌는가? 어떤 점이 불편했는가?

7. 잘 해냈다! 시간을 내 슬픔을 돌보는 연습을 해낸 자신에게 따뜻한 격려의 박수를 보내자.

CHAPTER 11

두려움에 건강하게
대처하기

두려움은 생존에 직결된 감정으로 위험한 상황에서 도망칠 수 있도록 몸을 즉각 반응 상태로 만든다. 뇌의 변연계가 위험을 감지 하는 순간 두려움이 활성화되고, 이 신호는 몸의 거의 모든 기관에 빠르게 전달돼 당장이라도 도망치거나 몸을 피할 수 있도록 준비시킨다. 이 모든 과정은 아주 짧은 순간에 자동으로 일어난다.

우리는 부모로서 먼저 자신의 두려움을 알아차려야 한다. 그렇지 않으면 부모의 두려움이 아이에게 고스란히 전해질 위험이 있다. 실제로 두려움은 세대를 거쳐 대물림될 수 있다. 예를 들어, 부모님이 위험을 감수하는 일이나 경제적 불안을 견디는 일 혹은 타인을 신뢰하는 일을 유독 두려워했다면, 우리 역시 비슷한 상황에서 같은 두려움을 느낄 가능성이 크다. 특히 부모가 자신의 두려움을 당연하다고 생각하거나, 생존하는

데 꼭 필요한 감정이라고 강조해 왔다면, 우리 또한 그 두려움을 의심 없이 당연하게 받아들인다. 몇 가지 예를 살펴보자.

- 잭슨은 새로운 도전이 늘 두렵다. 아버지가 언제나 "조심해라. 안전한 게 제일이다."라는 말을 반복해 왔기 때문이다. 잭슨 역시 이와 같은 메시지를 자신의 아이들에게 강조해 왔다. 그런데 이제 아이들이 새로운 취미를 시도하지 않거나, 새로운 반 친구들에게 먼저 말을 거는 일조차 주저하자, 싱글 대디인 잭슨은 아이들을 어떻게 도와줘야 할지 몰라 난감하다.
- 빌은 어린 시절 늘 돈에 쪼들리며 자라 온 탓에 돈에 관한 만성적인 불안을 안고 있다. 그는 직장을 잃거나, 공과금을 제때 내지 못하거나, 심지어 집을 잃고 거리로 나앉게 될까 봐 두려워한다. 무엇보다 아이들을 경제적으로 책임지지 못하게 될까 봐 가장 걱정한다.
- 몰리의 어머니는 어린 시절 돌보미에게 학대를 받았다. 그래서 몰리에게 "무슨 일이 있어도 아이를 돌보미에게 맡기면 안 돼!"라고 말하며 극심한 두려움을 심어 줬다. 그 결과 몰리는 아이를 다른 사람에게 맡기는 일을 두려워하게 됐고, 종종 막막함과 불안함을 느낀다.

· 나 되돌아보기 ·

1. 부모님이 두려워했던 일을 두 가지만 떠올려 보자.
2. 그 두려움이 당신에게도 전해졌는가? 지금도 그 두려움이 당신에게 영향을 미치고 있는가?

물론 두려움을 느낀다는 것은 무서운 일이다. 하지만 우리가 두려워하는 일은 대부분 실제로 일어나지 않는다. 어떤 두려움은 현실적이지만, 대부분의 두려움은 뇌가 만들어 낸 일종의 허상에 가깝다. 또 배우자나 친구가 두려워하는 것은 내가 두려워하는 것과 다를 수 있다. 다시 말해 두려움은 매우 개인적이다. 우리는 오랜 시간 상담을 하며 이러한 사실을 떠올리기만 해도 시야가 한층 넓어지고 두려움을 더 객관적으로 바라볼 수 있다는 사실을 알게 됐다.

우리는 어떻게 두려움을 느낄까?

우리의 오감(시각, 청각, 미각, 후각, 촉각)은 주변 환경에서 얻은 정보를 뇌로 전달한다. 예를 들어, 사납게 생긴 동물이 내 쪽으르 달려오는 모습을 보거나, 뒤에서 누군가가 다가오는 발걸음 소리를 듣거나, 집 안에서 연기 냄새를 맡거나, 뒤에서 예상치 못한 손길이 느껴지면, '감정의 뇌'라고 알려진 변연계가 두려움을 즉각 활성화한다. 이 과정은 의식적인 통제와는 무관하게 자동으로 일어난다.

우리가 깜짝 놀랄 때 몸에서 어떤 일이 일어나는지 떠올려 보자. 경적이나 화재 경보음처럼 큰 소리가 들리는 순간, 심장 박동이 빨라지고 호흡은 가빠진다. 몸이 움찔하거나 펄쩍 뛰어오를 수도 있다. 두려움이 일으키는 모든 신체 변화는 우리가 위험에 재빠르게 대응해 생존할 수 있도록 돕는다.

- 두려움은 위험한 상황에서 가능한 한 빨리 도망칠 수 있도록 우리 몸을 준비시켜 생존을 돕는다.
- 두려움이 뇌에서 촉발되는 것을 막을 수는 없다. 그러나 일단 두려움을 알아차리면, 우리는 그 감정이 일으키는 충동을 조절할 수 있다.
- 두려움과 마주하는 경험은 자신감과 용기를 북돋아 주고, 정서적으로 성장하도록 돕는다.

다른 모든 감정과 마찬가지로 두려움을 느낄 때 이를 알아차릴 수 있어야 한다. 그래야 두려움이 우리에게 무엇을 말하려고 하는지 알 수 있다. 하지만 대부분 두려움을 무시하거나 밀어낸다. 그 이유는 다음과 같다.

- 어린 시절, 두려움을 느끼면 못났다거나 약해 빠졌다는 말을 들으며 자랐다.
- 어린 시절 두려움을 표현했을 때, 부모가 과도하게 개입하며 지나칠 정도로 캐물었다.
- 부모가 두려움을 인정해 준 적이 없다.
- 부모가 자신의 두려움을 알아차리고, 인정하며, 다루는 법을 몰랐다.
- 너무 많은 감정을 동시에 느껴 두려움을 제대로 이해하거나 다룰 여유가 없다.
- 두려움이 다른 감정, 신념, 가치관과 충돌하거나, 타인의 요구와 부딪힌다.

두려움은 몸에서 어떻게 느껴질까?

두려움을 느낄 때 잠시 멈춰 몸에서 어떤 반응이 일어나는지 살펴보면,

여러 가지 신체 감각과 그 감각이 시간에 따라 어떻게 변하는지 알 수 있다. 두려움이 불러오는 신체 반응은 다음과 같다.

- 심장 박동이 빨라짐
- 호흡이 가빠짐
- 땀이 남
- 몸이 떨림
- 소름이 돋음
- 입이 바짝 마름
- 메스꺼움
- 손발 끝이 저림

여기서 두려움이 불러오는 신체 감각들이 불안의 신호와 비슷하다는 점에 주목하자. 두 감정 모두 땀이 나거나, 심장 박동이 빨라지거나, 호흡이 가빠지는 등 비슷한 신체 반응을 일으킨다.

공포 영화 속 무서운 장면을 하나 떠올려 보자.

1. 두려움을 느끼는 순간 몸에서 느껴지는 감각 한두 가지에 이름을 붙여 보자.
2. 두려움을 느끼는 것과 그 두려움이 일으키는 감각을 알아차리는 것은 전혀 다른 문제다. 두려움이 불러오는 감각을 의식적으로 살필 때, 어떤 변화가 나타나는가? 예를 들어, 두려움이 더 커지거나 줄어들 수도 있다. 어떤 느낌이 들든 괜찮다.
3. 지금 느끼는 두려움이 어떤 충동을 불러일으키는가?

- **두려움:** 위험에서 벗어나야 한다는 신호를 보내는, 생존과 직결된 핵심 감정이다.
- **불안:** 신경계가 핵심 감정을 감당하기 어려울 때 핵심 감정을 차단하는 억제 감정이다. 불안은 고통스러운 감정을 느끼는 것 자체에 대한 두려움이라고 할 수 있다.

아이의 두려움에 어떻게 대처해야 할까?

부모라면 누구나 본능적으로 아이를 보호하려고 한다. 이는 매우 자연스럽고 바람직하다. 다만 우리는 생명과 안전이 실제로 위협받는 상황, 예를 들어, 아이가 차에 치이기 직전과 같은 순간에만 두려움이 작동하길 바란다. 이런 상황에서 두려움은 아이를 구하기 위해 즉시 전력 질주하게 만든다. 이러한 두려움은 성장 과정에서 주입받아 형성된 두려움과는 다르다.

예를 들어, 힐러리는 운전, 스키, 승마, 오토바이 그리고 슬픔을 두려워하도록 배우며 자랐다. 줄리는 운전, 위험을 감수하는 일, 부모를 실망시키는 일 그리고 분노를 두려워하도록 배우며 자랐다.

주의하지 않으면 무의식적으로 우리의 두려움을 아이에게 물려줄 수 있다. 그러면 아이들의 걱정과 불안만 더 커질 뿐이다. 아이가 두려움을 말로 표현하거나 행동으로 드러낼 때, 두려움을 더 키우지 않아야 한다. 대신, 아이를 진정시키고, 두려움에 관해 차분히 이야기하며, 그 감정을 건강하게 다룰 수 있도록 도와야 한다.

아이의 두려움에 대처하는 부모의 반응은 크게 두 가지로 나눌 수 있다. 하나는 '두려움을 키우는 반응'이고, 다른 하나는 '회복 탄력성을 키우는 반응'이다. 두려움을 키우는 반응은 아이뿐만 아니라 부모의 두려움까지 증폭시킨다. 반면 회복 탄력성을 키우는 반응은 아이를 진정시키고, 자신감을 북돋아 준다. 그리고 자신을 사랑하고 지지해 주는 사람이 곁에 있다면 어떤 어려움도 이겨 낼 수 있다는 사실을 일깨워 준다.

예시 1 아이가 매일 아침 어린이집에 가기 싫다며 울 때

- **두려움을 키우는 반응**: "어린이집에서 누가 괴롭히니? 왜 가기 싫은 거야?"
- **회복 탄력성을 키우는 반응**: "어린이집 가는 게 무서울 수도 있어. 하지만 선생님이 잘 돌봐 주실 거니까 걱정하지 마. 두 시간만 지나면 하원이고, 그때 엄마가 어린이집 앞에서 기다리고 있을게."

예시 2 아이가 가장 친한 친구와 싸웠을 때

- **두려움을 키우는 반응**: "아이고, 왜 싸웠어? 큰일이다. 좋은 친구 만나기가 얼마나 어려운데."
- **회복 탄력성을 키우는 반응**: "친한 친구 사이에도 가끔 갈등이 생길 수 있어. 그 친구와 무슨 일이 있었는지 이야기하고 싶거나, 어떻게 해결하면 좋을지 같이 생각해 보고 싶으면 언제든 엄마(아빠)한테 말해도 돼. 엄마(아빠)는 항상 네 편이야."

예시 3 아이가 처음으로 혼자 등교할 때

- **두려움을 키우는 반응**: "조심해! 차에 치일 수도 있고, 나쁜 사람이 널 유괴할지도 몰라."
- **회복 탄력성을 키우는 반응**: "우리 같이 안전 수칙을 한 번 더 살펴보자. 처음으로 혼자 등교하다니, 정말 신나지 않니? 우리 딸(아들)은 분명 잘 해낼 거야!"

예시 4 아이가 놀이터에서 정글짐에 올라가고 싶어 할 때

- **두려움을 키우는 반응**: "위험해! 올라가면 안 돼."
- **회복 탄력성을 키우는 반응**: "그래, 다치지 않게 조심하고, 재밌게 놀아!"

화재 현장에서 급히 대피하거나 길에서 차를 피하는 것처럼 생사가 걸린 순간에는 두려움이 즉시 작동해야 우리를 안전하게 지킬 수 있다. 하지만 일상생활에서 두려움을 느낀다면, 그 감정을 차분히 들여다봐야 한다. 그렇게 하면 부모의 두려움이 아이에게 전해지는 것을 막을 수 있다.

두려움을 피하려는 방어에 지나치게 의존하지 않기

나(줄리)는 딸이 어렸을 때 잭 켄트^{Jack Kent}의 《세상에 용 같은 건 없어!^{There's No Such Thing as a Dragon}》라는 책을 읽어 줬다. 이 책의 이야기는 어느 날 아침, 한 아이가 잠에서 깨어 침대 끝에 앉아 있는 아기 고양이만 한 작은 용을 발견하면서 시작된다. 깜짝 놀란 아이가 엄마에게 이 사실을 말하지만, 엄마는 단호하게 말한다.

"세상에 용 같은 건 없어!"

엄마가 이 말을 할 때마다 용은 점점 더 커졌다. 그러나 엄마가 마침내 용의 존재를 인정하자 용의 몸이 다시 줄어들었고, 아이는 이렇게 말한다.

"얘는 그냥 자기를 알아봐 주길 바랐던 거예요."

내게는 아이를 키우다 난관에 부딪힐 때마다 지혜로운 만트라로 힘을 주는 명상 선생님이 한 분 계시는데, 이 책은 그 선생님이 소개해 준 것

이다. 그분은 이렇게 말씀하셨다.

"두려움을 알아차리고 그 감정을 아기 고양이만 한 크기에서 더 커지지 않게 유지하면, 우리는 두려움을 충분히 다룰 수 있어요. 하지만 두려움을 무시하면, 그 감정은 점점 더 커지기만 하죠."

두려움을 외면하는 행동은 자신을 고통으로부터 보호하려는 일종의 방어다. 그러나 방어에 지나치게 의존하면 두려움을 마주하지 못하고, 결국 그 감정을 더 키울 수 있으므로 균형을 잘 잡아야 한다. 두려움에 압도되지 않도록 방어에 의존하지 않으면서 두려움을 인정하고 받아들여야 한다. 우리가 두려움을 어떤 방식으로 회피하고 방어하는지 이해하면, 변화의 삼각형을 활용해 평온함, 유대감, 호기심, 연민이 충만한 열린 마음 상태로 돌아갈 수 있다.

우리는 두려움에 압도되거나 아이가 두려움을 느끼는 모습을 보면, 감정 자체를 마주하기보다 상황을 바꿔 문제를 해결하려고 한다. 예를 들어, 아이가 캠프에 가기를 무서워하면 가지 말라고 말한다. 또는 아이가 치과에 가기를 두려워하면 예약을 미루고 싶은 유혹을 느끼기도 한다.

우리는 이런 모든 상황이 아이를 위하는 마음에서 비롯된 행동이라고 생각한다. 그리고 그 마음은 분명 진심이다. 그러나 실제로는 우리가 느끼는 두려움과 불편함을 피하려는 방어가 무의식적으로 작동하고 있을 수도 있다. 이러한 현상이 실제로는 어떻게 나타나는지 캐시의 사례를 통해 살펴보자.

캐시의 딸은 친구들과 메시지를 주고받고, 소셜 미디어 계정을 만들고 싶어서 휴대폰을 사 달라고 한다. 하지만 캐시는 딸이 온라인에서 각종 위험에 노출되거나 사이버 폭력을 당할까 봐 두려워 휴대폰을 절대 사주지 않기로 마음먹었다. 그로 인해 두 모녀 사이의 갈등은 점점 깊어졌고, 서로 언성을 높이며 다투다가 딸이 문을 쾅 닫고 방으로 들어가 버리는 일이 잦아졌다.

이 사례에서 캐시의 의사결정은 그녀의 방어가 주도하고 있다. 이처럼 두려움을 알아차리거나 인정하지 못하면, 우리는 변화의 삼각형 위쪽으로 올라가 억제 감정이나 방어에 더 쉽게 의존한다.

캐시는 자신이 느끼는 두려움을 마주하지 않으려고 딸에게 대화의 여지도 주지 않은 채 단호하게 안 된다고 말한다. 그녀는 딸에게 휴대폰을 사 주지 않는 것이 딸을 위험에서 보호하는 길이라고 굳게 믿었지만, 이런 방식이 딸을 위험에서 지켜주지는 못한다. 솔직히 요즘 아이들은 생각보다 훨씬 영리하다. 캐시의 딸은 어떻게든 온라인에 접속할 방법을 찾아낼 것이다. 자기 돈으로 휴대폰을 사거나, 친구의 휴대폰을 빌리거나, 비공개 브라우저를 이용해 부모 몰래 비밀 계정을 만들어 접속할 수도 있다.

이럴 때일수록 자신의 두려움을 알아차리고, 인정하며, 호기심과 용기를 가지고 그 감정과 마주해야 한다. 예를 들어, 캐시가 "내 딸을 통제할 수 없게 될까 봐 너무 두려워."라거나 "딸이 상처받을까 봐 무서워."라고 말하며 자신의 두려움을 인정한다면, 감정을 좀 더 수월하게 마주할 수 있고 불안도 한결 줄어들 것이다. 무엇보다 중요한 것은 이런 방식으로 접근하면 캐시가 딸과 차분하게 대화하며 온라인에서 자신을 보호하거나, 위험에 대처하는 방법을 함께 찾아볼 수 있다는 점이다.

다음은 아이가 두려워할 때 피해야 할 반응의 예다.

예시 1 큰 개가 아이를 향해 짖어 아이가 놀라서 울고 있을 때

- **화내는 반응**: "왜 그래? 그냥 개일 뿐이잖아. 괜히 호들갑 떨지 마."

예시 2 아이가 "왜 뉴스에는 무서운 이야기가 많이 나와요?"라고 물을 때

- **감정을 회피하는 반응**: 와인을 한 잔 따라 마시며 "그런 뉴스는 신경 쓰지 마."

예시 3 아이가 "엄마, 아빠가 여행 가 있을 때 혹시 엄마, 아빠에게 안 좋은 일이 생기면 어떡해요?"라고 물을 때

- **통제하려는 반응**: "쓸데없는 걱정 좀 그만해!"

예시 4 아이가 2학기에 심화 과목을 듣기 싫다고 말할 때

- **죄책감을 유발하는 반응**: "진심으로 하는 말이야? 해 보지도 않고 벌써 포기하려는 거야?"

예시 5 아이가 치과에 가기 무서워할 때

- **무심한 반응**: "괜찮을 거야. 늦겠다, 얼른 가자!"

예시 6 아이가 병원에 입원 중인 할머니를 만나러 가기 무섭다고 할 때

- **부모의 감정을 앞세우는 반응**: "네가 그렇게 말하니까 엄마는 너무 슬퍼."

예시 7 아이가 1박 2일 캠프에 가기 무섭다고 말할 때

- **불안을 유발하는 반응**: "맞아, 캠프에서는 무서운 일이 생길 수 있어. 곰을 만난다든지, 벌에 쏘인다든지 말이야."

예시 8 십 대 자녀가 "아는 사람이 별로 없어서, 가도 무슨 말을 해야 할지 모르겠어요."라며 친구 생일 파티에 가기 두렵다고 말할 때

- **수치심을 유발하는 반응:** "네가 워낙 소심하니까 그럴 만도 하지. 우리 가족이 원래 사교성이 좀 떨어지잖아!"

 아이가 기후 변화와 그 여파가 무섭다고 말할 때

- **두려움을 키우는 반응:** "맞아, 정말 무서워. 지구가 앞으로 100년은 버틸지 모르겠어."

· 나 되돌아보기 ·

1. 어린 시절, 부모님은 당신의 두려움에 어떻게 반응했는가?
2. 그때 부모님은 어떤 방어를 사용했는가?
3. 부모님의 반응이 지금 당신이 아이의 두려움에 대응하는 방식에 어떤 영향을 주고 있는가?

두려움의 파도에 올라타기

당장 생명을 위협하는 상황이 아니라면 두려움을 느낄 때 가장 먼저 해야 할 일은 잠시 멈춰 서서 감정을 알아차리고, 이름 붙이며, 그 감정에 귀 기울이는 것이다. 두려움이 생기는 데는 늘 이유가 있다. 그러나 그 이유가 지금의 당신이나 아이에게 도움이 되지 않을 수도 있고, 당장 어떤 행동을 할 필요가 없을 수도 있다.

두려움은 종종 과거의 경험에서 생겨나는데, 우리는 그 경험이 현재나 미래에도 그대로 반복될 거라고 상상한다. 이 과정이 실제 상황에서 어떻게 나타나는지, 샬럿의 사례를 통해 살펴보자.

샬럿이 어린 시절, 동네 공원의 나무에 올라간 적이 있다. 거의 꼭대기에 다다랐을 때 그만 미끄러져 몇 미터 아래로 떨어지고 말았다. 샬럿은 크게 다쳤고, 뇌진탕과 다리 골절로 구급차까지 불렀다. 이 사고 이후로 샬럿은 야외 활동을 위험하다고 여겼고, 엄마가 된 지금도 아이가 클라이밍 체험을 하고 싶다고 해도 선뜻 허락하지 못한다.

과거에 겪은 두려움이라도 지금 다시 활성화될 수 있다. 이때 그 감정을 마주해 충분히 느끼고 흘려보내면 몸과 마음이 안정된다.

샬럿은 어린 시절 사고에서 비롯된 두려움을 제대로 다루지 못한 상태였고, 그 두려움으로부터 자신을 보호하려고 회피라는 방어에 의존했다. 그러나 이제 그녀는 방어 아래에 억눌려 있는 두려움을 마주하기로 했다. 어린 시절의 기억을 떠올리자 팔이 떨리는 게 느껴졌다. 그녀는 이 신체 감각에 주의를 기울이면서, 마음을 가라앉힐 수 있게 깊고 규칙적인 호흡을 이어 갔다. 그리고 몸을 타고 흘러가는 떨림의 감각을 있는 그대로 온전히 느꼈다. 몇 분이 지나자 떨림은 잦아들고, 새로운 평온함이 찾아왔다.

두려움을 인정하고 그 감정의 파도를 타는 과정을 지나, 비로소 샬럿은 어린 시절 사고로 인한 트라우마를 흘려보낼 수 있었다. 두려움의 파도를 타고 끝까지 지나가자, 과도하게 각성돼 있던 신경계가 차츰 안정된 상태로 전환되며 깊은 안도감을 느꼈다.

여느 부모와 마찬가지로 샬럿은 어린 시절 두려움이 아이들에게 대물림되지 않기를 바랐다. 그녀는 그저 아이들이 안전하길 바랄 뿐이었다. 샬럿이 자신의 두려움에 이름을 붙이고, 인정하고, 몸에서 느껴지는 두려움의 감각을 알아차리며 그 감정의 파도를 타고 끝까지 지나가자, 야외 활동을 향한 과도한 경계심이 누그러졌다. 그제야 그녀는 마음 놓고 아이들이 클라이밍 체험을 하도록 허락할 수 있었다.

우리는 오랫동안 부모를 대상으로 한 상담 경험을 통해, 과거의 두려움을 제대로 처리하면 그 효과가 오래 지속된다는 사실을 알게 됐다. 이는 과거의 두려움을 다루는 과정이 실제로 우리의 뇌를 변화시키기 때문이다.

과거의 감정과 현재의 감정은 구분하기

자신이 느끼는 감정이 현실에 비해 과하다고 느낀 적이 있는가? 특정 경험이 과거의 일을 떠올리게 하면, 우리는 현실과 어울리지 않는 지나치게 강한 감정을 느끼기도 한다.

예를 들어, 새뮤얼은 아이를 혼자 돌볼 때마다 불현듯 두려움에 사로잡힌다. 하지만 아이를 돌보는 일이 생명을 위협하거나 위험한 상황은 아니므로 그가 느끼는 감정은 두려움이라기보다 불안에 가깝다.

새뮤얼은 어린 시절, 여동생을 잘 돌보지 못하면 부모님에게 심한 꾸지람을 들었다. 어느 날, 부모님이 새뮤얼에게 집을 잘 보고 있으라고 한 뒤 외식을 하러 나갔다. 마침 그때 집 안에서 화재경보기가 울렸다. 책임감이 강했던 새뮤얼은 곧바로 어머니에게 전화해 집으로 빨리 돌아와 달라고 했다. 서둘러 돌아온 부모님은 화재경보기가 오작동한 것을 알게 되자, 새뮤얼과 여동생이 괜찮은지는 묻지도 않고 이렇게 호통을 쳤다.

"도대체 뭐 하는 거야? 경보기만 끄면 되는데 왜 이 난리를 친 거야?"

이처럼 무섭고 수치스러웠던 어린 시절의 경험 때문에 새뮤얼은 아이를 돌보는 일과 끔찍한 실수를 저지를지도 모른다는 가능성을 자동으로 연결했다. 그리고 이런 생각은 어린 시절 부모에게서 받은 수치심을 다시 떠올리게 하며 불안을 불러일으켰다. 그러나 어린 시절에 어떤 두려움을 겪었든 두려움에 이름을 붙이고, 감정을 인정하며, 건강하게 다루는 법은 언제든지 다시 배울 수 있다.

열린 마음 양육 실천하기

학교에서 총격 사건이 발생했다는 소식을 듣고, 모니카는 두려움으로 온몸이 굳어 버렸다. 이는 뇌와 몸이 위험을 감지해 경보를 보내는 아주 자연스러운 반응이었다.

모니카는 어릴 때부터 종종 두려움에 시달려 왔고, 아이를 낳은 뒤에는 그 두려움이 더욱 심해졌다. 아이가 갓난아기였을 때는 영아돌연사증후군Sudden Infant Death Syndrome, SIDS(생후 1년 미만의 건강한 영아가 잠든 사이에 알 수 없는 원인으로 갑자기 사망하는 현상 - 옮긴이) 관련 뉴스를 보고 두려움에 잠을 못 이룰 정도였다. 잠든 아기가 금방이라도 숨을 멈출 것만 같았기 때문이다. 회사에 복직하는 것도 악몽 같았다. 아기를 다른 사람에게 맡기는 일이 너무 두려워 몸이 떨릴 정도였다.

모니카는 두려움을 수없이 겪어오면서도, 두려움을 알아차리고 인정하는 연습을 꾸준히 해 왔다. 학교 총격 사건 소식을 듣고 몸이 즉각 반응하며 경직되자, 지금이야말로 자신에게 집중해 마음을 가라앉혀야 할 때임을 알아차렸다. 모니카는 자신과 아이에게는 실제로 어떤 일도 일어나지 않았고, 지금 느끼는 감각은 두려움이 제 역할을 하는 것이라고 생각했다.

모니카는 먼저 여섯 번 깊게 복식 호흡을 해서 심장 박동과 호흡을 진정시켰다. 그다음 아이에게 안 좋은 일이 일어날 확률은 백만 분의 일보다도 훨씬 낮고, 대부분의 아이는 별 탈 없이 건강하게 성장한다는 사실을 떠올렸다. 또 미국에서 학교에 다니는 전체 아동 수와 총격으로 다친 아동 수를 비교해 봤다. 이러한 통계와 객관적 사실은 그녀의 두려움을 누그러뜨렸다. 아이가 안전하다는 사실을 이성적으로 받아들이자, 몸도 차분히 진정시킬 수 있었다.

이것이 바로 열린 마음 양육이다. 열린 마음 양육에서는 무엇보다도 부모가 자신의 몸과 마음을 순간순간 살펴 변화를 알아차리는 것이 중

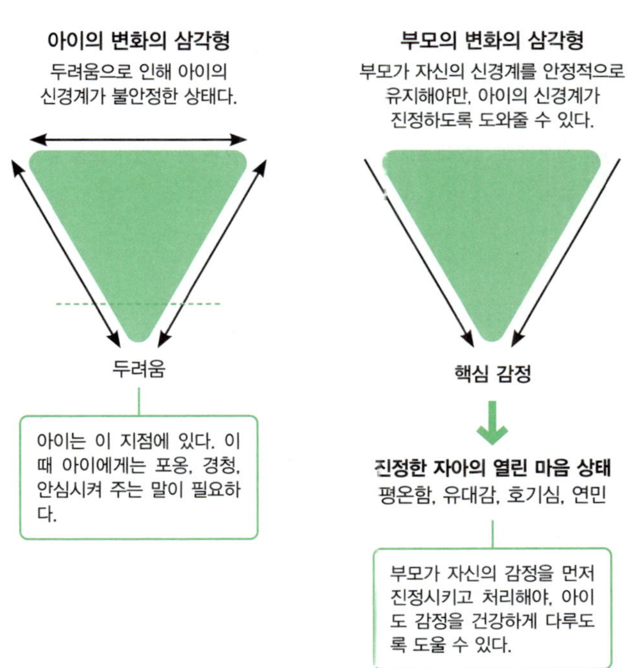

요하다. 어떤 행동을 취하기 전에 자신이 지금 무슨 생각을 하고 있는지, 어떤 감정을 느끼는지 그리고 어떤 충동이 일어나고 있는지를 알아차릴 수 있어야 한다. 그래야만 우리의 두려움이 아이에게 전이되는 일을 피할 수 있다. 또 아이와 대화를 나누기 전에 아이에게 도움이 되고, 위안이 되며, 치유가 되는 방향으로 말투와 행동을 조정한다. 이를 통해 아이가 불안에 압도돼, 불안을 혼자 견뎌야 하는 상황을 막을 수 있다.

· 나 되돌아보기 ·

앞으로 두려움을 느끼면 다음 질문에 답해 보자.

1. 지금 내게 무슨 일이 일어나고 있기에 두려움을 느끼는가?
2. 지금 내가 느끼는 두려움이 미래에 대한 것인가? 그렇다면 미래에 대한 두려움이 과거, 특히 치유되지 않은 어린 시절의 상처와 연결돼 있는가?
3. 만약 내 아이가 지금 나와 같은 감정을 느끼고 있다면 어떻게 도와줄 것인가?
4. 두려움을 친구라고 상상해 보자. 그 친구가 차분해지도록 어떻게 도울 수 있는가?

아이가 기뻐할 때 함께 기뻐해 주면, 아이가 느끼는 기쁨은 배가 된다. 그러나 아이의 감정을 함께 느껴주는 것이 언제나 바람직한 일은 아니다. 특히 그 감정이 아이를 불안하게 한다면 더욱 그렇다. 예를 들어, 아이가 두려워할 때는 다시 일상으로 돌아갈 수 있도록 차분히 진정시켜 주는 것이 중요하다.

뉴욕의 어느 맑은 가을날, 나(힐러리)는 길을 걷다가 한 아이가 엄마에게 이렇게 말하는 것을 들었다.

300

"엄마, 건물들이 너무 높아요. 만약 저 건물들이 내 쪽으로 쓰러지면 어떡해요?"

그러자 엄마는 아이를 이렇게 안심시켰다.

"그런 일은 일어나지 않아. 우리는 아주 안전해!"

이런 반응은 아이의 두려움을 키우지 않고 차분히 가라앉히는 데 도움이 된다.

다음 문장은 뚜렷한 위험이 없는 상황에서 아이의 두려움을 불필요하게 키우지 않도록 도와주는 말이다.

- "무서워해도 괜찮아. 엄마(아빠)도 어릴 때 무서운 게 정말 많았어."
- "뭐가 무서운지 좀 더 이야기해 줄래? 그중에서 가장 무서운 부분이 뭐야?"
- "그래, 그게 무서울 수 있지. 하지만 곧 괜찮아질 거야. 우리 같이 영화 볼까? 아니면 게임 한 판 할래?"
- "그렇구나, 이해해. 왜 지금 그런 감정이 느껴지는지 이야기해 볼래? 네 기분이 좀 나아지도록 엄마(아빠)가 어떻게 도와줄 수 있을까?"

아이에게 이런 말을 건넬 때는 한 문장을 말할 때마다 잠시 멈춰 아이의 표정과 반응을 유심히 살펴보자. 이 모든 과정은 서두르지 않고 아주 천천히 이뤄져야 한다. 그래야 상황을 급하게 통제하거나 바로 해결하기보다, 열린 마음으로 아이와 나에게 집중하며 반응할 수 있다.

두려움은 너무나 강렬한 감정이기 때문에 언제든 참고할 수 있는 간단한 가이드가 있으면 큰 도움이 된다.

1. 잠시 멈추고 자신의 상태를 점검한다.

아이의 두려움이 나까지 불안하게 하는가? 나를 화나게 하는가? 감당하기 힘들 정도로 부담을 주는가?

2. 지금 느껴지는 충동을 알아차린다.

아이에게 "무서워하지 마."라고 말하고 싶은가? 당장 문제를 해결해 주고 싶은가? 아이의 두려움을 모른 척하고 싶은가?

3. 지금 느껴지는 감정을 살핀다.

너무 바쁘고 조급해서 아이의 두려움을 살필 여유가 없는가? 아이의 감정을 살펴야 할 상황을 만들어 낸 아이에게 짜증이 나는가? 혹시 나도 두려움을 느끼는가? 스스로 비난하고 있지는 않은가? 죄책감을 느끼는가? 어떤 감정을 느끼든, 그대로 인정해 주면 된다.

4. 자신이 열린 마음 상태에 있는지 살핀다.

그렇지 않다면 천천히 깊게 호흡하며 변화의 삼각형을 실천해 열린 다음 상태를 회복한다.

5. 두려움의 감각을 있는 그대로 느껴 본다.

가능하다면 그 감정의 파도를 타고 끝까지 지나가 열린 마음 상태로 되돌아가자.

6. 열린 마음 상태의 네 가지 역량을 길잡이로 삼는다.

아이의 두려움을 대할 때 평온함, 유대감, 호기심, 연민을 잃지 않도록 한다.

이 장 앞부분에서 소개했던 잭슨, 빌, 몰리의 이야기를 다시 살펴보고, 그들이 어떤 변화를 맞이했는지 알아 보자.

1) 잭슨의 변화

잭슨의 아버지는 그에게 위험한 일은 시도하지 말라고 가르쳤고, 잭슨도 이 메시지를 아이들에게 그대로 가르쳤다. 그 결과 아이들은 새로운 시도를 어려워하게 됐다.

잭슨은 이제 아이들은 물론, 자기 자신에게도 새로운 것을 조심하라고 말하면 안 된다는 사실을 깨달았다. 그는 아이들에게 이렇게 말했다.

"나는 너희가 새로운 것에 도전하고 더 넓은 세상을 경험하길 바라. 할아버지는 워낙 고생을 많이 하셔서 아빠는 그렇게 고생하지 않도록 늘 조심하라고 말씀하셨지. 이제 와서 돌이켜보니 늘 조심하는 게 별로 도움이 되지 않았어. 나는 너희가 나중에 '너무 조심하며 살았구나.' 하고 후회하지 않았으면 해. 너희는 새로운 것에 도전하고, 위험을 감수할 능력이 있어. 아빠 도움이 필요하면 언제든지 얘기해. 아빠는 늘 너희 편이야."

2) 빌의 변화

빌은 경제적으로 힘들어질지도 모른다는 두려움에 늘 사로잡혀 있었다. 그러다 어느 순간 두려움에 끌려다니는 대신 두려움을 정면으로 마주하기로 마음먹었다. 자신은 부모로부터 불안과 두려움을 물려받았지만, 아이들에게만큼은 자신의 불안과 두려움을 대물림하지 않겠다고 다짐했다.

물론 그의 부모는 경제적으로 늘 쪼들렸기 때문에 실제로 두려움을 느낄 만했다. 하지만 빌이 과거가 아닌 현재의 상황을 바라보자, 지금의 자신은 생활비를 충분히 감당할 수 있다는 사실을 깨달았다. 그가 품고 있던 두려움은 대부분 실제로 일어나지도 않은 가정에 기반한 걱정일 뿐이었다.

빌은 앞으로 부모가 자신에게 했던 부정적이고 겁주는 말을 아이들에게 반복하지 않으려고 한다. 두려움이 올라올 때는 아이들에게 쏟아내는 대신 친구나 아내와 대화를 나누겠다고 다짐했다.

3) 몰리의 변화

몰리의 어머니는 어린 시절 돌보미에게 학대를 당했다. 어머니의 영향으로 몰리는 아이를 다른 누군가에게 맡기는 일이 늘 두려웠고, 막막함과 불안을 느꼈다.

몰리는 자신이 현실적으로 일어날 수 있는 일을 두려워하는 건 맞지만, 그 두려움에 휘둘리면 스트레스만 받을 뿐이라는 사실을 깨달았다. 그래서 믿을 수 있는 돌보미를 찾아보기로 결심했다. 먼저 가까운 친구에게 한 시간 정도 아이를 봐 달라고 부탁한 후 잠시 외출해 봤다. 그다음에는 주변의 친한 엄마들에게 믿을 만한 돌보미를 알고 있는지 물어봤다. 그렇게 소개받은 한 돌보미에게 아이를 맡겨 봤다. 처음에는 돌보미가 아이를 돌보는 동안 몰리도 집에 함께 있었지만, 나중에는 운동도 다녀오고 남편과 꽤 오랜 시간 외출하기도 했다.

아이들과 잠시 떨어져 지내는 시간이 생기자, 오랜만에 재충전되는 느낌을 받았다. 몸과 마음이 훨씬 편안해졌고, 어머니의 트라우마도 더 이상 그녀를 괴롭히지 않았다. 몰리는 마침내 두려움에서 벗어나 안전하다고 느꼈다.

우리는 삶에서 크고 작은 두려움을 마주하지만, 그 감정을 완전히 통제할 수 없을 뿐만 아니라 굳이 통제할 필요도 없다. 감정을 건강하게 다루는 법을 알면 부모와 아이 모두 가장 두려운 순간을 잘 헤쳐 나갈 수 있다.

다음 장에서는 혐오감에 관해 이야기해 본다. 아이를 키울 때 혐오감이 어떤 방식으로 나타나는지 다양한 예를 통해 살펴보고, 그 감정을 어떻게 다뤄야 하는지도 함께 알아볼 것이다.

인간이라면 누구나 두려움을 느낄 때 본능적으로 방어부터 하려고 한다. 그러나 열린 마음으로 두려움을 다루는 방법을 연습하면, 방어에 머무르지 않고 두려움이라는 감정의 파도를 타고 끝까지 지나갈 수 있다. 연민과 호기심을 가지고 자신이 두려움을 느끼는 이유부터 살펴보자.

두려움을 느끼는 순간, 감정 알아차리기

열린 마음으로 두려움을 다루려면 두려움을 느끼는 즉시 또는 느낀 직후에 감정을 알아차리고 두려움과 친해져야 한다.

모든 것을 잠시 멈추고 몸과 마음에서 두려움이 어떻게 나타나는지 살펴보자. 먼저 최근에 아이가 한 말이나 행동 때문에 두려움을 느꼈던 순간을 떠올려 보자. 예를 들어, 걸음마 하는 아이가 갑자기 도로에 뛰어들려고 했던 순간일 수도 있고, 중학생 아이가 앞으로는 숙제를 하지 않겠다고 선언한 순간일 수도 있다. 혹은 고등학생 아이가 학교 시험에서 부정행위를 하다 걸렸다는 소식을 들었을 때일 수도 있다. 이처럼 당신에게 두려움을 불러일으킨 상황을 글로 적어 보자.

두려움이 일으키는 몸의 감각 알아차리기

이 연습의 목적은 호기심과 연민을 가지고 자신의 몸에 주의를 기울이는 것이다. 물론 오랜 시간에 걸쳐 연습해야 하는 과정이다.

감정을 잘 다루는 사람은 자기 감정을 자각하고 통찰하는 능력이 있다. 이 능력은 우리의 행동이 장기적으로 어떤 결과를 가져올지 차분하게 생각해 볼 수 있도록 도와준다.

1. 최근에 아이 때문에 두려움을 느꼈던 순간을 떠올려 보자.

2. 머리끝부터 발끝까지 몸을 천천히 살피며 긴장, 가라앉는 느낌, 초조함, 통증, 메스꺼움 등 어떤 신체 감각이 느껴지는지 살펴보자. 지금 어떤 감각이 느껴지는가? 계속 호흡하는 것을 잊지 말자!

3. 때로는 감정이 무뎌져 아무것도 느껴지지 않을 때가 있다. 감정이 얼음에 덮인 것처럼 말이다. 지금 그런 상태라면 스스로 감정 엑스레이를 찍는다고 상상해 보자. 무감각함을 통과해 몸 안쪽을 들여다보며, 두려움이 어디에 있는지, 불안이나 방어적 분노, 수치심, 죄책감 같은 감정이 두려움을 가리고 있는 것은 아닌지 살펴본다.

4. 당신의 감정 엑스레이는 무엇을 보여 주는가? 지금 무엇이 느껴지는가?

두려움이 일으키는 신체 감각에 머물기

용기를 내서 두려움이 일으키는 신체 감각과 잠시 함께 머물러 보자. 머릿속에서 만들어 내는 두려움에 관한 이야기를 잠시 내려놓고, 깊게 호흡하면서 몸에서 느껴지는 감각을 알아차리고 따라가 보자.

1. 심호흡을 하며 몸 안의 기운이 막힘없이 자연스럽게 흐르도록 한다.

2. 10~20초 동안 호흡을 이어 가며 두려움이 불러오는 신체 감각에 주의를 기울이고, 그 감각에 어떤 변화가 일어나는지 살펴보자.

3. 가능하다면 10~20초 동안 호흡을 더 이어 가 보자.

몸 여기저기에서 떨림이 느껴졌다가 서서히 잦아들며 평온이 찾아오는 느낌이 들 수도 있다. 이 연습을 하다 보면 어떤 기억이나 생각이 떠오르기도 한다. 혹은 불편함이 점점 더 커져 더 이상 연습을 이어 가고 싶지 않을 수도 있다. 어떤 느낌이든 다 괜찮다. 당신은 지금 두려움과 새로운 관계를 맺는 중이다. 이 과정은 앞으로 필요할 때마다 다시 돌아와 연습할 수 있다.

우리의 두려움은 종종 과거의 경험에서 비롯된다. 이 사실을 깨닫는 순간, 지금 느끼는 두려움은 한층 누그러진다. 두려움을 다루는 연습을 잘 해낸 당신에게 진심으로 축하를 보낸다. 용감하게 자신을 돌본 자신에게 따뜻한 격려의 말을 건네자.

혐오감에 관해 이야기하기

더러운 기저귀에서 냄새나는 방까지:
혐오감을 불러일으키는 순간들

신경 과학자들은 혐오감을 인류에게 가장 이른 시기에 발달한 핵심 감정 중 하나로 꼽는다. 이 감정은 상한 음식, 감염병, 위험한 환경처럼 우리에게 해롭거나 독이 될 수 있는 환경에 노출됐을 때 우리가 살아남도록 돕는 역할을 한다. 이처럼 혐오감은 질병이나 위험을 피하게 해주는 중요한 감정이다.

그런데 사실 우리는 존중받지 못하거나, 억압받거나, 학대당하는 상황, 즉 불안, 우울, 외상 후 스트레스 장애를 일으킬 수 있는 모든 트라우마 상황에서도 혐오감을 느낀다. 누군가에게 상처받거나 학대를 당하는 경험은 우리의 몸과 마음 그리고 영혼에 독처럼 스며드는 해로운 것이기 때문이다.

특히 육아와 관련된 혐오감은 그 중요성에 비해 충분히 다뤄지지 않았다. 혐오감이 트라우마 치유에서 중요한 역할을 한다는 존에서 점점 더 주목받고 있기는 하지만, 여전히 다른 핵심 감정에 비해 연구가 훨씬 적다.

아이는 나이에 상관없이 여러 방식으로 부모에게 혐오감을 불러일으킬 수 있다. 더러운 기저귀, 엉망으로 어질러진 방, 땀 냄새. 물을 내리지 않은 변기처럼 부모가 일상에서 흔히 겪는 상황은 혐오감을 유발한다. 다음은 아이를 키우는 과정에서 나타나는 혐오감의 예다.

- 스티브는 아기가 대변을 본 기저귀를 갈아주는 일이 너무 힘들다. 기저귀를 갈아주는 상황을 떠올리기만 해도 속이 울렁거린다.
- 린다는 아기가 트림하며 토할 때마다 자신도 토할 것 같은 느낌이 든다.
- 앤드루의 십 대 아들에게서 사춘기 남학생 특유의 냄새가 났고, 앤드루는 이 냄새를 견디기 힘들어한다.
- 오드리의 십 대 딸은 쉴 새 없이 욕을 한다. 오드리는 딸의 말투가 몹시 불쾌하게 느껴진다.

아이들은 여러 방식으로 우리에게 혐오감을 불러일으킨다. 다음 목록을 살펴보며, 자신이 혐오감을 느끼는 상황이 있는지 확인해 보자.

- 더럽고 냄새나는 기저귀
- 코 파기
- 구토
- 몸 냄새
- 방귀
- 입냄새

- 피나 생리혈
- 상한 음식이 뒹구는 지저분한 방
- 물을 내리지 않은 변기
- 이유식이 잔뜩 묻은 얼굴
- 고린내 나는 발
- 고린내 나는 양말과 신발
- 냄새 나는 옷
- 땀에 젖은 운동복
- 피어싱
- 문신
- 노출이 많은 옷차림
- 욕설과 거친 말
- 험담
- 말대꾸
- 눈 굴리기
- 버릇없는 태도
- 좋지 않은 성적
- 정크 푸드를 먹는 모습
- 벌레를 집 안으로 가지고 오는 행동
- 부정적인 영향을 미치는 친구들과 어울리는 모습

혐오감은 몸에서 어떻게 느껴질까?

혐오감이 느껴지는 순간 바로 알아차릴 수도 있지만, 억제 감정이나 방어 때문에 알아차리지 못할 수도 있다. 혐오감을 알아차리려면 자신이나 가족의 표정을 살펴보면 도움이 된다. 혐오감을 느끼면 코를 찡그리거나, 입술을 꾹 다물거나, 미간을 찌푸리거나, 인상을 쓰기 때문이다.
또 메스꺼움, 얼굴과 목 주변 근육의 긴장, 뒤로 물러서거나 무언가를 밀
어내거나 몸을 다른 쪽으로 돌리는 행동, 땀, 식욕 저하 등도 혐오감이
몸에 드러나는 방식이다.

- 코를 찡그리는 표정
- 아래로 내려간 눈썹
- 잔뜩 일그러진 표정
- 깊게 찌푸린 미간
- 메스꺼움
- 얼굴과 목 근육의 긴장

어린 시절의 트라우마가 혐오감에 미치는 영향

우리는 존중받지 못하거나, 억압받거나, 학대당할 때 자연스럽게 혐오
감을 느낀다. 트라우마를 겪은 사람에게는 자신이 느낀 혐오감을 알아
차리고, 느끼고, 흘려보내는 과정이 꼭 필요하다. 하지만 학대를 당한
사람들은 자신의 혐오감을 알아차리거나, 느끼거나, 인정하지 못하는
경우가 많다. 감정이 방어에 가려져 인식할 수 없기 때문이다. 그래서
혐오감을 느끼지 못한 채, 불안, 우울, 자신감 저하 같은 트라우마 증상
만 경험한다.

예를 들어, 프레디는 어린 시절 정서적 학대를 받았고, 허리띠로 맞기도 했다. 그는 이렇게 털어놓았다.

"저는 부모님에게 늘 구박을 받고, 모욕적인 말을 들었어요. 친구를 집에 초대할 수도 없었고, 불평이라도 하면 곧바로 심한 꾸지람을 들었죠."

코를 잔뜩 찡그리고 입술을 단단히 다문 표정에는 그가 느껴 온 혐오감이 고스란히 드러나 있었다.

어린 시절 부모에게서 학대를 받으면 자연스럽게 혐오감을 느끼게 된다. 그러나 감정을 다루도록 도와줘야 할 부모가 오히려 그 감정을 유발한 당사자이기 때문에, 아이는 이 기분 나쁜 감정을 혼자 감당할 수밖에 없다. 그리고 아이들은 종종 이렇게 믿는다.

'기분이 나쁜 건 내가 나쁜 사람이기 때문이야.'

이러한 믿음은 해로운 수치심 형성으로 이어진다. 다른 사람이 유발한 나쁜 감정을 자기 탓이라고 여기며 내면화하기 때문이다.

어린 시절의 상처를 치유하고, 평온함, 유대감, 호기심, 연민이 충만한 열린 마음 상태에서 양육하려면, 혐오감이 왜 생기는지 이해하고 알아차려야 한다. 이러한 인식은 일상적인 상황에서 혐오감이 올라올 때, 감정을 건강하게 다룰 수 있게 도와준다.

1. 당신의 부모는 당신에게 혐오감을 느꼈을 때 그 감정을 어떻게 표현했는가?
2. 부모의 반응은 당신이 혐오감이라는 감정을 받아들이고 다루는 방식에 어떤 영향을 줬는가? 그리고 당신과 부모의 관계에는 어떤 영향을 미쳤는가?
3. 부모와의 경험이 지금 당신이 자녀에게서 느끼는 혐오감을 대하는 방식에 어떤 영향을 미치고 있는가?

부모가 혐오감을 표현하는 방식이 중요한 이유

부모가 아이에게 느끼는 혐오감을 어떻게 표현하느냐에 따라 아이가 중요한 깨달음을 얻을 수도 있고, 반대로 해로운 수치심만 느끼고 아무것도 배우지 못할 수도 있다. 즉, 부모가 혐오감을 표현하는 방식은 양육에서 매우 중요한 요소다. 부모는 가끔 아이에게 약간의 죄책감이나 수치심을 줘서 말을 잘 듣게 만들기도 한다. 하지만 그 양은 정말 최소한이어야 한다. 너무 과하면 아이가 죄책감이나 수치심에 압도돼 마음을 닫거나, 오히려 분노로 반발하는 역효과가 나타날 수 있다.

부모가 혐오감을 표현할 때는 아이를 보호하고 싶은 마음이 바탕에 깔려 있다. 우리는 아이가 또래와 잘 어울리기를 바라고, 친구들에게 놀림을 받거나 당혹스럽고 창피한 상황을 겪지 않기를 바란다. 아이가 공공장소에서 지켜야 할 예절을 배우는 것은 어린 시절뿐만 아니라 성인이 된

후 사회에서 건강하게 살아가는 데에도 중요한 역할을 한다.

아이의 특정 습관이 혐오감을 불러일으킬 때, 우리는 솔직하면서도 공감 어린 방식으로 이야기해야 한다. 그렇게 하면 아이는 자신이 무엇을, 왜 바꿔야 하는지 이해한다.

다른 모든 감정과 마찬가지로 혐오감도 몸속에서 느껴지는 순간 그 감정을 알아차리고, 인정하는 것이 중요하다. 혐오감이 아이 때문에 생긴 것이든, 과거의 트라우마에서 비롯된 것이든 상관없다. 혐오감을 건강하게 다루지 못하면 우리는 무심코 거친 말투를 쓰거나, 과장된 표정을 짓거나, 아이를 경멸(경멸은 혐오감과 수치심이 뒤섞여 나타나는 일종의 방어다.)하는 태도로 그 감정을 드러낸다.

애나의 아들은 이제 막 사춘기에 접어들었다. 활달한 성격의 아이는 여러 가지 운동을 즐기고 친구들과 밖에서 노는 시간이 많다. 얼마 전 애나는 아들의 서랍장 위에 데오드란트를 올려뒀지만 아들은 아직 한 번도 쓰지 않았다. 야구 연습을 마치고 집에 돌아온 아들에게서 코를 찌르는 땀 냄새가 확 풍겼다. 애나는 아무 생각 없이 "아, 이게 무슨 냄새야? 너무 심한데?"라고 말하며 순간적으로 토할 것 같은 표정을 짓고 말았다.

· 나 되돌아보기 ·

누군가가 당신에게 "너한테서 안 좋은 냄새가 나."라고 말한다고 가정해 보자. 그 말을 듣는 순간 어떤 감정이 올라올까?

아이에게서 혐오감이 느껴진다면, 해결해야 할 문제가 있다는 신호일 수 있다. 아이가 앞서 언급한 혐오감을 불러일으키는 행동을 한다면, 부모가 먼저 조심스럽게 이야기를 꺼내야 한다. 그래야 아이가 친구들에게 직접 지적을 받아 더 큰 상처를 입는 일을 피할 수 있다.

그러나 부모가 혐오감을 표현하는 방식 자체가 아이에게 수치심과 굴욕감을 불러일으킬 수도 있다. 이를 깨달은 애나는 대응 방식을 바꾸기로 결심했다. 어느 날 아들에게서 좋지 않은 냄새가 나자 애나는 자기도 모르게 코를 찡그렸다. 이는 혐오감을 느낄 때 나타나는 전형적인 신체 반응이다. 애나는 혐오감을 알아차리고, 몸과 마음을 가라앉히기 위해 심호흡을 했다. 그리고 아이에게 조심스럽고 따뜻하게 다가갈 수 있도록 마음을 가다듬었다. 잠시 후 애나는 차분한 목소리로 아들에게 말했다.

"엄마가 할 말이 있는데, 너에게 창피를 주거나 기분 나쁘게 하려고 이 말을 하는 건 아니야. 엄마는 너를 도와주고 싶어. 우리가 성장하면 몸에서 여러 가지 호르몬이 나오거든. 그 호르몬 때문에 요즘 네 땀 냄새가 예전과 좀 달라진 것 같아. 앞으로는 샤워를 매일 하고, 엄마가 사다 준 데오드란트도 써 보는 게 어떨까?"

사춘기 아이에게는 애나의 이런 접근법이 효과적이다. 하지만 아이가 더 어리다면 다른 방식으로 접근해야 한다. 어린아이들은 아직 스스로 관리할 수 없기 때문에 아이에게 직접 지적하는 방식은 피하는 것이 좋다. 예를 들어, 당신이나 배우자가 더러운 기저귀 때문에 메스꺼움을 느낀다면, 아이가 없을 때 서로 솔직하게 이야기하고, 공평하게 기저귀를 갈아주는 방법을 함께 찾는다.

어린아이들은 지저분해진 손이나 자기 신체 부위, 때로는 성기까지도 자랑스럽게 내보이며 뽐낸다. 아이들은 진심으로 신이 나거나, 혹은 뿌듯해하며 이런 행동을 한다. 이럴 때 부모는 아이가 느끼는 흥분과 즐거움에 공감하며 반응해 줘야 한다(이 내용은 14장에서 더 자세히 다룬다). 또 혐오감이 드러나는 과장된 표정이나 거친 말은 피해야 한다. 아이가 감정적으로 한껏 고조된 순간에 아이를 억누르는 일은 신체적으로나 심리적으로 아이에게 큰 상처가 될 수 있다.

예를 들어, 힐러리와 존이 재혼을 하며 두 가족을 하나로 합쳤을 때, 막내 아이들은 각각 여덟 살과 아홉 살이었다. 두 아이는 함께 슬라임을 만드는 걸 무척 좋아했다. 아이들은 끈적끈적한 슬라임을 존의 얼굴 가까이 가져가 존이 질색하는 모습을 보는 재미에 푹 빠져 있었다. 이때 존은 혐오감을 느꼈지만, 다행히도 화를 내지 않았다. 그는 그저 웃으며 방을 조용히 나갔다. 만약 그가 "당장 이 더러운 슬라임 치우지 못해!"라고 화를 냈다면, 아이들과 함께 놀며 유대감을 쌓을 소중한 기회를 놓쳤을 것이다. 하지만 순간의 혐오감을 잘 다스린 덕분에 아이들과 가까워질 수 있는 기회를 지킬 수 있었다.

변화의 삼각형 활용 사례: 줄리의 이야기

딸이 어렸을 때, 남편은 지저분한 음식을 보거나 치우는 일을 힘들어했다. 딸아이는 식사 시간마다 멜론 조각이나 미트볼, 과자를 바닥에 마구 던졌다. 또 라즈베리와 바나나는 페이스 페인팅 물감처럼 얼굴에 뒤범벅이 됐다. 그럴 때면 남편은 얼굴을 잔뜩 찡그린 채 이렇게 말했다.

"지저분하게 어질러진 음식을 치우는 건 도저히 못 하겠어."

아이가 흘리거나 던진 음식으로 난장판이 된 주방은 남편에게 큰 혐오감을 불러일으켰다. 그래서 우리 부부는 역할을 나누기로 했다. 남편은 아이의 기저귀를 갈고, 나는 식사를 담당했다.

우리가 느끼는 혐오감을 알아차리고 인정하면, 그 감정에 관해 차분히 이야기하고 함께 해결 방법을 고민할 수 있다. 그러면 자기 자신은 물론 아이와 가족 모두에게 도움이 되는 해결책을 찾을 수 있다.

나는 식탁 아래에 까는 비닐 매트를 하나 샀다. 아이의 의자 아래에 그 매트를 깔고, 식사가 끝나면 핸디형 청소기로 매트를 바로 청소하니 정리가 훨씬 수월해졌다. 무엇보다도 내가 가장 힘들어하던 기저귀 갈기에서 해방됐다는 점도 큰 장점이었다.

혐오감에 열린 마음으로 반응하는 대화법

혐오감이 순간적으로 치밀어 오를 때, 열린 마음으로 반응하는 데 도움이 되는 표현을 소개한다. 열린 마음으로 하는 반응은 평온함과 유대감, 연민에서 나온다. 그리고 무엇보다 말투가 중요하다. 비꼬는 목소리가 아니라 따뜻하고 배려가 느껴지는 목소리로 말해야 한다.

예시 1 **아이가 몸을 심하게 더럽혔을 때**

- **감정적인 반응:** "으, 너 지금 너무 더러워!"
- **열린 마음으로 하는 반응:** (가볍고 따뜻한 톤으로) "자, 깨끗하게 씻자. 엄마가 도와줄게."

예시 2 아이가 식탁에서 음식을 집어 던지며 버릇없게 행동할 때

- **감정적인 반응**: "왜 이렇게 더럽고 버릇없게 구니?"
- **열린 마음으로 하는 반응**: "음식을 던지 는 게 재미있을 수도 있어. 하지만 식탁에서 그러는 건 예의가 아니야. 이제 그만하자."

예시 3 아이가 지나치게 솔직하게 말해서 다른 사람을 불쾌하게 할 때

- **감정적인 반응**: "그렇게 무례하게 말하면 어떡해? 당장 사과해!"
- **열린 마음으로 하는 반응**: "그렇게 말하면 상대방의 마음이 아플 수도 있어. 누군가의 마음을 다치게 하고 싶은 건 아니지?"

예시 4 사춘기 아이에게서 안 좋은 냄새가 날 때

- **감정적인 반응**: "너한테서 너무 역겨운 냄새가 나!"
- **열린 마음으로 하는 반응**: "있잖아, 엄마가 하는 말 기분 나쁘게 듣지 마. 지금 샤워 한 번 하면 좋을 것 같아."

예시 5 사춘기 아이의 방에서 냄새가 나고 엉망으로 어질러져 있을 때

- **감정적인 반응**: "방 좀 당장 치워! 돼지우리 같잖아!"
- **열린 마음으로 하는 반응**: "방에서 조금 이상한 냄새가 나는데, 어디서 나는 건지 살펴봐 줄래?"

예시 6 사춘기 아이가 심하게 욕을 하거나 예의가 없을 때

- **감정적인 반응**: "어떻게 그런 말을 할 수 있니?' 또는 "어떻게 감히 그런 행동을 할 수가 있어!"
- **열린 마음으로 하는 반응**: "네가 욕을 하거나 여의 없게 행동하면, 어떤 사람들은 정말 기분이 상할 수도 있어. 그러면 너를 오해하거나 좋지 않게 볼 수도 있고, 그런 평가는 학교생활이나 사회생활에서 생각보다 큰 영향을 미칠 수 있어. 그래서 주변 사람들에게 네가 가진 좋은 모습이 잘 전해지도록 행동하는 게 중요해."

아이에게 조언을 했을 때 아이가 그 말을 흔쾌히 받아들이지 않거나 심통을 부리며 툴툴거리더라도 같이 화내지는 말자. 아이가 자존심을 지키려는 자연스러운 반응이다. 아이는 건강한 수치심을 경험하고 있을 가능성이 크며, 이 감정을 받아들이고 정리하기까지는 시간이 필요하다.

이때 부모가 아이의 방어적인 반응에 화를 내면 전하려던 메시지가 흐려진다. 그럴 때는 잠시 물러나 아이에게 시간을 주되 아이에 대한 연민과 유대감은 잃지 말자. 배려하는 마음으로 조심스럽게 조언하면 처음에는 반발하더라도 결국에는 그 말을 받아들인다. 아이를 키우는 과정은 단거리 경주가 아닌 장거리 마라톤임을 기억하자.

혐오감은 그 감정을 알아차리고, 이름 붙이고, 인정해 주는 것이 무엇보다 중요한 핵심 감정이다. 이 감정은 아이가 어떤 발달 단계에 있든 아이를 키우는 내내 자연스럽게 경험하는 감정이기도 하다. 우리가 혐오감을 의식적으로 들여다볼 수 있어야, 그 감정이 엉뚱한 방식으로 표출되는 일을 막을 수 있다. 또 혐오감을 인정하는 과정은 과거의 트라우마를 치유하는 데에도 큰 도움이 된다.

다음 장에서는 여러 감정이 복합적으로 섞여 있는 실망감을 다룬다. 실망감을 알아차리고 다루는 일이 왜 중요한지, 이러한 과정이 나 자신과 아이에게 어떤 도움이 되는지 살펴볼 것이다.

혐오감이라는 감정은 간과하기 쉽지만 반드시 다뤄야 할 핵심 감정이다. 지저분한 기저귀나 초콜릿 범벅이 된 아이의 얼굴, 아이의 입냄새에서 혐오감을 느끼더라도 우리는 이 감정에 더 건강하게 반응할 수 있다. 다음 연습을 시작해 보자.

혐오감이 일으키는 몸의 감각 알아차리기

1. 조용하고 편안한 곳에 자리를 잡고 앉는다.
2. 잠시 멈춰, 발이 바닥에 닿아 있는 감각을 느끼며 천천히 심호흡한다.
3. 상한 고기나 쉰 우유, 더러운 기저귀에서 나는 냄새처럼, 당신에게 강한 혐오감을 불러일으키는 냄새를 하나 떠올려 본다.
4. 이제 머리끝부터 발끝까지 몸 전체를 천천히 살피며, 혐오감이 몸에서 어떤 감각으로 나타나는지 알아차리고, 그중 한 가지 이상을 말로 표현해 본다.
5. 그다음, 혐오감에 계속 머무르지 않도록 당신이 좋아하는 향기를 떠올린다. 예를 들어, 좋아하는 꽃향기나 향수, 갓 구운 쿠키 냄새처럼 기분 좋은 향을 떠올려 본다.
6. 마지막으로, 5~6번 정도 깊은 복식 호흡을 하며 몸과 마음을 차분히 가라앉힌다.

아이로 인해 생긴 혐오감 다루기

아이의 말이나 행동이 혐오감을 불러일으킬 때, 순간적으로 욱해서 반응하기보다 잠시 멈춰 그 감정을 알아차리는 것이 중요하다. 다음 질문들은 감정을 알아차리는 데 도움이 된다. 이 질문들에 정답은 없다. 자신을 평가하거나 억누르지 말고, 떠오르는 생각과 감정을 자유롭게 탐색해 보자.

먼저, 아이의 어떤 행동이 당신에게 혐오감을 일으키는지 구체적으로 적어 보자.

1. 아이의 행동이 불러일으키는 혐오감이 당신의 몸에서 어떻게 느껴지는지 주의를 기울여 살펴보자. 어떤 신체 감각이 지금 혐오감을 느낀다는 사실을 알려주는가?
2. 만약 당신의 몸이 말을 할 수 있다면, 다음 문장을 어떻게 완성할지 적어 보자.
   "나는 지금 아이 때문에 혐오감을 느껴. 왜냐하면 ___________________."
3. 잠시 멈춰, 몸에서 느껴지는 감각에 그대로 머물러 본다. 몸이 차분히 가라앉을 때까지 호흡을 이어간다.

혐오감에 열린 마음으로 반응하기

연민의 태도를 의식적으로 연습하면 자기 자신과의 관계는 물론 아이와의 유대감을 긍정적으로 유지할 수 있다. 이를 위해 자신의 장점이나, 아이의 사랑스러운 면, 아이와 함께한 따뜻한 순간들을 떠올려 보자.

이제 '아이로 인해 생긴 혐오감 다루기'에서 적었던, 당신에게 혐오감을 일으키는 아이의 행동을 다시 떠올려 보자. 만약 아기의 행동에 변화가 없다면, 그 상황에서 어떻게 반응할지 생각해 보자. 혐오감이 올라올 때 즉각적으로 반응하는 대신 '아이가 왜 이렇게 행동할까?'라는 호기심으로 아이를 바라본다면, 그 감정을 훨씬 더 건강한 방식으로 다룰 수 있다.

어린 시절의 상처로 인한 카일의 혐오감

카일은 나(힐러리)의 내담자였다. 40대 가장인 그는 자주 우울감을 느끼고, 만성적인 불안에 시달렸다. 아이들과 즐겁게 놀아주고 싶었지만, 늘 가라앉은 기분과 끝없는 걱정 때문에 마음처럼 되지 않았다.

주변 사람들은 카일이 꽤 괜찮은 가정에서 자랐다고 생각했지만, 사실 그는 정서적 학대를 받으며 자랐다. 그의 어머니는 차갑고 무심한 사람이었다. 겉으로는 멀쩡해 보였지만, 집에서는 늘 거짓말을 하고, 카일을 조종하며 겁을 줬다. 카일은 어머니의 행동이 자신에게 어떤 영향을 미쳤는지 놀라울 정도르 잘 이해하고 있었다.

어린 시절, 카일이 감당하기 어려운 감정을 처리하기 위해 선택할 수 있었던 유일한 방법은 그 감정들을 깊이 묻어 두는 것뿐이었다. 이는 압도적인 고통으로부터 자신을 보호하고자 무의식적으로 택한 생존 방식이었다. 그러나 이제 그는 변화의 삼각형을 길잡이 삼아, 과거의 정서적 학대로 인해 묻어 뒀던 감정들과 다시 연결함으로써 만성적인 불안과 우울에서 벗어나고 싶었다.

불안이나 우울 같은 트라우마 증상은 우리가 감당하기 어려운 감정들을 혼자서 처리해야 했고, 그 결과 제대로 다루지 못했을 때 나타난다. 혐오감을 비롯해 고통스러운 핵심 감정들을 건강하게 다룰 수 있게 도와줄 사람이 없으면, 우리는 변화의 삼각형 위쪽으로 올라가 불안과 우울을 경험한다. 이때 제대로 다루지 못한 감정들은 결국 의식에서 멀어져 깊숙이 묻혀 버린다.

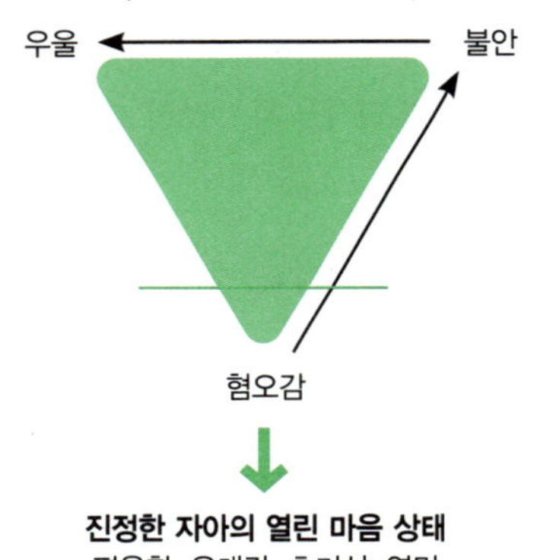

그림을 보면 카일이 어떻게 불안을 거쳐 우울에 이르게 됐는지 이해할 수 있다. 혐오감은 우리가 해로운 환경에 놓였을 때 자연스럽게 느끼는 감정이다. 인간은 본능적으로 무엇이 자신에게 이롭고 해로운지 감지할 수 있으며, 혐오감은 우리가 위험에 처해 있음을 알려주는 중요한 신호다.

카일의 불안은 너무나 고통스러웠던 혐오감을 차단하려고 작동한 방어였다. 감정은 강력한 힘을 지니고 있어 혼자서는 감당하기 어렵기 때문에 우리는 종종 불안을 통해 감정을 차단한다.

혐오감이라는 핵심 감정과 불안이라는 억제 감정이 한꺼번에 밀려오자 카일은 과도한 스트레스를 받았고, 그의 몸과 마음은 굳게 닫혔다. 이는 감당할 수 없는 갈등(예: 자신에게 상처만 주는 부모를 사랑하고 필요로 하는 상황), 몸속에서 핵심 감정과 억제 감정이 뒤섞이며 만들어 내는 정서적 고통 그리고 처리되지 않은 감정에서 비롯된 불편한 감각을 피하려고 작동하는 일종의 보호 메커니즘이다.

카일은 자신의 트라우마를 치유하기 위한 준비 작업으로 그라운딩과 복식 호흡을 연습하며 불안을 낮췄다. 그렇게 자신을 통제할 수 있다는 느낌이 들자, 그는 깊숙이 묻어 뒀던 감정들이 안전하게 떠올랐다가 몸을 지나 자연스럽게 잦아들도록 내버려둘 수 있었다.

카일의 기억 속에는 절대 잊을 수 없는 장면이 하나 있다. 그가 학교에서 좋은 성적을 받지 못하자 어머니는 이렇게 말했다.

"넌 머리가 그 정도밖에 안 되니?"

어머니는 카일이 울음을 터뜨릴 때까지 계속해서 그를 조롱했다.

"어머니는 정말 잔인한 사람이었어요. 자기 아들한테 어떻게 그렇게 말할 수 있죠? 저는 제 아들에게 그런 식으로 말하는 건 상상조차 못 해요."

이렇게 말하는 카일의 얼굴에는 혐오감이 여과 없이 드러났다. 몸은 우리가 느끼는 감정을 숨기지 못한다. 나는 그의 얼굴에 혐오감이 비치는 것을 보고, 조심스럽게 물었다.

"카일, 지금 아주 천천히, 달팽이처럼 속도를 늦춰서, 마음속에서 올라오는 감정들을 한번 들여다볼까요? 머리끝부터 발끝까지 몸을 살펴보면서 어떤 감정들이 느껴지는지 알아차려 보세요."

나는 그가 참고할 수 있도록 상담실 벽에 붙어 있는 핵심 감정 목록을 가리켰다.

"저는 어머니가 정말 역겨워요."

그는 얼굴에 노골적인 경멸을 띠고 말했다.

"지금 자신의 감정을 아주 잘 알아차리셨어요."

내가 격려했다.

"몸의 어떤 감각이 당신이 지금 혐오감을 느끼고 있다는 것을 알려주나요?"

"토할 것 같아요. 어머니에게 토하고 싶어요!"

"잠시 그 감각과 함께 머물러 보세요. 또 어떤 감각이 올라오나요?"

내가 물었다.

"걸쭉하고 검은 점액 같은 게 느껴져요. 그리고 어머니가 보여요!"

카일은 갑자기 무언가를 털어 내려는 듯 두 손을 휘저으며 외쳤다.

"꺼져! 저리 가!"

그는 과거의 기억 속으로 완전히 빨려 들어간 듯 보였다.

카일의 뇌는 어머니를 해로운 존재로 판단했고, 그 사실을 검은 점액이라는 이미지와 혐오감이라는 감정에 연결해 저장해 두고 있었다. 이런 이미지와 감정은 논리적이거나 단계적으로 이해할 수 있는 것이 아니다. 이는 특히 우뇌가 트라우마와 같은 경험을 처리하고 저장할 때 작동하는 방식이다.

카일은 어린 시절에서 비롯된 분노, 두려움, 슬픔 같은 다른 감정들도 하나씩 마주하며 다뤄 나갔다. 그러자 그의 우울과 불안은 점점 더 완화됐고 자신감도 회복됐다. 이제는 자신도 어머니와 똑같은 실수를 반복할지 모른다는 두려움에서 벗어나, 아버지로서의 삶을 더 온전히 즐길 수 있었다. 그리고 무엇보다도 트라우마 치유 과정에서 결정적인 변화가 일어났다. 어린 시절 학대를 견뎌야 했던 자기 자신에게 더 깊은 연민을 느끼게 된 것이다.

카일은 혐오감이라는 핵심 감정이 몸에서 자연스럽게 잦아들 때까지 그 감정과 함께 머물면서, 변화의 삼각형 위쪽에서 아래쪽, 즉 열린 마음 상태로 이동했다. 혐오감을 건강하게 처리해 낸 이 경험은 자신을 더 명확히 바라보는 데 결정적인 역할을 했다. 그는 자신이 잘못하지 않았음에도 학대를 받았던 '선한 사람이자, 좋은 아버지'라는 사실을 분명히 인식하게 됐다.

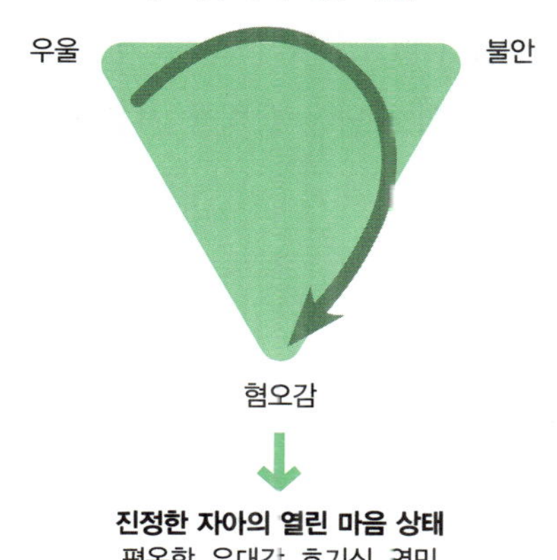

위의 변화의 삼각형을 보면, 카일의 치유가 어떤 과정을 거쳤는지 한눈에 볼 수 있다. 카일은 자신의 우울감을 잠시 옆으로 두고 그 아래에 묻어 뒀던 감정들에 다시 연결할 수 있을 만큼, 자신이 충분히 안전하다고 느끼게 됐다. 우울에서 불안을 지나 아래로 내려가면서 그는 자신 안에 있던 혐오감을 알아차렸다. 카일은 그 감정에 이름을 붙이고, 있는 그대로 인정하며, 그 감정이 몸에서 어떻게 느껴지는지도 분명히 알아차렸다. 또 혐오감이 불러일으키는 충동을 알아차리고, 몸이 차분해질 때까지 핵심 감정의 파도를 타며 끝까지 그 감정과 함께 머물렀다. 그 결과 열린 마음 상태와 평온함, 유대감, 호기심, 연민이라는 네 가지 역량에 다시 닿을 수 있었다.

과거에 트라우마를 겪었다면, 이런 고통을 겪는 사람이 당신 혼자만은 아니라는 사실을 기억했으면 한다. 이 장과 이 책 전반에 걸쳐 소개한 다양한 방법은 치유를 시작하거나, 회복의 여정에서 더 멀리 나아가는 데 도움이 될 것이다. 심리치료 역시 큰 도움이 된다. 특히 속성경험적 역동심리치료처럼 정서중심치료를 전문으로 하는 심리치료사와의 상담은 상처를 치유하는 더 든든한 힘이 돼 줄 것이다.

CHAPTER 13

실망감의 칼날

아이의 자존감을 베는 부모의 실망

우리는 희망이나 기대, 혹은 원하는 것이 충족되지 않을 때 실망감을 느낀다. 아이들은 부모와 다른 고유한 유전적 특성을 지니고 태어나며, 부모가 자란 환경과는 다른 가족, 문화, 사회 속에서 성장한다. 그렇기에 아이들은 부모가 원하는 모습대로 자랄 수 없는 독립적인 존재다. 그러나 부모가 이 사실을 받아들이기란 쉽지 않다. 그 결과, 많은 부모는 양육 과정에서 수도 없이 실망한다. 문제는 이 감정을 건강하게 다루지 못할 때다. 그럴 경우 의도하지 않았음에도 아이에게 '네 자체가 실망스러운 존재다.'라는 메시지를 전달할 수 있다. 부모의 실망감으로 아이에게 상처 주는 일을 피하려면, 부모로서 그 감정을 책임감 있게 마주하고 다루는 법을 배워야 한다.

한 소년을 떠올려 보자. 그의 부모는 늘 실망에 잠긴 상태(상태state란 여러 감정과 신념, 생각이 서로 얽혀 작용하면서 형성되는 복합적인 정서 경험으로, 특정 기분이나 분위기를 만들어 낸다.)였다. 소년이 여섯 살 무렵, 엄마는 날카롭게 쏘아붙였다.

"넌 왜 그렇게 책을 안 읽니?"

열 살 무렵에는 아빠가 이렇게 호통쳤다.

"넌 네가 가진 잠재력을 충분히 발휘하지 못하고 있어!'

소년이 중학생이 되자, 부모는 소년의 옷차림부터 친구 관계, 여자 친구 문제까지 사사건건 못마땅해하며 불평불만을 늘어놓았다. 또 소년이 친구들과 보내는 시간이 점점 늘어나자 부모는 이렇게 말했다.

"그렇게 맨날 놀기만 해서 나중에 뭐가 되려고 그래?"

소년의 부모는 이런 말들이 아들이 성공하고 잘 살아가는 데 큰 도움이 되리라 굳게 믿고 있었다.

그들은 아들에게 실망감을 표현할 때마다 눈을 부릅뜨고 아들을 노려보며 손가락질을 했다. 그 말들은 매번 날카로운 칼날처럼 소년의 마음을 베었다.

이제 시냇가에 놓인 돌 하나를 떠올려 보자. 매일 그 돌의 같은 위치에 물방울이 똑똑 떨어진다. 처음에는 돌의 모습에 아무런 변화가 없는 것처럼 보인다. 하지만 며칠이 지나 몇 달이 되고, 몇 달이 몇 년이 되면 물방울은 그 돌에 움푹 팬 자국을 만들어 낸다. 결국 그 돌은 처음과는 전혀 다른 모습으로 변한다.

여기서 돌은 소년의 자존감을 상징하고, 떨어지는 물방울은 부모가 소년에게 쏟아 낸 실망의 말들을 의미한다. 물방울 하나하나는 사소해 보이지만, 시간이 지나면서 그 물방울들은 아이의 자존감을 뚫고 들어가 점점 약하게 만든다.

많은 사람이 이 소년의 이야기에 공감할 것이다. 어쩌면 당신의 부모역시 당신이 잘되길 바라는 마음에서 무심코 던진 상처가 되는 말을 했을지도 모른다. 실망감은 인간이라면 누구나 겪는 감정이지만, 부모가 심리 상태를 다루는 방식은 아이에게 오래도록 영향을 미칠 수 있다.

· 나 되돌아보기 ·

1. 부모님이 당신에게 실망감을 표현했던 순간을 떠올려 보자.
2. 그때 부모님은 어떤 말을 했는가?
3. 그 말이 당신에게 어떤 영향을 미쳤는가?
4. 부모님의 양육 방식은 지금 당신의 양육 방식에 어떤 영향을 줬는가?

부모라면 누구나 실망을 경험한다

부모는 누구나 아이에게 큰 기대를 건다. 아이가 똑똑하고, 운동을 잘하며, 예술 감각도 뛰어나고, 인성도 훌륭하길 바란다. 부모의 이런 바람은 의식적일 수도 있고 무의식적일 수도 있다. 아이에게 거는 기대를 자각하고 있든 그렇지 않든, 그 기대는 부모 자신과 아이를 바라보는 방식에 영향을 준다.

타라는 어릴 때부터 공부를 열심히 했고, 부모의 말을 잘 따르는 아이였다. 십 대가 돼서도 그녀는 변함없이 착한 딸이었다. 늘 학업에 집중했고, 단 한 번도 부모에게 반항하지 않았다. 친구들은 타라를 범생이라고 불렀고, 엄마도 타라를 자랑스러워 하며 이렇게 말하고는 했다.

"넌 태어날 때부터 지금까지 늘 효녀야. 엄마 속을 썩인 적이 한 번도 없어."

타라가 결혼을 하고 아들을 낳자, 엄마는 이렇게 말했다.

"너는 아이 키우는 게 수월할 거야. 네가 워낙 순둥이였잖니. 아이도 널 닮아 분명 순할 거야."

그리고 이렇게 덧붙였다.

"타고난 기질도 좋을 테고, 네가 잘 키울 테니 아무 걱정할 필요 없어."

하지만 타라의 아들은 태어난 순간부터 울음을 그치지 않았다. 뚜렷한 이유 없이 하루에도 몇 시간씩 울었고, 아무리 달래도 소용이 없었다. 유치원에 들어가서도 자리에 가만히 앉아 있지 못하고 교실 여기저기를 뛰어다녔으며, 선생님의 말에 집중하기도 힘들어했다. 선생님들은 아이에 대해 조심스럽게 이렇게 말했다.

"정말 호기심이 강하고 활기찬 아이예요."

타라의 눈에는 아들이 활기찬 아이가 아니라, 통제하기 어려운 아이로 보였다. 그녀는 주체할 수 없을 만큼 큰 실망감에 휩싸였다.

"내가 아이를 잘못 키우고 있는 것 같아."

타라는 남편에게 이렇게 털어놓았다. 하지만 타라뿐만 아니라 대부분의 부모는 아이가 부모의 좋은 면을 닮고, 부모의 말을 잘 따르며, 어떤 상황에서도 부모를 사랑해 주는 아이로 자라길 꿈꾼다. 그러나 아이가 그 기대에 미치지 못할 때, 그 꿈은 곧 실망으로 바뀐다.

1. 당신이 아이에게 바라는 두 가지 바람은 무엇인가?
2. 아이의 모습이나 행동 중, 당신의 기대와 달랐던 점은 무엇이었는가?
3. 아이가 당신의 기대에 미치지 못했을 때, 어떤 감정을 느꼈는가?

여러 감정이 뒤섞인 심리 상태

아이들이 우리를 실망시킬 때, 우리는 슬픔, 분노, 혐오감, 두려움, 불안, 죄책감, 수치심 등 여러 감정을 동시에 느낀다. 아이들은 부모의 관심을 얻으려고 자기도 모르게 반항적인 행동을 하기도 한다. 이런 상황이 반복되면 실망감이 사그라들기는커녕 오히려 점점 더 쌓여간다.

아이에게 실망할 때 경험하는 복합적인 심리 상태는 지극히 자연스러운 현상이다. 문제는 심리 상태를 처리하는 방식이다. 우리가 변화의 삼각형 아래쪽으로 이동해 열린 마음 상태에 닿기 전에 실망감을 곧바로 말이나 행동으로 표출하면 아이에게 깊은 상처를 줄 수 있다.

아이가 우리의 가치관에 어긋나는 행동을 할 때, 우리는 실망감을 느낀다. 이때 사랑과 연민을 담아 차분한 태도로 실망감을 전한다면 아무 문제가 없다. 그러나 날카롭고 비판적이며 매정한 말투나 분노와 경멸이 담긴 표정으로 아이를 대하면, 아이에게 수치심을 줄 수 있다.

예를 들어, 여섯 살 아이가 할머니에게 "저리 가!"라고 말한다면, 당신은 순간 이렇게 말하고 싶어질지도 모른다.

"할머니에게 버릇없게 굴다니, 정말 실망스럽구나!"

또 중학생 아이가 거짓말한 것을 알게 됐을 때는, 이렇게 말할 수도 있다.

"거짓말을 하다니 정말 실망이야. 정말 앞으로는 핸드폰 금지야!"

그리고 고등학생 아이가 기대에 못 미치는 성적을 받아왔을 때는 이렇게 말할지도 모른다.

"너에게 거는 기대가 컸는데, 엄마(아빠)한테 어떻게 이럴 수 있니?"

물론 부모가 아이에게 일부러 상처를 주려고 이런 말을 하는 것은 아니다. 부모는 그저 아이의 행동을 바로잡아 주고 싶을 뿐이다. 그러나 이런 말들은 부모의 마음과는 달리 아이가 수치심과 슬픔, 분노를 느끼게 하고 부모로부터 멀어지게 만든다.

많은 부모가 이렇게 말한다.

"저도 부모님께 그런 말을 수도 없이 듣고 자랐어요. 덕분에 이렇게 성공할 수 있었죠. 그때는 힘들었지만 결과적으로는 도움이 됐어요."

이 말이 사실일 수도 있다. 그러나 평온함, 유대감, 호기심, 연민을 잃지 않으면서도 아이를 올바른 방향으로 이끌 수 있다. 우리가 열린 마음 상태에서 아이를 대한다면 부모와 아이 모두에게 기대 이상의 결과를 가져올 수 있다. 이제, 구체적인 방법을 살펴보자.

아이가 기대에 미치지 못할 때 우리는 흔히 변화의 삼각형 위쪽으로 이동한다. 그리고 아이를 비난하고, 판단하고 벌주려는 방어적 반응과 불안, 죄책감, 수치심 같은 억제 감정 사이를 오가게 된다.

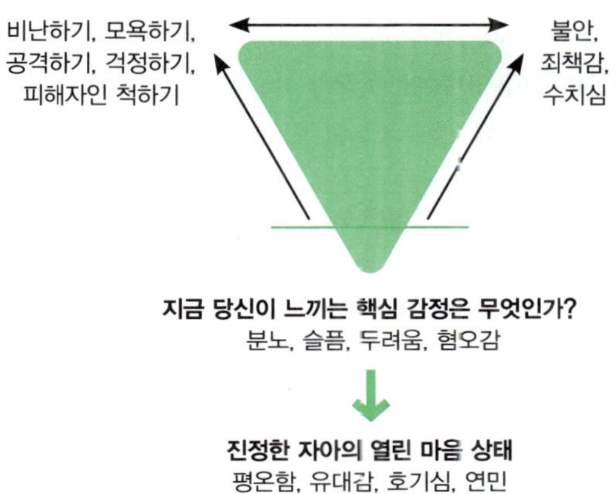

우리는 먼저 내면의 실망감을 알아차린 뒤, 변화의 삼각형을 활용해 실망감 안에 담긴 모든 감정을 하나하나 인식하고, 이름 붙이고, 있는 그대로 받아들여야 한다. 이 감정들은 모두 중요하고, 돌봄이 필요하다.

예를 들어, 자신의 실망감이 슬픔과 수치심이 뒤섞인 감정 상태임을 알아차렸다면, 이 책에서 슬픔과 수치심을 다룬 장들을 다시 살펴보자. 실망감에 담긴 감정들을 어떻게 다뤄야 하는지 알게 되면, 다시 열린 마음 상태로 돌아갈 수 있다. 이 상태에서 아이를 향한 호기심을 잃지 않고, 유대감과 연민을 유지한 채 차분하게 대응한다면, 아이와의 관계를 한층 더 단단하게 다질 수 있다.

많은 사람이 실망감을 하나의 감정으로 오해한다. 그러나 실망감은 여러 감정이 뒤섞여 있는 심리 상태로 사람마다 다르게 나타난다. 실망감을 느낄 때 자신이 어떻게 반응하는지 알아차리면 복합적인 심리 상태를 정확하게 이해하고 건강하게 다룰 수 있다.

사랑하는 사람을 실망시킬 때의 느낌

부모의 실망감이 아이에게 어떻게 작용하는지 이해하기 위해 간단한 활동을 해 보자. 이 활동을 통해 아이의 마음을 더 깊이 이해할 수 있다. 우리가 사랑하는 누군가가 우리에게 실망했을 때 어떤 기분이 드는지 떠올려 보면, 아이에게 실망을 표현할 때 아이가 어떤 기분일지 더 잘 이해할 수 있다.

1. 이 세상에서 당신이 가장 사랑하고, 가장 의지하는 사람의 얼굴을 떠올려 보자. 그 모습을 가능한 한 생생하고 구체적으로 머릿속에 그려 보자.
2. 이제 그 사람이 당신에게 실망했다고 말하는 장면을 떠올려 보자. 그 말의 내용과 말투 그리고 실망한 표정을 함께 떠올려 본다.

3. 그런 다음 잠시 멈춰 몸속에서 올라오는 감각을 온전히 느껴 보자. 지금 이 순간, 몸에서 느껴지는 신체 감각이나 감정 한두 가지를 말로 표현해 보자.

실망감을 느끼는 것은 매우 자연스러운 일이다. 이 활동의 목적은 우리가 실망감을 알아차리고 건강하게 다룰 수 있도록 돕는 것이다. 실망감은 아이를 키우다 보면 반드시 겪게 되는 심리 상태로 실망감을 느끼지 않게 피할 수는 없다. 중요한 것은 이 심리 상태를 다루는 방식이다.

타라는 아들에게 깊은 실망감을 느끼면서 마음이 어수선해지고 불안해졌다. 그녀는 더 좋은 엄마가 되고 싶은 마음에 그녀는 닥치는 대로 양육서를 읽었다. 이를 통해 양육 방식을 개선하고, 통제하기 어려운 아이를 바르게 키우고 싶었다.

그러나 그녀에게 양육은 어둠 속에서 다트를 던지는 일처럼 느껴졌다. 아무리 애를 써도 과녁의 중심을 맞힐 수 없었다. 깊은 좌절 끝에 타라는 결국 정서중심 심리치료사를 찾아가기로 결심했다.

타라는 심리치료사와 상담하는 과정에서 그동안 마음속에 쌓여 있던 감정의 정체가 실망감이라는 것을 알게 됐다. 심리치료사는 그녀를 이렇게 안심시켰다.

"실망감은 모든 부모가 다 겪는 감정이에요. 실망감을 느낀다고 해서 나쁜 부모가 되는 건 아니에요."

타라는 상담을 통해, 어린 시절 내내 착한 딸로 살아왔던 경험과 부모의 높은 기대에 부응하려 애쓰느라 십 대 시절을 마음껏 누리지 못했다는 사실을 차분히 들여다볼 수 있었다. 그녀는 이렇게 털어놓았다.

"사실 파티도 가 보고 싶었고, 남자 친구도 사귀어 보고 싶었어요. 하지만 그런 행동을 해서 부모님을 실망시키고 싶지는 않았어요."

타라는 이 말을 하자마자 문득 깨달았다. 지금 자신이 느끼는 실망감이 어린 시절의 경험과 깊이 연결돼 있다는 사실을 알아차린 것이다. 타라의 내면에는 부모님을 실망시킬까 봐 두려워하던 어린 소녀가 여전히 남아 있었다. 그녀는 아들이 매우 산만하고 거칠다는 사실을 부모님이 알게 되면, 자신을 평가절하하거나 '부족한 사람'으로 볼까 봐 걱정했다.

과거와 현재를 잇는 연결 고리를 파악하자, 타라는 비로소 활달하고 외향적인 아들을 있는 그대로 받아들일 수 있었다. 또 자신이 기대하는 모습의 아들이 아닌 있는 그대로의 모습으로 바라볼 수 있었다.

· 아이에게 느끼는 실망감을 건강하게 다루는 간단한 방법 ·

1. 잠시 멈춰 실망감과 함께 올라오는 감정들을 알아차려 보자. 그 감정들은 몸의 어디에서 느껴지는가?
2. 지금 내가 평온함, 유대감, 호기심, 연민이 충만한 열린 마음 상태가 아니라면, 심호흡을 네 번 하며 차분함을 되찾자.
3. 알아차린 감정들에 이름을 붙이고 있는 그대로 인정해 보자. 336쪽의 나 되돌아보기에서 제시한 감정 목록을 참고해도 좋다.
4. 1~3번 과정을 거치는 동안, 호기심과 유대감, 연민을 잃지 말자.
5. 그래도 감정을 있는 그대로 받아들이기 어렵다면, 양육은 단거리 경주가 아니라 장거리 마라톤이라는 사실을 떠올려 보자. 그리고 이렇게 물어보자. '지금 내가 실망감을 느끼는 이 일이 다음 주에도 중요할까? 다음 달에는? 1년 뒤에는? 5년 뒤에는?'

실망감을 다루는 두 가지 방식

우리는 아이가 친구나 가족에게 무례하게 행동할 때 실망감을 느낀다. 루시와 그녀의 아들 벤의 이야기를 살펴보자. 벤은 여동생 제니가 자기 장난감을 망가뜨리자, "난 네가 정말 싫어!"라고 말했다. 그러고는 제니가 가장 아끼는 인형을 건조기 안에 숨겨 버렸다.

상황 1 울음소리와 비명이 들리자, 루시는 황급히 거실로 달려 나간다.
"오빠가 나한테 막 소리 질렀어!"
제니가 울먹이며 말한다. 이어서 오빠가 자신이 가장 아끼는 인형을 숨겼다고 이른다.
"오빠가 인형을 어디에 숨겼는지도 말 안 해줘!"
제니가 계속 울며 말한다. 루시는 벤의 이야기는 들어보지도 않은 채, 매서운 눈초리로 그를 바라보며 말했다.
"벤저민! 엄마는 네가 그렇게 못되게 굴도록 키우지 않았어. 네 행동이 정말 실망스럽다. 우리 집에서는 그렇게 남을 괴롭히는 행동은 절대 허용하지 않아. 알아듣겠니?"

상황 2 루시는 아들의 못된 행동을 보자 몸속에서 올라온 슬픔과 분노를 알아차리고, 그 감정들을 있는 그대로 인정하며, 자신의 실망감을 다독인다. 그리고 평온함, 유대감, 호기심, 연민을 나침반 삼아 대응하기로 마음먹는다. 아들과 대화하기에 앞서 심호흡을 네 번 하며 마음을 차분하게 가라앉힌다. 한층 평온해지고 호기심 어린 상태가 되자, 루시는 두 아이에 대한 연민고- 유대감 그리고 자기 자신을 향한 연민까지 품은 채 상황에 접근한다.

루시는 두 아이에게 이렇게 묻는다.
"각자 무엇 때문에 속상한지 말해 줄래?"
그러자 두 아이가 앞다퉈 말하려고 하자 루시는 아이들을 진정시키는 것이 우선이라고 생각한다.
"둘 다 꼭 하고 싶은 말이 있는 것 같구나. 말하기 전에 심호흡을 몇 번 하면서 몸과 마음을 좀 진정시켜 보자."
벤은 소파에서 몸을 꼼지락거리며 마지못해 엄마를 따라 심호흡한다. 제니도 옆에서 함께 숨을 고른다. 잠시 후, 두 아이 모두 한결 차분해진 모습이다. 이제 아이들은 어떤 갈등이 있었는지 침착하게 말할 수 있는 상태가 된다. 이 순간은 루시가 아이들과의 관계를 다시 가다듬는 계기일 뿐만 아니라, 아이들에게 갈등을 해결하는 방법을 몸소 보여 줄 기회이기도 하다. 이런 경험은 아이들이 살아가는 동안 오래도록 도움이 될 것이다.

루시는 대화를 처음부터 다시 시작한다.

"벤, 무슨 일이 있었는지 네가 먼저 이야기해 줄래?"

"제니가 내 핫휠 자동차를 망가뜨렸어요. 너무 화가 나서 제니 인형을 건조기에 숨겼어요. 그러면 안 된다는 건 알아요."

루시는 아들의 솔직한 태도를 인정하듯 고개를 끄덕인다. 그녀으 시선은 여전히 따뜻하고 부드럽다. 그리고 제니를 곁으로 부른 뒤 이렇게 말한다.

"제니가 오빠 장난감을 망가뜨려서 정말 미안했을 거야. 망가진 장난감을 어떻게 다시 구할지 함께 생각해 보자. 이걸 고칠 수도 있고, 아니면 우리 동네 바이 나씽 그룹Buy Nothing Group(페이스북 등 소셜 미디어에서 운영되며, 물물교환이나 무료 나눔을 통해 아이를 키우는 동안 적지 않은 비용을 아낄 수 있게 해준다.)에서 같은 자동차를 구할 수도 있을 거야. 같이 방법을 찾아보자."

루시가 제니를 대신해 벤에게 사과한 것처럼 부모가 아이를 다신해 사과할 수 있다. 이렇게 하면 아이에게 수치심을 주지 않으면서도 올바르게 사과하는 모습을 자연스럽게 보여 줄 수 있다.

실망감을 건강하게 다룰 때 일어나는 변화

부모로서 아이에 대한 실망을 잘 다루는 일은 매우 중요하다. 실망을 제대로 다루지 못하면 아이의 정서 건강에 부정적인 영향을 미칠 수 있다. 실망감을 다루는 방법을 배우면 아이가 독립적인 어른으로 건강하게 성장할 수 있도록 도울 수 있다.

어른이 된다는 것은 부모가 나에게 품었던 실망과 너가 부모에게 품었던 실망을 계속해서 마주하고 다루는 과정이다. 이는 자기 이해를 넓히고, 자신과 타인을 있는 그대로 받아들이는 연습이기도 하다.

1) 줄리의 이야기

다른 사람과 서로 얼마나 잘 맞는지는 모든 인간관계에서 중요한 역할을 한다. 부모와 자녀의 관계에서도 마찬가지다. 어머니와 나는 성향이 정반대다. 어머니는 외향적이고, 나는 내향적이다. 어머니는 자신의 감정에 관해 좀처럼 이야기하지 않지만, 나는 내 감정에 관해 이야기하는 것을 좋아한다. 어머니는 컨트리 음악을 좋아하고, 나는 인디 음악을 좋아한다.

어머니는 흔히 말하는 다정다감한 스타일의 부모는 아니었다. 어머니와의 대화는 대개 날씨나 교회 친구들의 소식, 나의 저녁 메뉴 같은 피상적인 주제에 머물렀다. 수년 동안 나는 어머니가 달라지기를 바랐다. 나는 대학원에서 새롭게 배운 흥미로운 내용을 이야기하거나 나 자신에 관해 깨달은 점을 나누는 등 '깊은 대화'를 하려고 애썼다. 하지만 그때마다 어머니는 심드렁한 표정으로 이렇게 말했다.

"그렇구나."

어머니의 반응은 나를 실망시켰다. 나는 어머니가 좀 더 열정적으로 반응해 주길 바랐지만 현실은 달랐다. 내가 질문을 던지면 던질수록 어머니는 오히려 점점 더 멀어지는 것처럼 느껴졌다. 나는 어머니에게 이해받지 못하고 있다는 느낌에 깊은 좌절을 느꼈다.

처음으로 심리치료를 받았을 때, 나는 어머니가 나를 실망시킨 점을 끝도 없이 늘어놓았다. 지금도 그때를 떠올리면 몸에는 긴장이 차오르고, 마음속의 평온이 스르르 빠져나가는 것 같다.

그 당시 어머니를 향한 실망감은 '내가 옳고 어머니가 틀렸다.'라는 생각에 사로잡히게 했다. 수많은 방어 기제가 나를 깊은 슬픔과 상실감으로부터 보호해 주고 있었지만, 사실 그 감정들은 내 몸에서 풀려나 표현되기를 간절히 바라고 있었다.

어린 시절 나는 어머니가 나를 있는 그대로 바라봐주길 갈망했다. 내 실망감은, 내가 늘 바라왔지만 결국 누리지 못했던 어린 시절을 제대로 애도하지 못하게 막고 있었다. 하지만 동시에 어머니와의 관계에서 내가 기여한 부분을 돌아보는 책임도 외면하게 만들었다. 사실 나 역시 어머니를 있는 그대로 보고 있지 않았다. 나는 어머니가 더 따뜻하고, 감정을 더 많이 표현하며, 나를 더 자주 안아 주는 사람이길 바랐다. 다시 말해, 어머니가 나와 같은 사람이기를 바랐던 것이다.

결국 나는 어머니와 내가 전혀 다른 사람이며, 그 사실은 절대 바뀌지 않는다는 사실을 받아들이게 됐다. 그 사실을 깨닫고 나서야 비로소 어린 시절을 제대로 애도할 수 있었다. 그 과정은 꽤 오러 걸렸고, 실제로 몇 년에 걸쳐 심리치료를 받아야 했다. 그러나 이 치료 덕분에 나는 어머니가 변하길 바라는 마음을 내려놓을 수 있었다. 그 결과 내 안에 더 큰 자유가 생겼다. 나는 어머니를 있는 그대로 받아들일 수 있게 됐고 마음이 맞는 가까운 친구들과 가족 같은 관계를 형성해 그 관계 속에서 어머니에게서 충족되지 않았던 정서적 욕구를 채워 나갔다.

2) 힐러리의 이야기

나는 인생의 대부분을 아버지가 나를 제대로 봐주길 바라며 보냈다. 내가 어머니를 진심으로 사랑하듯, 아버지도 그렇게 사랑할 수 있도록 아버지가 나를 좀 더 따뜻하게 대해 주길 바랐다. 나는 아버지의 눈빛에서 나를 향한 사랑을 느끼고 싶었고, 나를 모욕하거나 적대적으로 대하지 않는 아버지를 원했다. 내가 너무 많은 것을 요구할 때도 상처 주지 않으면서 부드럽게 선을 그어 주는, 다정하고 따뜻한 아버지를 갈망했다.

하지만 아버지는 거칠고 강한 사람이었고 나 역시 만만치 않았다. 그래서 우리는 자주 다퉜다. 시간이 지날수록 아버지와 함께 있는 것이 점점 더 버겁게 느껴졌다. 아버지는 내 안의 죄책감과 분노를 동시에 자극했다. 나는 좋은 딸이 아니라는 생각에 죄책감을 느꼈고, 아버지의 비판적이고 날 선 말에 분노를 느꼈다.

내가 마흔 살이 됐을 때, 남편은 내게 이렇게 말했다.

"아버님을 바꾸려고 애쓰지 마. 아버님은 절대 변하지 않아."

남편의 말은 직설적이고 단호했다. 그 순간 머릿속에서 전구가 켜지듯 깨달음이 찾아왔다. 남편이 옳았다. 아버지는 절대 내가 바라는 아버지가 되지 않을 것이다. 그런데도 내가 계속 아버지가 바뀌길 바란다면 나는 결국 어떤 감정에 이르게 될까? 정답은 실망이었다. 나는 아버지에게 실망했다는 사실을 인정해야 했다. 그런데 이상하게도 그 사실을 인정하는 순간 오히려 안도감이 찾아왔다. 몸속에서 사르르 긴장이 풀리던 느낌이 지금도 생생하다.

남편과의 대화 후 몇 주가 흘렀다. 나는 오랜 고민 끝에 아버지에게 전화를 걸었다. 아버지와 마음을 터놓고 대화를 나누고 싶었다.

"아버지, 아버지가 그동안 제게 실망하셨다는 걸 잘 알고 있어요. 아버지도 제가 아버지에게 실망했다는 사실을 알고 계셨죠? 이런 사실을 서로 잘 알고 있으니, 서로를 바꾸려 하지 말고 있는 그대로 받아들이면 어떨까요? 그리고 우리의 공통점이나 마음에 드는 점에 집중해 봐요."

아버지에게도 분명 장점이 많았다. 아버지는 인물이 훤칠하고, 유머 감각이 있으며, 똑똑했다. 아버지와 나는 심리학과 정치라는 공통 관심사도 있었다. 내가 느껴 온 감정이 실망감이라는 사실을 분명히 알아차리자, 내가 바라는 모습의 아버지를 갖지 못했다는 슬픔을 온전히 느끼며 그 감정을 지나갈 수 있었다. 평생 나를 괴롭혀 왔던 끈질긴 죄책감도 한결 옅어졌다. 나는 아버지와 보내는 시간을, 내가 편안하다고 느끼는 선까지 제한하기로 했다. 죄책감 때문에 혹은 좋은 딸이 되기 위해서가 아니라, 마음이 내킬 때 아버지를 만나고 싶었다.

결국 아버지와 나 사이에 특별한 해피엔딩은 없었다. 아버지는 끝내 변하지 않았다. 하지만 우리 부녀 관계를 있는 그대로 받아들인 것만으로도 큰 도움이 됐다. 이후로 나는 아버지를 대하는 게 한결 편안해졌다. 물론 아버지도 잘 지내셨다. 늘 그랬듯이.

실망감은 쉽게 사라지지 않는다. 특히 우리를 실망시킨 사람을 있는 그대로 받아들이지 않고, 원하는 대로 바꾸려고 집착할수록 실망감은 더 오래간다. 상대방을 있는 그대로 받아들인다는 것은 그 사람을 좋아해야 한다거나 그 사람의 행동을 인정해야 한다는 뜻이 아니다. 상대방을 진심으로 받아들이려면 먼저 그 사람이 우리가 원하는 대로 바뀔 수 없다는 사실에서 비롯되는 상실을 인정하고, 슬픔을 느끼며 애도하는 과정을 거쳐야 한다. 또 핵심 감정인 분노를 온전히 느끼고 흘려보내는 과정도 필요하다. 분노는 우리가 원하고 필요로 하는 변화를 촉발하는 중요한 감정이다. 하지만 그 변화가 불가능하다는 사실을 깨닫고 나서도 분노가 쉽게 가라앉지 않을 수 있다. 따라서 분노가 자기 자신이나 지키고 싶은 소중한 관계를 해치지 않도록, 분노를 건강한 방식으로 해소하거나 해롭지 않은 방향으로 전환해야 한다.

변화의 삼각형 활용 사례: 샘의 이야기

아이를 양육하는 과정에서 실망감을 느끼는 일은 피할 수 없다. 특히 실망감을 자주 느끼는 성향이라면 더욱 그렇다. 그러나 실망감은 우리의 적이 아니다. 실망감은 우리가 주의를 기울여야 할 신호이며, 연민과 돌봄이 필요한 심리 상태다. 변화의 삼각형은 우리가 이 심리 상태에 열린 마음으로 반응하도록 돕는 중요한 도구다.

샘은 고등학교 시절 뛰어난 운동선수였다. 육상부의 에이스였고, 크로스컨트리cross-country(잔디나 흙길 등을 달리는 야외 장거리 달리기 종목 – 옮긴이) 팀에서는 가장 빠른 주자였다. 샘에게 달리기는 일종의 만병통치약 같은 존재였다. 우울하거나 스트레스를 받을 때 달리기를 하면 기분이 한결 나아졌다. 그는 친구들과 가족들에게 늘 이렇게 말했다.

"달리기는 내 삶의 활력소야."

그는 아들이 태어나자 언젠가 아들과 함께 달리게 될 날을 꿈꾸며 설렜다.

"아들과 함께 달릴 날이 정말 기다려져. 나중에는 뉴욕 마라톤에서도 같이 뛸 수 있지 않을까?"

"진정해. 우리 아들은 태어난 지 아직 4개월도 채 안 됐어."

샘의 아내가 웃으며 말했다. 샘은 아들을 열정적인 러너로 키우고 싶었고, 언젠가는 아들과 함께 마라톤을 뛸 수 있을 거라는 기대에 한껏 들떠 있었다. 세월이 흘러 아들은 5학년이 됐고, 샘은 아들을 육상팀에 가입시켰다. 그러던 어느 날, 아들이 이렇게 말했다.

"아빠, 달리기만 하면 숨이 너무 차고 가슴이 아파요."

아들은 달릴 때 느껴지는 고통이 너무 싫다며, 달리기를 그만두고 싶다고 했다. 아들의 말을 듣자마자 샘은 몸속 깊은 곳에서 불안이 치고 올라오는 것을 느꼈다. 아들이 달리기를 그만두고 싶어 한다는 사실에 깊이 실망한 그는 아들을 설득할 방법을 궁리하기 시작했다.

"계속 육상팀에 남기로 하면 게임 시간을 늘려주겠다고 해 볼까?"

그는 아내에게 말했다.

"여보, 우리 아들은 달리기를 좋아하지 않아. 그 사실을 받아들일 수 없어?"

아내는 다정하게 말했다. 샘은 잠시 숨을 고르며 불안을 가라앉히고, 자신의 내면을 들여다봤다. 그러자 실망감 아래에 슬픔이 숨어 있다는 사실을 깨달았다. 아들과 함께 달리기를 하며 친밀한 부자 관계를 쌓을 수 있으리라 꿈꿔왔는데, 그 꿈을 이룰 수 없게 되자 슬픔을 느꼈던 것이다.

"아들이랑 관심사가 달라도 충분히 가까워질 수 있어."

아내는 이렇게 말하며 샘을 다독였다. 샘은 자신이 슬픔이라는 핵심 감정을 느끼고 있다는 사실을 분명히 알아차리자 아내에게 자신의 마음을 말로 표현할 수 있었다.

"당신 말이 맞아. 근데, 좀 슬퍼. 아들하고 꼭 같이 달리고 싶었거든."

"아직 5학년이잖아. 아이들은 크면서 계속 변하기 마련이야."

아내가 말했다. 그 말은 옳았고, 샘은 더 이상 아들을 억지로 밀어붙일 수 없다는 것을 깨달았다.

다음 날 아침 샘은 아들을 학교로 데려다주면서 이렇게 말했다.

"있잖아, 아들, 네가 달리기를 좋아하지 않는다는 거 알아. 그래도 괜찮아. 원하면 육상팀을 그만둬도 돼. 그동안 육상팀에서 최선을 다했잖아. 그것만으로도 넌 정말 대단해."

아들은 샘을 바라보며 차분하게 말했다.

"고마워요, 아빠."

다음 변화의 삼각형은 샘이 아들을 보상으로 설득하거나 자신의 실망감을 드러내는 등 고통스러운 핵심 감정을 느끼지 않기 위해 했던 방어 반응과 아들이 달리기를 그만둘까 봐 느꼈던 불안을 보여 준다. 그는 그 아래에 있는 핵심 감정을 찾기 시작했고, 결국 마음속 깊은 곳에 슬픔이 자리하고 있음을 알아차렸다. 샘은 슬픔에 귀 기울였고, 그 슬픔이 상실감, 즉 자신이 품었던 기대와 설렘을 잃은 데서 온 것임을 알게 됐다. 그는 평생 아들과 함께 달리기를 할 수 있으리라는 멋진 꿈을 품고 있었지

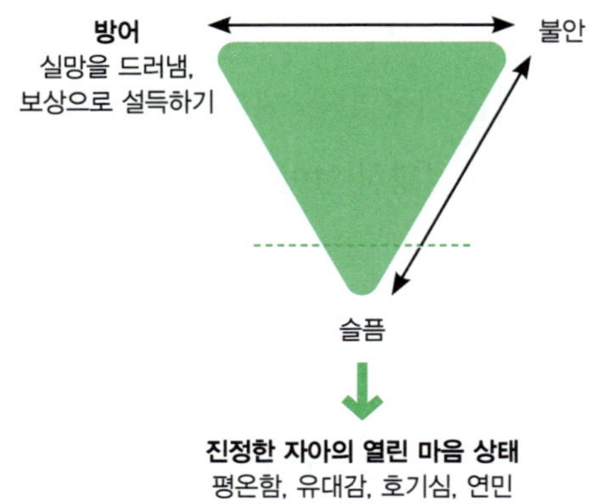

만, 그 꿈을 이룰 수 없게 되자 슬픔을 느꼈던 것이다.

내면의 슬픔을 인정하자 마음이 한결 편안해졌고 변화의 삼각형의 열린 마음 상태로 내려와 평온함, 유대감, 호기심, 연민에 닿을 수 있었다. 그제야 그는 아들을 자신이 바라는 모습이 아니라 있는 그대로의 모습으로 바라볼 수 있었다.

지금까지는 분노, 슬픔, 두려움, 혐오감, 실망감 등 흔히 '부정적 감정'이라고 불리는 감정들을 살펴봤다. 다음 장에서는 몸과 마음을 확장시키는 '확장 감정'을 다룬다. 이 감정들은 매우 소중한 보물 같은 감정이지만, 때로는 느끼기가 쉽지 않다.

아이에 대한 실망감을 더 잘 알아차리고 다루는 연습을 할수록 우리의 실망이 아이에게 부담을 주거나 문제가 될 가능성은 줄어든다. 우리는 아이를 있는 그대로 받아들여야 한다. 이는 아이와 평생 더 평온하고, 더 친밀한 관계를 쌓아가는 데 큰 도움이 된다. 다음은 실망감을 건강하게 다룰 수 있도록 돕는 활동들이다.

실망감을 불러 일으키는 요인 알아차리기

아이의 어떤 행동이 당신에게 실망감을 불러일으키는지 떠올려 보자. 그 행동들을 하나하나 적어 보는 것만으로도 감정을 알아차리는 힘이 길러진다. 공책이나 휴대폰 메모 앱에 실망을 유발하는 상황이나 행동을 다섯 가지 적어 보자. 크고 중요한 일이어도 좋고, 사소한 일이어도 괜찮다.

다음은 부모에게 실망감을 불러일으키는 상황의 몇 가지 예다.

- 아이에게 집안일을 도와 달라고 했을 때, 아이가 불평을 늘어놓는다.
- 아이의 시험 성적이 좋지 않다.
- 십 대 자녀가 부모와 함께 시간 보내기를 거부한다.
- 또래 아이에 비해 말이 느리다.
- 나는 학창 시절 수학을 잘했는데, 아이는 수학에 재능을 보이지 않는다.
- 성인이 된 아이가 명절이나 휴일을 가족이 아닌 다른 사람과 보내려 한다.

핵심 감정에 귀 기울이기

아이에게 실망했을 때 슬픔이나 분노를 느끼는 것은 아주 자연스러운 일이다. 다음 연습은 핵심 감정에 귀 기울이고, 그 감정들을 존중하도록 돕는다. 이 과정을 거치는 것만으로도 진정한 자아의 열린 마음 상태로 돌아가 평온함, 유대감, 호기심, 연민에 닿을 수 있다. 자신의 감정에 귀 기울이고 존중하면 치유를 경험할 수 있다.

1. 최근 아이에게 실망했던 순간을 떠올려 보자.
2. 몸에 주의를 기울이며, 슬픔이나 분노가 느껴지는지 살펴보자.
3. 그런 감정이 느껴진다면 먼저 슬픔에 귀 기울이고, 이어서 분노에도 귀 기울여 보자.
4. 이제 이 두 감정이 말할 수 있도록 마이크를 대 준다고 상상해 보자. 그 감정들이 당신에게 뭐라고 말하는가?
5. 내가 슬픔을 느끼는 이유를 하나하나 적어 보자.
6. 내가 분노를 느끼는 이유도 하나하나 적어 보자.
7. 이제 당신을 있는 그대로 인정해 주고 공감해 주자.

실망한 나 자신에게 편지 쓰기

어떤 이유로든 실망감을 느끼고 있는 자신에게 편지를 써보자. 편지에 자기 연민을 담아 지금 겪고 있는 고통을 따뜻하게 보듬어주는 내용을 써 보자.

편지를 쓰기 전에 다음 질문들을 참고해 보자.

- 실망한 친구를 위로하듯 실망한 나 자신을 다독인다면, 어떤 말을 해 주고 싶은가?
  예) "정말 속상했겠다.", "네게 그런 일이 있었다니, 마음이 너무 아프다."
- 실망한 나 자신에게 자기 연민의 마음으로 말한다면, 어떤 말을 해 주고 싶은가?
  예) "정말 많이 아프겠다.", "누구나 때때로 이런 감정을 느껴. 금방 지나갈 거야."

- 실망한 나 자신에게 수용의 태도로 말한다면, 어떤 말을 해 주고 싶은가?

  예) "이런 감정이 드는 건 정말 싫지만, 지금 내가 이런 감정을 느끼고 있다는 사실을 받아들일게."

- 자신이 실망감을 다룬 방식에 감사하는 마음으로 말한다면, 어떤 말을 해 주고 싶은가?

  예) "내 실망감을 다른 사람에게 상처 주는 방식으로 표현하지 않은 나 자신이 고마워."

감정을 솔직하게 인정하는 것만으로도 고통이 더 큰 괴로움으로 번지는 것을 막을 수 있다는 점을 기억하자.

위 질문들을 참고해 실망한 나 자신에게 편지를 써 보자.

사랑하는 '실망한 나'에게,

____

____

____

사랑을 담아,

나 자신이

확장 감정

기쁨, 설렘 그리고 진정한 자부심

살면서 '이 세상을 다 가진 것 같은' 기분이 든 적이 있는가? 대학을 졸업했을 때, 일하면서 큰 성과를 냈을 때, 혹은 아이가 태어난 날이 그런 순간이었을지도 모른다. 이런 순간에 우리는 기쁨과 설렘, 진정한 자부심과 같은 긍정적인 감정(감정 교육의 관점에서는 모든 감정이 우리가 세상으로부터 어떤 영향을 받고 있는지 알려 주는 중요한 정보를 제공한다는 점에서 긍정적이다. 하지만 사회에서 말하는 긍정적인 감정은 대개 우리를 기분 좋게 만드는 감정을 뜻한다.)을 경험한다. 변화의 삼각형에서는 이 감정들을 확장 감정이라 부르는데, 실제로 어깨가 펴지고 몸이 더 커지는 느낌이 들기 때문이다.

우리는 아이가 자라면서 확장 감정을 경험하길 바라지만 말처럼 쉬운 일은 아니다. 어린 시절, 자신의 기쁨과 설렘을 꺾는 말을 반복해서 들었다면, 삶에 생기를 불어넣는 확장 감정들을 기꺼이 받아들이기가 어려울 수 있다. 특히 "네가 뭐라도 되는 줄 알아?", "우쭐대지 마.", "잘난 척하지 마."와 같은 말들은 반복해서 들을수록 마음에 깊은 상처를 남긴다. 당신은 자라면서 이런 말을 들은 적이 있는가?

확장 감정들을 마음껏 느끼기 어렵다면 자신도 모르게 아이의 기쁨이나 설렘에 부정적으로 반응할 수 있다. 예를 들어, 아이가 기쁨에 겨워 가족들 앞에서 "내가 이 세상의 왕이다!"라고 외치거나, 명절날 한껏 들뜬 분위기 속에서 집 안을 이리저리 뛰어다닐 때, 아이의 기세를 꺾거나 나무라고 싶은 마음이 들 수도 있다.

기쁨과 설렘, 진정한 자부심과 같은 확장 감정들은 중요하지만 그동안 종종 간과됐다. 이 장에서는 확장 감정을 새로운 시선으로 바라보고 좀 더 깊이 이해해 보려고 한다.

확장 감정을 잘 알아차리고, 인정하며, 건강하게 다룰 수 있다면, 더 좋은 부모가 될 수 있다. 부모가 이러한 감정들을 존중하고 온전히 느끼며 적절하게 표현할 때, 아이 역시 같은 능력을 기를 수 있기 때문이다. 확장 감정을 잘 다루는 부모 밑에서 자란 아이는 무언가를 성취했을 때, 기쁨을 억누르지 않고 자연스럽게 느낄 수 있다. 또 자신이 아무 조건 없이 있는 그대로 괜찮은 존재임을 알고, 자신을 소중히 여긴다. 더 나아가 실패나 거절로 흔들리더라도 다시 균형을 잡는 힘, 즉 정서적 회복 탄력성을 기르게 된다. 한마디로 말해 확장 감정은 긍정적인 동기부여의 원천이자 자존감을 채워 주는 연료다.

연구에 따르면 확장 감정을 경험하면 가족 전체의 건강에도 이롭다.

이러한 감정들을 느끼면 자신감이 생기고, 사고의 폭이 넓어지며 문제 해결력과 역경에 대처하는 능력, 건강한 관계를 맺는 능력이 함께 향상되기 때문이다. 또 삶에 대한 의욕과 일상에서의 활력은 물론, 삶 전반에 대한 만족도도 높아진다. 다시 말해, 확장 감정은 나와 가족이 온전히 성장하고 번영하도록 돕는다.

어린 시절의 트라우마가 확장 감정에 미치는 영향

현재 우리가 확장 감정을 얼마나 편안하게 느끼는지는 어린 시절의 경험에 따라 달라진다. 예를 들어, 부모가 기쁨과 설렘, 진정한 자부심을 인정하고 함께 기뻐해 줬다면, 이러한 감정을 느껴도 괜찮다는 것을 배우게 된다. 이 감정들은 우리가 더 행복하고 자신감 있게 살아가도록 태어날 때부터 우리 안에 내재한 감정이며, 우리 삶에 도움이 되는 건강한 정서다.

그러나 어린 시절, 기쁨이나 설렘을 표현할 때마다 비난받거나, 조롱당하거나, 무시당했다면, 우리는 '긍정적인 감정'을 받아들이고 인정하기 어려워한다. 자신이 잘 해낸 일을 자랑스러워하거나 기뻐하는 것이 이기적이거나 잘난 척하는 행동이라고 여기게 됐을 수도 있다.

때때로 확장 감정은 위험하게 느껴질 수도 있다. 확장 감정을 느낄수록 더 눈에 띄는 존재가 된 것처럼 느껴지고, 그만큼 타인의 시선과 판단, 공격에 더 많이 노출된 듯한 취약함을 경험하기 때문이다. 그 결과 작지만 안전하다고 여겨지는 상태를 유지하기 위해 방어를 발달시키게 된다. 특히 어린 시절, 확장 감정을 느꼈다는 이유로 상처받은 경험이 있다면 이러한 경향은 더욱 뚜렷해진다.

그러나 '튀지 않고 무난하며 안전한 사회적 위치'를 유지하는 데에는 대가가 따른다. 시간이 지날수록 뇌는 습관적으로 우리를 작은 존재로 인식하게 되고, 자신을 크고 자랑스럽게 느낄 기회를 점점 잃게 된다. 부정적인 경험이 쌓이면, 긍정적인 확장 감정이 만들어 내는 에너지를 견디기 힘들어지고, 이를 밀어내려고 방어를 사용하게 된다. 또 불안, 죄책감, 수치심과 같은 억제 감정이 확장 감정을 아예 차단하기도 한다.

설상가상으로 자신이 확장 감정을 억누르고 있다는 사실조차 인식하지 못하는 경우가 많다. 예를 들어, 누군가가 칭찬을 해도 온전히 받아들이지 못한다. 소중한 선물과도 같은 인정의 말을 형식적인 "감사합니다."라거나 "별거 아니에요."라는 말로 흘려보낸다. 칭찬의 말을 귀로 듣기는 하지만, 그 메시지가 몸속 깊숙이 스며들지 못하게 차단해 버린다. 칭찬을 듣고 기쁨과 같은 확장 감정이 올라와도 계속해서 밀어내며 방어한다. 그 결과 우리의 자존감은 쌓일 틈이 없다.

부모가 기쁨과 설렘, 자부심을 느끼는 능력을 잃어버린 상태라면, 아이를 키우는 과정에서 끊임없이 불안을 느끼고 죄책감과 수치심에 휩싸이기 쉽다. 다시 말해, 불안, 죄책감, 수치심과 같은 억제 감정이 기쁨과 설렘, 진정한 자부심이라는 확장 감정을 억누르는 것이다. 그 대가는 매우 크다. 우리는 확장 감정이 자연스럽게 만들어 내는 마음의 풍요로움을 충분히 누리지 못하게 된다.

어린 시절, 부모가 확장 감정을 건강하게 다루는 모습을 보여 주지 않았다면, 우리는 이 감정들을 스스로 알아차리고 의식적으로 길러야 한다.

다음은 확장 감정을 감당하기 어려워하는 부모의 예다.

1. 엘로이즈의 아들은 고등학교를 수석으로 졸업하며, 졸업식 연설을 맡게 됐다. 엘로이즈는 아들이 정말 자랑스럽다. 그러나 다른 사람들로부터 아들을 칭찬하는 말을 듣게 될 거라는 생각만 해도, 왠지 모르게 심장이 빨리 뛴다.

2. 짐은 딸의 축구팀 코치를 맡고 있다. 어느 날 다른 학부모가 이렇게 말했다. "코치님, 정말 대단하세요! 아이들이 코치님을 만나서 얼마나 다행인지 몰라요." 그 말을 듣는 순간, 짐은 무슨 잘못이라도 저지른 것처럼 얼굴이 화끈 달아오르고 당황스러워진다.

3. 재니스는 아이들과 함께 테일러 스위프트 공연을 볼 수 있는 티켓에 당첨됐다. 그러나 기쁨에 들뜨기는커녕, 티켓에 당첨되지 못한 친구들을 떠올리며 강한 죄책감에 휩싸인다.

확장 감정과 억제 감정이 마구 뒤섞여 몸과 마음이 이를 감당하기 힘들 때, 위 예시에서 살펴본 부모들처럼 방어를 사용하게 될 수도 있다. 하지만 이는 부끄러워할 일이 아니다. 중요한 것은 우리가 지금 방어를 사용하고 있다는 사실을 알아차리는 것이다. 그래야 정서적 건강을 해치지 않고, 오히려 지탱하고 강화하는 방식으로 행동할 수 있다.

· **확장 감정을 가로막는 방어 반응** ·

1. 자신의 성취를 대수롭지 않은 것으로 축소한다.(예: "별거 아니에요.")
2. 자신이나 아이가 칭찬을 받으면, 곧바로 화제를 바꾼다.
3. 자신의 성취 자체를 부정한다.
4. 기쁨이나 설렘을 느끼는 자신을 비난한다.
5. 비관적인 태도를 보인다.(예: "좋은 일 뒤에는 항상 나쁜 일이 뒤따라오기 마련이야.")
6. 늘 불안을 느끼며, 사람들이 자신에게 화를 내거나 해치려 한다고 믿는다.

변화의 삼각형 활용 사례: 조셉의 이야기

조셉은 매주 딸을 수영 수업에 데려다준다. 어느 날, 딸아이가 수업 중에 큰소리로 외쳤다.

"아빠, 아빠, 나 좀 봐! 내가 제일 잘해!"

조셉은 딸아이의 말에 순간 움츠러들었다. 사람들 앞에서 자신감을 드러내는 딸의 모습이 몹시 당황스럽게 느껴졌기 때문이다. 얼굴이 화끈거릴 만큼 민망해진 그는 옆에 있던 다른 아빠에게 이렇게 말했다.

"아이들은 참 근거도 없이 자신감이 지나치죠. 우리 딸이 여기서 수영을 제일 잘하는 건 아니거든요."

하지만 마음속으로는 조셉 역시 딸아이가 수영을 잘하고 있으며, 어쩌면 반에서 가장 잘할 수도 있다는 사실을 알고 있었다. 그런데 딸에 대해 느끼는 자랑스러움과 기쁨은 딸이 자랑하는 말을 하는 순간, 곧바로 방어 뒤로 밀려났다. 조셉은 자신의 확장 감정을 알아차리고 그 감정에 머물며 딸의 확장 감정을 받아들이는 대신, 그 모든 감정에서 슬그머니 물러나 버렸다.

물론, 아이를 거만하게 키우고 싶은 부모는 없을 것이다. 그러나 우리가 무의식적으로 자신의 확장 감정뿐 아니라 아이의 확장 감정까지 억누른다면, 아이에게 '긍정적인 감정은 환영받지 못한다.'라는 메시지를 전하게 된다. 그 결과 아이는 진정한 자부심을 느끼는 데 어려움을 겪게 된다.

반대로 어린 시절부터 기쁘고 자랑스러운 감정을 느껴도 괜찮고, 이러한 감정을 표현해도 안전하다는 것을 경험했다면, 우리는 평생 이 감정들을 자연스럽고 편안하게 느낄 가능성이 크다. 그렇게 되면 조셉처럼 그 감정을 피하고자 방어에 의존할 필요도 없어진다.

조셉이 확장 감정을 건강하게 다루는 방법을 알고 있었다면, 다음과 같이 반응했을 것이다.

1. 딸에게 "그래, 넌 정말 수영을 잘해!"라고 말하며, 딸의 자부심은 물론 자신의 자부심도 함께 존중하고 받아들인다.
2. 변화의 삼각형을 활용해 당혹감을 가라앉힌다. 당혹감은 우리 가 수치심을 느낄 때 흔히 나타나는 반응이다. 먼저 자신의 수치심이나 죄책감 같은 억제 감정을 알아차리고, 자신을 연민 어린 시선으로 바라보며 마음을 가라앉힌다. 그런 다음

자신이 밀어내고 있던 확장 감정이 무엇인지 주의를 기울여 살펴본다. 이를 통해 자신과 딸의 감정을 모두 인식하고 받아들일 수 있게 된다.

3. 다른 부모들이 자신을 판단하고 있지 않으며, 아이가 자기 자랑을 늘어놓는 것이 자연스러운 일이라는 사실을 다른 부모들 역시 알고 있다고 스스로 상기한다. 설령 다른 부모들이 자신을 판단하고 있다고 느끼더라도 자신이 통제할 수 없는 일이며, 그 판단은 오히려 그 부모들이 어떤 사람인지에 관해 더 많은 것을 말해 준다는 점을 인식한다.

· 확장 감정 vs. 해로운 긍정성 ·

확장 감정을 '해로운 긍정성'과 혼동하기 쉽다. 그러나 기쁨을 비롯한 확장 감정을 경험하는 것은 슬픔이나 두려움, 분노와 같이 고통스러운 감정을 피하려고 억지로 밝은 척하는 태도인 해로운 긍정성과는 전혀 다르다.
다시 말해, 우리가 긍정적인 확장 감정을 느낄 수 있는 능력을 기른다고 해서 슬픔이나 두려움 같은 부정적인 감정을 지워버리거나 없애는 요령을 익히는 것은 아니다.
우리는 겉으로만 긍정적인 척하는 것이 아니라, 내면에서 기쁨이 느껴지면 기쁨을, 불안이 올라오면 불안을 있는 그대로 알아차리고 느낄 수 있어야 한다.
확장 감정은 몸에서 특정 감각으로 나타난다. 이 감정은 우리의 에너지를 증폭시키며, 몸이 더 커지는 느낌을 준다. 예를 들어, 기쁨과 설렘은 우리를 생기 넘치는 에너지로 가득 채워주고, 지금 이 순간에 머물며 다른 사람들과 깊이 연결되도록 돕는다. 이러한 확장 감정을 사랑하는 사람들과 나눌 때, 평온함, 유대감, 호기심, 연민이 충만한 열린 마음 상태에 더욱 가까워진다.

이제 확장 감정을 하나씩 살펴보자. 아울러 이러한 감정들이 몸에서 느껴질 때 알아차리는 방법과, 자신과 아이의 확장 감정을 인정하고 받아들이는 방법도 함께 살펴본다.

기쁨 환영하기

기쁨은 핵심 감정 중 하나다. 기쁨은 창의성과 문제 해결 능력을 북돋우고, 새로운 경험에 마음을 열게 한다. 기쁨에 내재한 충동은 우리가 다른 사람들과 함께 행복을 나누도록 이끈다. 기쁨을 느끼고 표현하는 경험은 다른 사람과의 연결과 유대감을 강화하는데, 이는 우리가 서로에게 의지하고 함께 살아갈 수 있게 하는 바탕이 된다. 또 기쁨은 부정적인 감정을 완화해 스트레스가 몸에 미치는 영향을 누그러뜨린다. 더 나아가 기쁨은 우리의 성장과 발달에 도움이 되는 활동을 스스르 선택하고 시도하도록 동기를 부여한다. 그렇기 때문에 기쁨은 머리로만 이해하는 것이 아니라, 몸속 깊숙한 곳에서 느끼며 삶 속에서 길러야 할 매우 중요한 감정이다.

다른 모든 핵심 감정과 마찬가지로 기쁨을 느낄 때 그 감정에 이름을 붙이고, 몸에서 어떻게 느껴지는지 알아차리며, 그 감정이 몸속에서 자유롭게 흐르도록 허락해야 한다.

그러나 기쁨을 억누르거나 부끄러운 것으로 여기는 가정환경에서 자랐다면, 이 밝은 감정을 불안이나 수치심 같은 억제 감정과 방어로 차단하는 법을 배우게 된다.

나(줄리)는 겸손을 중요한 가치로 여기는 미국 중서부 지역에서 자랐다. 그곳에서는 보통 기쁨과 겸손이 서로 양립할 수 없다고 생각한다. 실제로 나는 자라면서 자신의 성취를 기뻐하거나 칭찬을 받아들이는 행동이 곧 오만함이나 자기애적 태도와 다를 바 없다고 배웠다.

예를 들어, 내가 어떤 상을 받거나 칭찬을 들었을 때 들떠서 이야기하면, 어머니는 "이제 그런 얘기는 그만해."라고 말했다. 그 말은 내게 기쁨은 숨겨야 하는 것이며, 기쁨을 공개적으로 표현하는 것은 물론 마음속으로 기뻐하는 것조차 해서는 안 된다는 믿음을 심어 줬다. 당시에는 숨김이 기쁨을 차단하는 방어의 한 형태라는 사실을 미처 몰랐다. 이 사실을 깨닫기까지는 정말 오랜 시간이 걸렸다.

어린 시절, 우리가 기쁨을 표현하면 때로는 그 기쁨을 달가워하지 않거나 비난하는 반응을 마주하기도 했다.

"뭐가 좋다고 그렇게 웃니?"

이런 말들은 우리의 마음을 날카롭게 찌른다. 이런 말을 반복해서 듣고 자라면, 어른이 돼서도 기쁨을 느끼는 순간마다 본능적으로 방어하게 된다. 기쁨이 고개를 들 때마다 불안이나 수치심 같은 억제 감정이 "안 돼!"라고 외치듯 튀어나와 기쁨을 억누르고, 이런 반응은 어느새 하나의 습관이 된다. 그러나 정말 다행인 것은 이것이 우리 이야기의 끝이 아니라는 점이다. 누구나 기쁨을 느끼는 법을 다시 배울 수 있으며, 삶의 이야기를 새롭게 써 내려갈 수 있다.

기쁨은 몸에서 어떻게 느껴질까?

기쁨은 몸에서 특정한 감각으로 나타나며, 그 느낌은 사람마다 다를 수 있다.

다른 사람과의 관계 속에서 느끼는 기쁨이 주는 신체적 감각을 천천히 음미하는 경험은 참으로 놀랍다. 연구자들은 이를 '관계적 음미relational savoring'라고 부르는데, 이 연습은 장기적으로 행복한 삶을 살아가는 데 도움이 된다.

관계적 음미는 아이와의 긍정적인 상호작용에서 느끼는 기쁨을 마음 껏 받아들이는 데에도 도움을 준다. 예를 들어, 아이와 공원에서 느긋하게 보내는 하루, 사춘기 아이와 나누는 깊고 의미 있는 대화, 혹은 아이와 함께 요리를 하면서 느끼는 기쁨을 몸과 마음으로 깊이 음미할 수 있다. 기쁨의 순간에 의식적으로 주목하면, 뇌는 그 기억을 더 잘 저장하게되고 그런 순간을 더 자주 떠올리게 된다.

과거에 기쁨을 표현했다가 비난이나 조롱을 경험해, 다시는 실망하거나 상처받지 않으려고 기쁨을 마음속 깊은 곳에 묻어 뒀을 수도 있다. 그러나 기쁨은 항상 우리 안에 존재하며, 언제든 다시 연결될 수 있는 감정임을 기억하자.

우리가 기쁨을 알아차리고, 이름 붙이며, 온전히 느끼면, 그 감정이 주는 효과는 눈에 띄게 커진다. 기쁨은 우리의 호기심을 확장하고, 다른 사람과 더 깊이 연결되도록 이끈다. 또 우울하거나 불안하고 예민한 기분에서 더 빨리 벗어날 수 있도록 돕는다.

기쁨을 느끼는 순간, 억제 감정이 함께 올라오는 경우

기쁨을 느끼는 순간, 불안이나 수치심, 죄책감 같은 억제 감정이 함께 올라오기도 한다. 이러한 경험은 '내가 과연 기뻐할 자격이 있을까?'라는 의문을 품게 한다. 또 기쁨을 느끼는 바로 그 순간, 과거의 불행했던 시간이 떠올라 슬픔이 밀려오기도 한다. 사실 기쁨과 함께 올라오는 억제 감정은 외면하기보다는 알아차리고 돌봐야 한다. 그래야만 이 감정들이 몸과 마음 안에서 기쁨이 충분히 퍼져 나가는 것을 가로막지 않게 된다.

기쁨과 서로 충돌하는 감정들은 대개 과거에 뿌리를 두고 있다. 우리가 만난 내담자 가운데 많은 이들이 과거의 트라우마나 관계에서 비롯된 상처를 안고 있었다. 그리고 이들 중 상당수는 이 상처를 치유하고 기쁨을 느끼는 능력을 회복해 가는 과정에서, 속성경험적 역동심리치료에서 말하는 '자기를 애도하는 경험mourning for the Self'을 한다. 이는 기쁨을 오랜만에 다시 느끼거나 어쩌면 생애 처음으로 느끼면서, 슬픔과 우울, 불안 속에서 살아야 했던 지난 시간을 애도하는 과정을 의미한다.

기쁨을 느끼는 일이 항상 쉽지만은 않다. 기쁨을 느끼는 과정에서 억제 감정이나 방어와 같은 장애물에 부딪히면, 자신을 향한 수용과 친절, 연민의 태도로 그 장애물을 있는 그대로 인정하는 것이 좋다. 그런 다음, 자신이 기쁨이라는 핵심 감정과 어떤 관계를 맺고 있는지 한층 더 깊은 호기심을 가져보자. 신체 근력을 기르려고 시간과 노력을 들여 훈련하듯, 기쁨을 알아차리고 느낄 수 있는 역량도 시간과 노력을 들여야 길러진다. 기쁨이라는 감정은 충분히 그럴 만한 가치가 있다.

우리는 상담 현장에서 부모가 기쁨을 느낄 수 있는 역량을 기르도록 돕고 있다. 우선, 아주 미세하지만 몸과 마음이 확장되는 느낌이 드는 순간들을 알아차리도록 돕는다. 그리고 그러한 감각에 익숙해지는 방법을 함께 연습한다. 그렇게 하면 부모들의 내면에서 생기가 피어나는 모습을 볼 수 있다.

1. 매일 일상에서 기쁨을 주는 작은 순간들에 주의를 기울여 보자. 예를 들어, 새끼 고양이나 강아지를 쓰다듬는 순간, 해돋이를 바라볼 때, 아이의 웃음소리를 들을 때, 아이가 "엄마(아빠) 사랑해."라고 말하는 순간, 아이를 꼭 껴안거나 남편(아내)과 입맞춤하는 순간에 잠시 머물러 보자.

2. 기쁨은 우리 주변 곳곳에 있다. 소소한 기쁨의 순간들을 찾아보고, 그때 몸과 마음에 어떤 느낌이 드는지 살펴보자.

3. 기쁨을 느낄 때 몸에서 일어나는 감각에 주의를 기울여 보자. 그 감각을 붙잡으려 애쓰지 말고, 금세 사라질까 봐 걱정하지도 말자. 그저 그 순간을 천천히 음미해 보자.

4. 기쁨을 느끼는 순간, 스스로 이렇게 물어보자.
'내 몸의 어떤 신호가 지금 내가 기쁨을 느끼고 있음을 알려주고 있는가?'
내면을 향한 호기심과 수용의 태도로 머리끝에서 발끝까지, 다시 발끝에서 머리끝까지 몸 전체를 천천히 살피며, 느껴지는 감각을 말로 표현해 보자.

5. 기쁨이 불러일으키는 신체 감각과, 몸과 마음이 확장되는 느낌을 충분히 즐겨 보자. 복식 호흡을 깊게 하며, 기쁨이 계속 몸 안에서 자연스럽게 흐르도록 한다.

6. 만약 긴장이나 불안이 느껴진다면, 지금 느끼는 모든 감정을 담을 수 있도록 몸이 점점 더 커지고 있다고 상상해 보자. 어깨를 활짝 펴고 허리를 곧게 세워, 기쁨이 온 전히 머물 수 있는 공간을 만들어 보자.

아이의 기쁨 알아차리기

아이들은 세상에 태어나는 순간부터 기쁨을 표현한다. 아주 어린 아기도 기쁨을 느끼면 환하게 웃는다. 아이들은 기쁠 때 몸과 마음이 행복으로 부풀어 오르는 느낌을 경험한다. 생일 파티를 할 때나 경기에서 골을 넣는 순간, 처음으로 소리 내어 글을 읽었을 때, 상을 받았을 때처럼 일상의 다양한 순간이 아이에게 기쁨을 안겨 준다.

부모로서 우리는 아이의 기쁨에 조금 더 주의를 기울여야 한다. 아이가 느끼는 기쁨이 어떤 행동으로 드러나는지도 알아차려 보자. 예를 들어, 아이가 기쁨에 겨워 목소리를 높일 때, "와, 우리 딸(아들) 정말 행복해 보이네! 너무 좋겠다!"라고 말하며 아이의 기쁨에 공감할 수 있다. 또 자신의 기쁨을 자연스럽게 표현함으로써, 감정을 어떻게 느끼고 드러내는지를 아이에게 보여 줄 수도 있다.

우리는 아이에게 슬픔이나 걱정에 관해서는 비교적 자주 이야기하면서도, 기쁠 때 그만큼 말하지 않는 경우가 많다. 하지만 "엄마(아빠)는 기쁠 때 가슴이 확 열리는 것 같아."라거나 "기쁠 때면 키가 쑥 커진 것 같은 기분이 들어."처럼 기쁨을 말로 표현해 주는 것도 아이에게는 중요한 경

힘이 된다. 부모가 자신의 감정을 말로 표현하면, 아이 역시 감정을 말로 표현하는 법을 자연스럽게 배운다. 더 나아가, 아이가 감정을 피하거나 밀어내지 않고 편안하게 느끼며, 있는 그대로 받아들이게 도울 수 있다.

설렘 환영하기

설렘은 우리가 살아 숨 쉬고 있음을 느끼게 하는 핵심 감정이다. 다른 핵심 감정과 마찬가지로 설렘 역시 몸의 감각으로 뚜렷하게 느껴진다. 설렘은 인간에게 꼭 필요한 감정으로 새로운 생각과 도전을 향해 나아가도록 이끈다. 그 과정에서 우리는 성장하고 변화하며 더 잘 살아갈 수 있게 된다.

기쁨과 마찬가지로 설렘 역시 확장 감정이다. 설렘은 두려움과 불안이 올라올 때조차 우리에게 희망과 용기를 불어넣어 준다. 그리고 실패해도 다시 시작할 수 있는 힘을 북돋아 준다.

열두 살인 클라라는 다섯 살 때부터 피아노 레슨을 받았고, 세상에서 가장 좋아하는 일은 피아노 연주다. 클라라는 요즘 어려운 클래식 곡 하나를 연습하고 있었는데, 몇 시간이고 반복해서 연습한 끝에 마침내 그 곡을 끝까지 연주하게 됐다.

"엄마, 드디어 해냈어요! 얼른 와서 들어 보세요."

클라라는 설렘과 흥분에 가득 찬 목소리로 엄마를 불렀다. 엄마는 기대에 찬 마음으로 딸의 연주를 듣기 위해 거실로 달려 나왔다.

"우리 딸, 정말 대단하구나!"

엄마는 클라라의 설렘에 공감하며 이렇게 말했다.

하지만 그 곡을 다시 연주할 때는, 몇몇 음에서 실수를 하고 말았다. 그렇다고 클라라는 실망하거나 연주를 멈추지 않았다. 오히려 자신의 설렘을 동력 삼아 계속해서 연주를 이어 갔다.

"지금 정말 잘하고 있어. 다시 한번 해 보자. 우리 딸은 분명 해낼 수 있어!"

엄마는 따뜻한 목소리로 딸을 격려했다.

설렘은 우리와 아이들에게 동기를 부여할 뿐만 아니라, 사람과 사람을 이어 주기도 한다. 또 새로운 생각에 도전하게 하고, 새로운 사람들에게 다가가게 하며, 새로운 일과 취미, 낯선 경험에 손을 뻗게 만든다. 때로는 자기 자신을 돌아보게 하는 계기가 되기도 한다. 더 나아가 설렘은 우리가 아이를 낳는 선택을 하게 이끄는 힘이 되기도 한다. 행복한 가족을 꾸리며 살아가는 삶에 대한 설레는 상상이 아이를 낳는다는 크고 두려운 도전을 감행하게 하는 원동력이 된다.

설렘은 몸에서 어떻게 느껴질까?

설렘은 심박수를 높이고, 호흡이 빨라지게 하며, 에너지를 끌어올려 설레는 대상 쪽으로 몸을 움직이게 한다. 퇴근 후 집에 돌아왔을 때 아이가 부모를 다시 보게 된다는 설렘에 가득 차 당신을 향해 달려오는 모습을 떠올려 보자. 그 순간 아이의 팔과 다리로 혈류가 몰리면서, 아이는 찌릿찌릿한 느낌이나 따뜻함을 느낄 수 있다. 이는 설렘이라는 감정이 몸을 자극해 행동에 나서게 할 때 자연스럽게 나타나는 반응이다.

설렘이 몸을 각성시키는 과정을 이해하면, 자신이나 아이가 이 감정을 느끼는 순간을 더 잘 알아차릴 수 있다. 그렇게 할 때 마음을 확장시키는 이 감정을 더 깊이 공감하고 함께 나눌 수 있다.

· 설렘이 몸에서 어떤 감각으로 나타나는지 살펴보기 ·

설렘이 어떻게 느껴지는지 알아보기 위해 다음 활동을 함께 해 보자.

1. 오늘은 당신의 생일이고, 특별한 선물을 받았다고 상상해 보자.
2. 이제 감정 탐정이 돼 머리끝에서 발끝까지, 다시 발끝에서 머리끝까지 몸 전체를 천천히 살피며 설렘이 불러일으키는 신체적 감각을 찾아보자. 그 감각은 아주 미세하게 느껴질 수도 있고, 강하게 느껴질 수도 있다. 잠시 멈추고 호흡에 집중하면, 감정이 일으키는 신체 감각을 더 잘 알아차릴 수 있다.
3. 무엇이 느껴지는가?

설렘과 억제 감정

설렘이 우리가 감당할 수 있는 한계를 넘어서면, 불안이라는 억제 감정으로 바뀌기 쉽다. 이는 우리 몸이 큰 에너지를 담아내기에는 충분하지 않은 것처럼 느껴지기 때문이다. 특히 우리가 설렘을 습관적으로 억누를 때 이런 현상이 더 잘 일어난다. 우리는 자기도 모르게 숨을 참거나, 어깨를 웅크리거나, 고개를 숙이는 식으로 몸을 작게 만들기도 한다.

설렘과 불안은 몸에서 비슷하게 느껴지기 때문에, 이 두 감정을 잘 구분해야 한다. 불안을 느끼는 순간, 잠시 멈추고 스스로 이렇게 물어보자. "지금 내가 뭔가 설레고 있는 건 아닐까?"

나(힐러리)는 최근 내 인생에서 매우 자랑스러운 순간을 경험했다. 큰아이가 의과대학 시험에 수석으로 합격한 것이다. 나는 아이가 너무나 자랑스러웠고, 내 안에서 기쁨과 설렘이 한꺼번에 차오르는 것을 느꼈다. 그런데 이 감정이 점점 나를 압도했고, 그 변화를 몸으로 알아차릴 수 있었다. 온몸을 따라 위아래로 흐르는 듯한, 이상하면서도 찌릿찌릿한 감각이 느껴졌기 때문이다.

이러한 감각은 몸이 평온한 상태에서 과도하게 각성한 상태로 옮겨 갈 때 나타난다. 만약 내가 그동안 변화의 삼각형을 꾸준히 실천하지 않았다면, 나는 그저 불안해하며 '기쁜 소식을 들었는데, 왜 이렇게 불안한 거지?'라며 의아해했을 것이다. 하지만 나는 압도되는 느낌이 설렘에서 비롯됐을 가능성이 크다는 것을 이미 알고 있었다. 이러한 알아차림 덕분에 나는 한결 더 차분해질 수 있었고, 설렘이라는 감정을 의식적으로 다룰 수 있었다.

나는 깊은 복식 호흡을 하며 내 몸이 점점 더 커지고 있다고 상상했다. 등을 곧게 펴고 어깨를 뒤로 젖혔다. 그리고 머릿속으로 설렘에서 비롯된 에너지가 하이 파이브를 하고 승리의 춤을 추며 몸 밖으로 흘러나오는 모습을 그려봤다. 이런 과정을 통해 마음을 확장시키는 에너지를 몸 밖으로 자연스럽게 풀어내고자 했다.

당신도 이 방법을 시도해 볼 수 있다. 다음번에 좋은 일이 생겼을 때 오히려 불안이 느껴진다면, 설렘의 에너지가 당신의 몸어 어떤 충동을 일으키는지 알아차려 보자. 높이 점프하고 싶을 수도 있고, 춤을 추고 싶을 수도 있으며, 하이 파이브를 하거나, 멋지게 고개를 숙여 인사하고 싶을 수도 있다. 이런 움직임을 상상하는 것만으로도 감정의 파도를 타고 끝까지 갔다가 다시 차분한 상태로 돌아올 수 있다. 여기서 중요한 점은 몸에서 느껴지는 감각과 에너지에 계속 주의를 기울여야 한다는 것이다. 우리의 몸은 스스로 무엇을 하고 싶은지 이미 잘 알고 있다. 자연스럽게 떠오르는 상상을 따라 설렘의 에너지가 물 흐르듯 흐르도록 두자.

2015년 어느 날, 나는 〈뉴욕타임스〉에 기고한 글이 게재 확정됐다는 연락을 받았다. 이 소식을 듣자마자, 내 몸과 마음은 설렘으로 가득 찼다. 시간이 흘러 게재 당일이 됐고, 그날 내 글은 이메일로 가장 많이 공유된 기사 1위에 올랐다. 이 과정을 지켜보던 나는 갑자기 메스꺼움을 느꼈다. 머리가 지끈지끈 아팠고, 온몸이 떨렸다.

'아, 갑자기 왜 이러지?'

나는 이유를 알 수 없는 몸의 변화에 당황했다. 그 순간, 변화의 삼각형을 떠올렸다. 머릿속으로 핵심 감정을 하나씩 짚어 보며 내가 느끼는 감정이 무엇인지 살폈다. 잠시 후, 내가 느끼고 있는 감정이 설렘이라는 것을 알아차렸다. 하지만 설렘의 강도는 내가 감당할 수 있는 한계를 이미 넘어선 상태였다. 나는 내 몸에 주의를 기울이며, 설렘이 만들어 내는 신체 감각을 찾기 시작했다.

거대한 에너지가 몸 안에서 소용돌이치는 듯했고, 얼굴까지 욱신거렸다. 나는 심호흡을 하며 감정의 파도에 올라탔다. 그리고 몸 안에서 느껴지는 설렘의 감각과 함께 머물며, 설렘의 에너지가 무엇을 하고 싶어 하는지 들여다봤다.

마침내 머릿속에 한 장면이 그려졌다. 나는 무대 위에 서 있었고, 수많은 관객이 내게 박수를 보내고 있었다. 나는 관객들에게 고개 숙여 인사했다. 몸속의 설렘 에너지가 모두 몸 밖으로 흘러나가 잠잠해질 때까지 그 장면에 머물렀다. 그러자 몸과 마음이 한결 편안해졌다.

이 이야기는 감정이 몸과 마음에서 생물학적으로 어떻게 작용하는지를 보여줄 뿐 아니라, 우리가 왜 확장 감정을 두려워하는지도 알려 준다. 우리는 자신을 거만하거나 오만하고, 자기 중심적이거나 자기애에 빠진 사람으로 여기고 싶어 하지 않는다. 하지만 사실 모두에게는 거만함이나 자기 중심적인 면이 어느 정도 존재한다. 문제는 그런 성향이 있다는 사실 자체가 아니라, 성향을 제대로 돌보지 못하고 다루지 못할 때다.

아이에게 설렘이 어떻게 나타나는지 알아차리기

자신의 설렘을 알아차리고 이름 붙이는 것만큼, 아이들에게는 설렘이 어떻게 나타나는지 알아차리는 것 또한 중요하다.

나(줄리)는 딸이 초등학교 2학년일 때, 그구단 시험에서 만점을 받고 설렘으로 들떠 있던 모습을 아직도 생생히 기억한다. 아이의 작은 몸은 반딧불이처럼 환하게 빛났고, 얼굴에는 자부심이 가득했다. 나는 아이의 성취에 박수를 보내며, 그동안의 노력을 진심으로 칭찬해 줬다.

하지만 내가 딸의 설렘을 알아차리고 공감해 줄 수 있었던 이유는 어린 시절에 이런 모습을 자연스럽게 보고 배웠기 때문이 아니었다. 나는 변화의 삼각형을 꾸준히 실천하고 오랜 시간 심리치료 과정을 거친 뒤에야, 비로소 설렘을 알아차리고 다루는 법을 배울 수 있었다.

어릴 적에 롤러스케이트를 타러 간다거나, 친구 생일 파티에 간다거나, 시험을 잘 봤다며 설렘을 표현할 때마다, 어머니는 얼굴을 찌푸린 채 이렇게 말했다.

"줄리, 좀 진정하면 안 되겠니?"

어머니의 날 선 말은 설렘을 단번에 꺾어 버렸고, 내가 뭔가 잘못한 것처럼 느끼게 했다.

하지만 어머니 역시 할아버지, 할머니에게서 보고 배운 방식을 반복하고 있었을 뿐이었다. 지금 와서 돌이켜 보면 어머니는 한 번도 설렘이나 기쁨, 자부심을 표현한 적이 없었다. 어머니 역시 자신의 확장 감정을 오래도록 억누르며 살아온 것이다.

· 나 되돌아보기 ·

1. 어린 시절에 설렘을 느꼈던 순간을 하나 떠올려 보자.
2. 그때 당신의 부모는 어떻게 반응했는가?
3. 당시 부모의 반응은 오늘날 당신이 설렘이라는 감정과 맺고 있는 관계에 어떤 영향을 미쳤는가?

진정한 자부심 환영하기

아주 어린 아기조차도 의도적으로 무언가를 시도하고 해냈을 때 기쁨을 느낀다. 예를 들어, 딸랑이를 향해 손을 뻗어 실제로 잡았을 때, 뒤집기에 성공했을 때, 처음으로 혼자 일어섰을 때처럼 말이다.

진정한 자부심은 수치심과 반대되는 감정이다. 참된 자부심은 자기 자신을 향해 느끼는, 본질적으로 긍정적이고 마음을 확장시키는 감정이다. 진정한 자부심이 무엇인지 그리고 어떻게 다뤄야 할지 조금만 이해해도 우리는 자부심을 더 잘 알아차리고 온전히 느낄 수 있으며, 이 감정의 이점을 충분히 누릴 수 있다.

진정한 자부심은 일상의 크고 작은 성취에서 느낄 수 있다. 몸속에서 참된 자부심을 느낄 수 있을 때, 우리는 건강한 자존감과 회복 탄력성, 삶을 향한 의욕을 키울 수 있다. 더 나아가, 나는 소중한 존재라는 느낌을 받게 되고, 타인과도 더 건강한 관계를 맺을 수 있다. 만약 성장 과정에서 자신의 성취를 자랑스럽게 여기거나 자부심을 느끼는 법을 배우지 못했더라도 걱정할 필요는 없다. 연습과 반복을 통해 누구나 진정한 자부심을 배우고 느낄 수 있다.

진정한 자부심이란 무엇이며, 우리에게 어떤 도움이 될까?

진정한 자부심은 어떤 일을 잘 해냈을 때 자연스럽게 느껴지는 확장 감정이다. 부모가 아이의 진정한 자부심을 깎아내리거나 대수롭지 않게 넘기면, 아이의 마음속에는 깊은 수치심이 자리 잡는다. 따라서 부모로서 아이의 자부심을 존중하고 지켜주기 위해 최선을 다해야 한다.

아이가 진정한 자부심을 느낄 수 있도록 돕는 동시에, 우리 안에서도 진정한 자부심을 느끼는 힘을 회복할 수 있다. 이를 통해 내면이 점차 단단해지는 경험을 하게 되며, 이는 인생에서 가장 힘든 순간에 의지할 수 있는 회복 탄력성의 원천이 된다. 예를 들어, 어떤 일에 실패하거나 누군가에게 거절당했다고 느낄 때, 흔들리지 않는 내면의 단단함은 빠르게 다시 일어설 수 있는 토대가 된다. 더 나아가, 자부심을 몸으로 느끼는 경험을 통해 자신이 사랑과 존중을 받을 만한 가치가 있는 존재라고 생각하고, 그 과정에서 깊은 불안이 누그러지며 치유와 개인적 성장이 일어난다.

진정한 자부심을 느끼고 내면이 단단해질수록 감정과 기분은 일시적이며 결국 지나간다는 사실을 더 쉽게 떠올릴 수 있다. 그러면 지금의 감정에 휩쓸리지 않고 한 걸음 물러나 바라볼 수 있다. 또 타인의 평가를 견디고, 실패를 겪은 뒤에도 다시 앞으로 나아갈 수 있는 힘이 커진다. 힘든 일이 생겨 우울하거나 화가 날 때도 자기 연민의 태도로 자신을 돌볼 수 있다.

진정한 자부심은 건강하지 못한 자부심과 혼동하기 쉽다. 건강하지 않은 자부심은 내면의 불안을 가리기 위해 부풀려지고 근거 없이 과장된 자기 인식이다. 우리가 진정한 자부심을 온전히 느낄 수 있다면, 가장 나다운 모습으로 살아갈 수 있고, 아이에게도 좋은 부모가 돼 줄 수 있다. 이 확장 감정은 우리의 자존감을 북돋워 줄 뿐만 아니라, 아기를 향한 존중과 신뢰의 마음 또한 함께 키워 준다.

확장 감정은 정서 건강에 매우 중요하지단 때로는 이 감정들을 느끼기 어려울 때가 있다. 이러한 감정들을 감당하기 힘들어지면 무의식적으로 차단해 버리기 때문이다. 실제로 기쁨이나 설렘, 진정한 자부심과 같은 확장 감정에 이름을 붙이고 인정하는 일은, 분노나 슬픔, 두려움과 같은, 이른바 '부정적인 감정'을 다루는 것만큼이나 어려울 수 있다.

다음은 우리가 확장 감정을 어떻게 차단하는지 보여 주는 몇 가지 예다.

1. **타인과 비교하기:** 스티브의 딸은 재능 있는 달리기 선수로, 코치가 학교 대표 육상팀에 들어갈 수 있도록 추천서를 써 줬다. 스티브는 딸이 정말 자랑스러웠다. 하지만 딸에게 축하를 건네는 대신 "너 말고 다른 친구 또 누가 뽑혔어?"라고 물었다.

2. **실수할까 봐 지나치게 조바심내기:** 지나의 친구들은 늘 그녀가 정말 훌륭한 엄마라고 입이 마르도록 칭찬한다. 지나의 아이들은 고등학생인데, 착하고 성적도 우수하며 소셜 미디어에 푹 빠져 있지도 않다. 지나는 충분히 자신을 자랑스러워해도 될 입장이지만, 아이들이 대학에 진학하기 전에 혹시라도 자신이 뭔가를 잘못해 아이의 진학을 망치지는 않을지 전전긍긍한다.

3. **부정적인 결과를 예측하고 걱정하기:** 신시아는 재능 있는 예술가다. 어느 날 아들의 담임 선생님이 교실에 와서 아이들에게 그녀의 작품을 보여 주며 그림 수업을 해 달라고 요청했다. 신시아는 처음에는 무척 설렜지만, 자신의 작품이 너무 추상적이라 아이들이 부정적으로 평가하지 않을지 걱정이 된다.

자부심은 몸에서 어떻게 느껴질까?

우리가 자부심을 온전히 경험할 때, 내면에 긍정적인 에너지가 퍼져나가며 몸이 점점 확장되는 느낌이 든다. 이 에너지는 몸의 중심부나 팔다리에서 시작해 위쪽으로 그리고 바깥쪽으로 퍼지며 가슴을 넓게 열어 준다. 이 감정을 느끼면 등을 곧게 펴고 앉거나 당당한 자세로 우뚝 서게 되기도 한다. 가슴에서 느껴지는 따뜻함도 흔한 반응이다. 몸에는 에너지가 차오르지만, 근육은 오히려 부드럽게 이완된다. 호흡은 더 깊어지고, 얼굴에는 슬며시 미소가 번진다. 또 두 발이 바닥에 단단히 닿아 있는 듯한 안정감이 느껴지기도 한다.

어린 시절의 경험은 몸에서 느껴지는 진정한 자부심의 감각을 알아차리는 능력에 깊은 영향을 미친다. 성장 과정에서 자부심을 인식하고 느끼는 법을 배우지 못했다면, 이 장엄하고도 아름다운 감정을 마음껏 음미할 기회를 놓치기 쉽다. 하지만 다행히도 우리의 뇌는 나이가 들어서도 계속 변할 수 있다. 다시 말해, 어린 시절에 자부심을 온전히 느끼는 법을 배우지 못했더라도, 지금부터 충분히 새로 배울 수 있다.

앨리슨은 그녀의 가족 중 처음으로 대학에 진학한 사람이었다. 그러나 가족들은 그녀의 성취를 축하하기는커녕 오히려 비아냥거렸다.

"네가 그 잘난 대학에 들어가면, 우리를 무시하겠구나."

아버지는 푸념하듯 이렇게 말했다. 그 말은 앨리슨의 가슴을 깊이 후벼팠다. 그녀는 아버지가 어떤 마음에서 그런 말을 하는지 도무지 이해할 수 없었다.

"절대 그럴 리 없으니 걱정하지 마세요."

앨리슨은 이렇게 대답했다.

앨리슨이 대학에서 첫 학기를 마치자, 가족들은 그녀에게 새로운 별명을 붙여 줬다. 바로 '대학물 먹은 애'였다. 이 별명에는 다정함이나 자랑스러움은 조금도 담겨 있지 않았다. 가족들의 말에는 늘 앨리슨을 향한 시기와 질투만이 가득했다.

그로부터 15년이 흘렀다. 앨리슨은 이제 성공한 CEO이자 두 아이의 엄마가 됐다. 그러나 이러한 성공에도 불구하고, 그녀는 좀처럼 자부심을 느끼지 못했다. 그녀가 승진했을 때, 남편은 케이크와 꽃을 준비하고 저녁 식사도 직접 차려 줬다. 그러자 앨리슨은 남편에게 이렇게 말했다.

"여보, 제발 별것도 아닌 일로 호들갑 떨지 마."

그리고 아이들에게는 이렇게 말했다.

"엄마는 이런 대접을 받을 만큼 대단한 사람이 아니야. 엄마가 다른 사람들보다 딱히 잘난 것도 아니고." 그리고 이렇게 덧붙였다. "너희도 명심해. 성공했다고 사람이 변하면 안 돼."

그러자 아들이 이렇게 물었다.

"엄마, 엄마는 왜 칭찬을 있는 그대로 받아들이지 못하세요?"

앨리슨은 무심하게 대답했다.

"네 외할아버지한테 그렇게 배웠거든."

많은 사람이 앨리슨의 이야기에 공감할 것이다. 어쩌면 당신의 부모 역시 과거에 당신의 자부심을 깎아내렸을지도 모른다. 그로 인해 자신을 작고 하찮은 존재로 여기게 됐거나, 자기 자신이 자랑스러워질 때마다 불안과 수치심, 죄책감 같은 억제 감정이나 여러 방어를 발달시켰을 수도 있다.

우리가 이런 상처들을 자각하지 못하면, 자부심을 억누르는 방식을 아이들에게 그대로 물려줄 위험이 있다. 하지만 아이들과 함께 있을 때 자신에 관해 어떤 말을 하는지 스스로 관찰하고 꾸준히 되돌아본다면, 이를 막을 수 있다. 이런 변화를 실제 삶 속에서 실천하려면, 자신의 감정을 돌보고 평온함과 유대감, 호기심, 연민이 살아있는 열린 마음의 태도로 자신을 대하는 연습이 필요하다.

아들이 건넨 질문에 앨리슨은 잠시 생각에 잠겼다. 아들의 말대로 그녀는 자신을 향한 칭찬이나 자신이 이룬 성취에 대한 축하를 애써 쳐내고 있었다.

앨리슨은 호기심 어린 태도로 이렇게 물었다.

'나는 왜 자부심을 느끼지 못하는 걸까? 가족들은 어떻게 나 자신과 내가 이룬 성취를 부끄럽다고 여기게 만들었을까?'

이 질문에 대한 답은 대개 현재가 아닌 과거에 있다. 앨리슨의 아버지가 그녀에게 했던 말은 그녀가 자신의 학업과 성공을 부끄럽다고 느끼게 했다. 그 말들은 그녀에게 깊은 상처를 남겼다. 그리고 그녀는 아버지의 사랑을 잃을지도 모른다는 두려움을 피하려고 방어를 사용하게 됐다. 예를 들어, 누군가에게 칭찬을 받으면 애써 대수롭지 않게 넘겼고, 자신을 향한 긍정적인 관심이 쏠릴 때면 재빨리 밀어냈다.

만약 어린 시절 가정에서 스스로 자랑스러워하면 안 된다는 메시지를 받았다면, 앨리슨이 그랬던 것처럼 자부심을 차단하는 법을 익히게 된다. 그렇게 되면 가족 안에서 상처받은 자신을 연민으로 돌보기보다는 자기비판에 빠지기 쉽다. 이런 방어 반응은 짙은 안개처럼 우리의 시야를 흐리게 만들고, 자신을 정확하게 바라보지 못하게 한다. 그 결과, 어린 시절에 형성된 감정은 충분히 다뤄지지 못한 채 지금의 삶 속에서도 계속 반복된다. 실제로 앨리슨은 어린 시절에 느꼈던 수치심을 지금도 여전히 느끼고 있다. 그뿐만 아니라 그녀는 아이들에게 "성공했다고 사람이 변하면 안 돼."라고 말하며, 이 말이 방어라는 사실조차 깨닫지 못한 채 방어적 태도를 아이들에게 그대로 전하고 있다.

앨리슨은 아이들에게 자신감을 심어 주는 동시에 친절함과 겸손함, 공감 능력을 길러줄 수 있다는 사실을 아직 알지 못한다.

확장 감정을 느끼는 역량 키우기

아이가 스스로 자랑스러워하는 고습을 떠올려 보고, 이 모습이 당신에게 어떤 감정을 불러일으키는지 살펴보자. 어떤 부모는 아이의 들뜬 감정에 자연스럽게 보조를 맞춰 함께 기뻐할 수 있다. 또 어떤 부모는 불안을 느낄 수도 있다. 만약 초조함이나 불편한 감정이 느껴진다면, 그 순간을 놓치지 말고 호기심 어린 태도로 자신을 들여다보자.

아이가 자랑스러워하는 모습을 떠올렸을 때 불편한 감정이 올라온다면, 잠시 멈추고 다음 질문을 던져보자.

1. 지금 나를 불안하게 만드는 감정이나 생각은 무엇인가?
2. 변화의 삼각형을 떠올리며 스스로에게 이렇게 물어보자.
   '혹시 불안이나 수치심, 죄책감 같은 억제 감정 때문에 아이의 기쁨에 온전히 공감하지 못하는 건 아닐까?'
3. 몸의 감각에 주의를 기울이고, 어떤 감각이 느껴지는지 알아차려 보자.
4. 복식 호흡으로 몸을 진정시키는 것을 잊지 말자(66쪽 참조).

몸속에서 올라오는 억제 감정이나 방어를 알아차렸다면, 앞서 각 감정이나 방어를 다뤘던 장에서 안내한 방법을 활용해 진정시키거나 전환할 수 있다. 복식 호흡과 그라운딩 연습 역시 불안을 가라앉히고 몸을 안정시키는 데 도움이 된다. 이러한 과정을 통해 우리는 자부심을 온전히 느낄 수 있고, 그 감정이 주는 단단함과 안정감에도 다시 연결될 수 있다.

진정한 자부심과 기쁨을 느낀다고 해서, 다른 사람을 기분 나쁘게 하거나 상처 줘도 괜찮다는 뜻은 아니다. 또한 아이가 설렘과 기쁨, 자부심, 행복을 느끼도록 허용하는 것이 다른 사람의 마음을 상하게 하면서까지 감정으로 드러내도록 가르치라는 것도 아니다. 우리는 언제나 공감 능력(자신의 감정 표현이 다른 사람에게 어떤 영향을 미치는지 이해하는 힘)과 친절함을 함께 길러 주고자 한다.
예를 들어, 아이가 학교 연극에서 가장 친한 친구를 제치고 주인공 역할을 맡게 됐다고 가정해 보자. 이럴 때는 사람들 앞에서 아이의 설렘에 그대로 맞장구치기보다는, 아이에게 이렇게 속삭일 수 있다.
"이 기쁨은 나중에 크게 축하하자. 주인공 역할을 맡지 못한 네 친구가 속상할 수 있으니까. 원하는 걸 얻지 못했을 때 얼마나 속상한지, 너도 잘 알잖아."

과거의 상처를 치유하면, 지금의 내가 힘을 얻는다

어린 시절에 겪었던 상처와 방임을 마주하는 일은 고통스럽다. 하지만 그 상처를 치유할 수 있다는 사실을 깨닫는 일은 큰 위안이자 희망이 되기도 한다. 과거에 들었던 아픈 말들이 지금까지 들러붙어, 현재의 삶을 망치게 내버려둘 필요는 없다.

우리는 능동적으로 나서서 어린 시절의 상처를 치유할 수 있다. 이 여정에는 여러 단계가 있지만 걱정하지 않아도 된다. 치유의 과정은 시작하는 순간부터 지금의 삶에 긍정적인 변화를 불러일으키기 때문이다.

· 확장 감정을 느낄 수 있는 역량 키우기 ·

- **알아차리기:** 누군가가 당신에게 좋은 말이나 칭찬을 건넸을 때, 그 순간 어떻게 느끼고 반응하는지 알아차려 보자. 그 말을 부정하는가? 무시하고 넘기는가? 혹은 칭찬해 준 사람을 속으로 평가하는가?
- **잠시 멈추기:** 칭찬을 듣고 바로 밀어내기 전에, 몇 초만 잠시 멈춰 보자. 그리고 그 칭찬이 당신의 몸 안에서 어떤 반응을 불러일으키는지 알아차려 보자.
- **변화의 삼각형 활용하기:** 변화의 삼각형을 떠올리며, 당신의 반응이 방어의 꼭짓점에 있는지, 억제 감정의 꼭짓점에 있는지, 아니면 핵심 감정의 꼭짓점에 있는지 차분히 살펴보자.
- **이름 붙이기:** 알아차린 감정이 있다면 하나하나 이름을 붙여 보자. 당혹감, 불안, 죄책감, 진정한 자부심, 기쁨, 두려움, 불신 혹은 나 자신이나 칭찬한 사람을 향한 판단일 수도 있다. 감정에 이름을 붙이면 내면의 경험이 더 또렷해진다. 이러한 알아차림은 치유로 나아가는 길을 열어 준다.
- **걸림돌 치우기:** 용기를 내서 자부심을 가로막고 있는 생각이나 느낌을 한쪽으로 치워 두고 마음속에서 좋은 감정이 조금이라도 자라나도록 허용해 보자. 내면에서 아주 미세하게라도 확장되는 느낌이 있다면, 이를 알아차려 보자. 이런 경험 자체가 확장 감정을 느낄 수 있는 역량을 기르는 데 도움이 된다. 만약 불안이 올라온다면 깊게 호흡해 보자. 불안을 다뤄가며 천천히, 한 번에 아주 조금씩만 확장해도 충분하다. 이때 느껴지는 불안은 당신이 새로운 시도를 하고 있다는 신호일 뿐이다.
- **"감사합니다."라고 말하는 연습하기:** 마지막으로, 칭찬을 받았을 때 얼버무리거나 흘려넘기지 말고 진심을 담아 "감사합니다."라고 말하는 연습을 해 보자. 이렇게 말하는 것은 칭찬을 인정하고 받아들이는 데 도움이 된다. 또 당신의 뇌에 '나는 긍정적인 메시지를 받아들였다.'라는 신호를 보내며, 칭찬을 건넨 사람에게도 그 마음이 소중히 받아들여졌다는 느낌을 전한다.

확장 감정을 느끼기 어려워해도, 그 감정들은 언제나 알아차려지고 표현되기를 기다리고 있다. 확장 감정은 억눌러야 할 것이 아니라, 알아차리고 느껴도 괜찮은 감정이다. 이러한 메시지를 아이들에게 전해 주면,

아이들은 확장 감정이 올라올 때 스스로 자랑스러워해도 안전하다고 느끼게 된다. 그 결과 아이들은 자신감을 키우고, 있는 그대로의 자신이 충분히 가치 있는 존재라고 여기게 된다.

일부 부모는 아이가 자신을 자랑스러워하면 잘난 체하거나 자기 중심적으로 변할까 봐 걱정한다. 하지만 걱정할 필요가 없다. 사람이 진정으로 자신을 자랑스러워하고 긍정적으로 느낄수록, 타인에게 줄 수 있는 것은 오히려 더 많아진다. 또 자부심이나 설렘은 어디까지나 내면에서 일어나는 감정일 뿐이다. 그 감정을 밖으로 드러낼지 말지는 우리가 선택할 수 있으며, 상황에 따라 타인을 배려하는 방식으로 그 감정을 표현할 수 있다.

· 스포츠맨십 기르기 ·

아이들이 기쁨과 설렘, 진정한 자부심을 느끼도록 허용하면서도, 다음과 같은 방법으로 건강한 스포츠맨십을 가르칠 수 있다.

- **과시 금지 규칙 세우기:** 나(힐러리)는 경쟁을 거의 하지 않는 가정에서 자랐지만, 남편 존의 가족은 승부욕이 강했다. 나의 두 의붓아이는 게임에서 이길 때마다 과시하듯 자랑을 늘어놓았는데, 나와 내 아이들은 그런 모습을 보는 것이 불편했다. 그래서 우리는 '과시 금지' 규칙을 만들었다.

- **이긴 사람이 정리하기:** 과시 금지 규칙을 만든 뒤에도 설렘이나 자부심이 다른 사람들을 불편하게 만드는 방식으로 표현되는 문제는 여전히 남아 있었다. 그래서 나는 스포츠맨십을 가르치고, 이겼다고 해서 우쭐해하지 않게 하려고 '이긴 사람이 정리하기' 규칙을 추가했다. 예를 들어, 가족이 함께 스크래블이나 모노폴리 같은 보드게임을 할 때, 게임에서 이긴 사람이 모두를 위해 뒷정리를 한다 이 방법은 겸손함을 가르치는 효과적인 방법이다.

- **따뜻한 말 건네기:** 우리 아이가 이기면 다른 누군가는 지게 마련이다 우리는 아이가 스스로 자랑스러워하면서도 동시에 진 사람에게 공감을 건네는 법을 가르칠 수 있다. 그 한 가지 방법으로 상대에게 진심을 담아 따뜻한 칭찬을 한마디 전해 볼 수 있다.

확장 감정은 우리를 더 크게 느끼게 한다. 이 감정들은 단순히 기분을 좋게 하는 데서 그치지 않고, 여러 가지 면에서 우리를 풍요롭게 한다. 확장 감정을 기꺼이 받아들이면, 그 선물 같은 감정은 오래도록 우리 삶에 큰 힘이 된다.

다음 연습은 기쁨과 설렘, 진정한 자부심이라는 확장 감정을 더 깊이 이해하는 데 도움이 된다. 이 연습을 통해 확장 감정을 느끼는 역량을 키우면서 아이의 확장 감정에 어떻게 반응하는지 함께 살펴볼 것이다.

확장 감정과 나의 관계 알아보기

다음 중 억제 감정이나 방어가 최소화된 상태에서, 확장 감정을 온전히 경험하는 모습을 가장 잘 보여 주는 선택지는 무엇인가?

기쁨

성인이 된 아이가 이제 막 약혼했다. 이때 당신은 어떻게 반응하는가?

A. 다른 감정이나 걱정이 함께 올라오더라도 자연스럽게 미소 짓는다.

B. 기쁜 마음을 드러내고 싶지 않아 최대한 중립적인 태도를 유지한다.

C. 결혼 생활이 얼마나 힘든지 이야기하는 등 부정적인 반응을 보인다.

설렘

아이가 이제 막 옆 돌기를 하게 됐다. 이때 당신은 어떻게 반응하는가?

A. 너무 설레는 모습을 보이면 오히려 아이를 망칠까 봐 걱정한다.

B. 신나게 박수를 치며, 아이의 성취를 함께 기뻐한다.

C. 이제 뒤돌기도 할 수 있을 때까지 계속 연습하라고 한다.

진정한 자부심

아이의 시험 성적이 상위 10퍼센트 안에 들었다. 이때 당신은 어떻게 반응하는가?

A. 상위 5퍼센트 안에 들지 못한 것에 아쉬움을 표현한다.

B. 친구들에게 아이의 성적을 자랑한다.

C. 아이에 대한 자랑스러움으로 몸이 부풀어 오르는 것을 느낀다. 기쁘고 설레는 표정으로 아이에게 "정말 자랑스럽다."라고 말해 준다.

확장 감정을 온전히 느끼는 태도를 가장 잘 보여 주는 선택지는 기쁨에서는 A, 설렘에서는 B, 진정한 자부심에서는 C이다.

기쁨이 어떻게 전염되는지 알아차리기

1. 아이들이 설레고, 기뻐하고, 들떠 있는 모습을 볼 때 내 몸이 어떻게 반응하는지 가장 가까운 답을 하나 골라 동그라미로 표시해 보자. 정답이나 오답은 없다. 질문에 답하면서 절대 자신을 판단하지 말자. 이 활동의 목적은 그저 알아차리는 것이다.

   A. 몸이 따뜻해지고 확장되는 느낌이 든다.

   B. 몸이 긴장된다.

   C. 몸이 무겁게 느껴진다.

   D. 몸의 감각이 둔해진다.

2. 아이들이 설레고, 기뻐하고, 들떠 있는 모습을 볼 때 내 마음이 어떻게 반응하는지 가장 가까운 답을 하나 골라 동그라미로 표시해 보자.

   A. 지금 이 순간에 머물러 있다. 마음이 만족스럽고 기쁜 생각들로 채워진다.

   B. 자꾸 미래를 생각하게 된다. 해야 할 일 목록이 머릿속을 가득 채운다.

   C. 아이의 들뜬 모습이 나를 불편하게 하거나 짜증 나게 한다는 생각이 든다.

   D. 나의 어린 시절 기억이 떠오른다.

감정은 전염된다는 사실을 기억하자. 아이가 스스로 자랑스러워하며 설렘과 기쁨을 느낄 때, 우리의 오감은 아이의 생기 가득한 표정과 활짝 열린 몸짓, 목소리의 높낮이, 말하고 움직이는 속도 그리고 몸에서 뿜어져 나오는 에너지를 자연스럽게 감지한다. 이런 신호들은 우리의 몸에도 영향을 미쳐, 감정이나 방어 반응을 불러일으킨다(이 과정을 더 깊이 이해하고 싶다면, 우리가 타인의 감정을 함께 느끼게 되는 원리를 설명하는 거울 뉴런mirror neuron에 관한 연구를 살펴보자). 이 감정의 흐름을 막지 않고 그대로 허용한다면, 기쁨은 자연스럽게 또 다른 기쁨을 낳는다.

아이의 기쁨에 어떻게 반응하는지는 매우 중요하다. 때로는 아이의 기쁨과 설렘에 함께 기뻐하며 공감해 줘야 하지만 잠자리에 들 시간이거나 공공장소에 있을 때는 아이의 흥분을 가라앉혀 줘야 한다.

3. 아이의 기쁨에 공감해 주는 반응 중 가장 마음에 드는 표현을 하나 골라 동그라미로 표시해 보자.
    A. 잘했어!
    B. 정말 멋지다!
    C. 정말 대단하다!
    D. 수고했어!

잠자리에 들기 전이거나 조용히 해야 하는 상황에서 아이가 들떠 있다면, 위에서 동그라미로 표시한 표현을 속삭이듯 말하거나, 하이 파이브 같은 제스처를 해도 좋다. 우리는 언제든 아이의 감정에 공감해 주면서 이렇게 말할 수 있다.

"정말 축하할 일이네. 그런데 지금은 조금 차분해져야 할 시간이야. 이 기쁨은 나중에 크게 축하하자."

몸에서 느껴지는 설렘 알아차리고 받아들이기: 복권에 당첨됐다!

1. 의자에 편안하게 앉아 두 발이 바닥에 닿아 있는 감각을 느끼며, 길고 깊은 호흡을 세 번 해 보자.

2. 이제, 다음 상황을 상상해 보자. 지난주에 복권을 하나 샀는데, 드디어 오늘 당첨 번호가 발표된다. 당신은 복권을 꺼내 복권에 적힌 번호와 당첨 번호를 하나씩 대조해 본다. 첫 번째 숫자가 일치한다! 두 번째도, 세 번째도 일치한다. 이때 몸 안에서 어떤 반응이 일어나는지 알아차려 보자. 네 번째 숫자도 일치하고, 다섯 번째 숫자도 일치한다. 그리고 마침내 여섯 번째 숫자까지 모두 일치한다. 당첨이다!

3. 잠시 현실을 내려놓고, 복권에 당첨됐다는 상상이 몸에 어떤 반응을 불러일으키는지 느껴 보자. 몸 안에서 무엇이 느껴지는가? 느껴지는 신체 감각을 하나하나 말로 표현해 보자.

4. 만약 몸 안에서 아주 강한 감정이 느껴진다면, 숨을 더 깊게 들이마셔 보자. 지금 경험하고 있는 그 감정에 어울리는 이름을 붙여 보자.

5. 이번에는 설렘을 느끼는 데에만 집중해 보자. 이 설렘이 몸 안에서 만들어 내는 에너지가 느껴지는가? 호흡을 이어 가며, 그 에너지가 몸 안에서 자유롭게 움직이도록 허용해 보자.

6. 복권에 당첨됐다는 상상을 계속하면서, 설렘으로 인해 몸에서 올라오는 충동이나 행동 욕구가 있는지 알아차려 보자. 이 설렘의 에너지를 몸 밖으로 터트려 마음껏 표현할 수 있다면, 당신의 몸은 어떤 행동을 할까?

7. 몸 안에서 무언가가 달라지는 느낌이 들 때까지 상상을 계속해 보자. 억제 감정이나 불안이 느슨해지거나, 꽉 막혀 있던 에너지가 서서히 흐르는 느낌이 들 수도 있다. 혹시 아무런 변화도 느껴지지 않는가? 그래도 괜찮다.

8. 마지막으로, 이 연습을 잠시 되돌아보자. 당신을 더 크고, 더 강하고, 더 힘 있는 사람이라고 느끼게 하는 확장 감정에 집중하니 어떤 일이 일어났는가? 설렘을 느끼는 데 방해가 됐던 요소는 무엇이었는가? 이 연습을 하면서 불쑥 올라온 감정이나 신체 감각이 있었는가?

진정한 자부심 받아들이기

진정한 자부심을 받아들이는 일은, 나 자신과 아이가 지닌 긍정적인 면을 인정하는 것에서 시작한다. 처음에는 스스로가 잘난 체하는 것처럼 느껴지거나 어색하고 불편할 수 있다. 하지만 걱정하지 않아도 된다. 그런 느낌이 든다면, 오히려 제대로 가고 있다는 신호다.

'나 자신의 좋은 점' 알아차리고 이름 붙이기

공책이나 휴대폰 메모장에 나에 대해 긍정적으로 느끼는 점 세 가지를 적어 보자. 그중에서 가장 자랑스럽게 느껴지는 한 가지를 떠올리며, 그 자부심이 몸 안에서 어떻게 느껴지는지 살펴보자. 몸 안에서 어떤 일이 일어나는가?

A. 자부심이 느껴진다. 그 감각은 몸의 어느 부위에서 느껴지는가?

B. 내 안에서 어떤 부분이 자부심을 거부하고 밀어내는 느낌이 든다. 내 안에서 자부심을 막고 있는 그 부분에게, 자부심을 느끼면 무슨 일이 일어날까 봐 두려운지 물어보자.

C. 아직 잘 모르겠다.(괜찮다. 이런 연습은 시간과 반복이 필요하다.)

'아이의 좋은 점' 알아차리고 이름 붙이기

공책이나 휴대폰 메모장에 아이에 대해 긍정적으로 느끼는 점 세 가지를 적어 보자. 그중에서 가장 자랑스럽게 느껴지는 한 가지를 떠올리며, 그 자부심이 몸 안에서 어떻게 느껴지는지 살펴보자. 몸 안에서 어떤 일이 일어나는가?

A. 자부심이 느껴진다. 그 감각은 몸의 어느 부위에서 느껴지는가?

B. 내 안에서 어떤 부분이 자부심을 거부하고 밀어내는 느낌이 든다. 내 안에서 자부심을 막고 있는 그 부분에게, 자부심을 느끼면 무슨 일이 일어날까 봐 두려운지 물어보자.

C. 아직 잘 모르겠다.(괜찮다. 시도해 본 것만으로도 충분하다. 계속 연습해 보자.)

자부심 허용하기: 칭찬을 받아들이는 연습

1. 다음은 우리가 당신에게 전하고 싶은 말이다. 다음 문장을 천천히 읽으면서, 몸에서 어떤 감각이 올라오는지 알아차려 보자.
   "이 책을 읽고 있다는 사실만으로도 당신은 이미 정말 훌륭한 일을 해내고 있습니다. 대부분의 사람이 평생 하지 않는 일이죠. 당신은 용기와 호기심을 보여 줬고, 낯설고 어려운 개념을 배우려는 의지도 보여 줬습니다. 우리는 당신이 정말 자랑스럽습니다. 당신도 자신을 자랑스럽게 느끼면 좋겠습니다."

2. 우리의 말이 진심이라고 믿을 수 있겠는가? (정말 진심으로 한 말이다!)

3. 그렇다면, 이 말이 당신 안에서 어떤 감정과 신체 감각을 불러일으키는지 느껴 보자. 몸 전체를 천천히 살피며 감정과 감각을 살펴보자. 지금 알아차린 신체 감각 중 두 가지를 말로 표현해 볼 수 있는가?

4. 여전히 작동하고 있는 방어 반응이 있는가? 작동하는 방어 반응이 있다면, 그것을 감정을 보호하려는 반응으로 인정해 주자.

5. 어떤 방어가 당신의 감정이나 감각을 막고 있다는 느낌이 든다면, 그 방어에게 잠시만 한 걸음 물러나 달라고 부탁해 보자. 그러면 그 아래에 어떤 감정과 감각이 있는지 살펴볼 수 있다.

다시 확장 감정을 느낄 수 있게 된 재스민

재스민은 매우 우울한 상태로 내(줄리) 상담실을 찾았다. 그녀는 자신이 기쁨을 거의 느끼지 못한다고 말했다. 그래서 우리는 상담 시간마다 '기쁨 탐정'이 되기로 했다. 나는 재스민에게서 아주 작은 기쁨의 신호라도 놓치지 않으려 애썼다. 그녀의 입꼬리가 살짝 올라가는 희미한 미소, 눈동자에 잠깐 스치는 빛, 몸에서 느껴지는 에너지의 미세한 변화, 혹은 이야기 속에 숨겨져 있는 기쁨의 단서까지도 말이다.

그러던 어느 날, 내가 농담 하나를 던졌다. 그 순간, 재스민에게서 작은 웃음이 터져 나왔다. 그녀가 웃는 모습을 보며 나도 함께 웃었다. 나는 그 순간을 놓치지 않고 이렇게 물었다.

"재스민, 당신이 웃는 모습을 보니 나도 미소가 절로 나와요. 이 순간을 잠시 함께 느껴 볼 수 있을까요? 지금 나와 함께 웃고 미소 짓고 있는 동안, 당신 몸 안에서는 어떤 감각이 느껴지나요?"

"따뜻함이 느껴져요."

재스민이 대답했다.

"몸의 어느 부분에서 따뜻함이 느껴지나요?"

나는 그녀가 이 감정에 가능한 한 오래 머물며 기쁨이 지닌 긍정적인 효과를 충분히 누리길 바랐다.

"배 윗부분에서 느껴지는 것 같아요."

"그럼 지금 느껴지는 배 윗부분의 따뜻함과 함께 딱 10초만 그대로 머물러 볼 수 있을까요? 다른 건 아무것도 하지 않아도 돼요. 따뜻함을 알아차리고 그 감각과 함께 머물기만 하면 돼요."

약 10초가 흐른 뒤, 나는 다시 물었다.

"지금은 어떤가요?"

"따뜻함이 조금씩 퍼지는 것 같아요."

재스민이 말했다.

"따뜻함이 어떻게 퍼지는지 손으로 브여 줄 수 있나요?"

나는 그녀가 몸 안의 기쁨과 함께 머무는 시간이 단 몇 초라도 늘어나면, 그 감정이 더 깊이 스며들어 나중에 다시 느끼기가 훨씬 쉬워진다는 것을 알고 있었기에 이렇게 물었다.

"이렇게요⋯."

그녀는 배 주변에서 위쪽으로 그리그 바깥쪽으로 퍼져나가는 듯한 손짓을 하며 대답했다.

"그걸 알아차리니 어떤 느낌이 드나요?"

내가 물었다.

"기분이 좋아요. 그런데⋯ 이 감정이 곧 사라질까 봐 두려워요."

"두려워하는 마음에게, 우리가 그 마음을 알아차리고 있다는 걸 알려 줄 수 있을까요? 그리고 우리가 따뜻함을 조금만 더 느낄 수 있도록, 잠시만 한 걸음 물러나 달라고 부탁해 볼 수 있을까요?"

재스민과 나는 그녀에게 불안이 올라오고 있다는 것을 알아차렸다. 사람들은 긍정적이지만 낯설고 새로운 상태로 들어설 때, 불안을 경험한다. 하지만 불안을 느낀다고 해서 기쁨을 느끼는 과정을 중단할 필요는 없다. 이 불안은 그저 재스민이 지금 이 순간, 자신이 감당할 수 있는 한계에 점점 가까워지고 있다는 사실을 알려주는 신호였다.

우리는 잠시 멈춰 방금 함께 경험한 새로운 감각을 돌아보는 시간을 가졌다. 재스민의 몸과 마음이 진정된 뒤, 우리는 다시 그녀의 몸 안에 남아 있는 기쁨의 따뜻함을 알아차려 봤다.

우리가 깊은 복식 호흡을 하며 주의를 집중해 감정의 흐름을 유지하고, 기쁨의 감각이 몸 전체로 퍼져나가도록 허용하겠다는 의지를 가질 때, 이 감정을 지금 이 순간뿐 아니라 앞으로도 느낄 수 있는 힘을 키워 나갈 수 있다. 헬스장에서 같은 동작을 반복하면서 근육을 조금씩 키우듯, 기쁨의 감각에 머무는 경험을 반복할수록 기쁨을 느끼는 힘도 점차 자라난다.

열린 마음 양육과 진정한 자아

우리의 진정한 자아가 열린 마음 상태에 있을 때, 비로소 가장 나다운 모습으로 존재할 수 있다. 열린 마음 상태에서는 생기와 진실함, 에너지, 주체성이 두드러진다. 또 자신의 감정을 인정하고 효과적으로 다룰 수 있으며, 어떤 문제에 직면했을 때 아이의 건강과 행복을 염두에 둔 결정을 내릴 수 있다.

열린 마음 상태에서는 신경계가 차분히 안정된다. 내 감정을 알아차리면서도 동시에 아이의 마음을 살필 수 있다. 반사적으로 반응하기보다 신중하게 대응하고, 비판하기보다 부드러움을 유지하며, 단절되기보다 깊이 연결된 상태로 머물 수 있다. 열린 마음 상태에서 우리는 정서적으로도 심리적으로도 온전히 성장하고 번영할 수 있다.

열린 마음을 지닌 부모는 아이가 감정을 억누르거나 회피하는 대신, 열린 마음으로 그 감정과 마주하고 친구가 될 수 있도록 이끈다. 이러한 경험은 아이의 정서적 회복력에 중요한 밑바탕이 된다.

물론 우리는 완벽한 부모가 될 수 없고, 앞으로도 완벽해지지 않을 것이다. 어떤 날은 완벽한 부모에 한참 못 미칠 때도 있다. 하지만 이제 당신은 변화의 삼각형이라는 길잡이를 활용해 언제든 진정한 자아의 열린 마음 상태로 돌아와 평온함, 유대감, 호기심, 연민이라는 네 가지 역량에 다시 닿을 수 있다.

중요한 것은 열린 마음 상태에 가능한 한 더 오래 머무는 것이며, 방향을 잃고 열린 마음 상태에서 잠시 벗어나더라도 다시 이 자리로 돌아오는 것이다. 성장의 단계와 과정은 사람마다 다르다. 변하겠다고 마음먹는 것만으로도 이미 변화는 시작된 것이다.

앞서 열린 마음 양육을 실천하는 부모들의 사례를 다양하게 살펴봤지만, 여기에서 몇 가지 사례를 추가로 소개하고자 한다.

멜리사는 늘 비판적인 태도를 보였다. 그녀는 "그만 좀 울어! 더는 못 참겠어!", "너한테 정말 실망했어!"와 같은 거친 말을 내뱉을 때마다 마음속 긴장이 잠시나마 풀리는 느낌을 받았다. 그러나 그런 말들이 자신의 긴장은 순간적으로 해소해 주지만, 주변 사람들에게는 깊은 상처를 남긴다는 사실을 깨닫고 변하기로 결심했다.

피터는 사실 아이가 어느 대학에 지원할지 결정하는 데 관여하고 싶었다. 하지만 그는 평온함과 유대감, 호기심, 연민이 충만한 열린 마음 상태로 돌아가, 자신의 말이 미칠 영향을 곰곰이 생각한 끝에 의견을 말하지 않기로 했다. 부모라고 해서 아이에게 무엇이 가장 좋은지 알고 있다고 장담할 수는 없다. 그는 '부모의 조언은 적을수록 더 낫다.'라는 말을 되새기며, 조용히 물러나 아이가 담임 선생님과 함께 결정하도록 했다. 피터는 이 과정을 아이가 스스로 주도하길 바랐다.

바버라는 머리가 아픈데 아이들이 시끄럽게 굴자 소리를 지르고 싶어졌다. 그러나 잠시 숨을 고르며, 직장에서 상사에게 받은 스트레스가 아이들의 잘못은 아니라는 사실을 알아차렸다. 그녀는 마음을 다잡고 아이들에게 화풀이를 하지 않으려고 애썼다. 그리고 남편에게 아이들을 공원에 데려가 달라고 부탁한 뒤, 자신은 방으로 들어가 잠시 누워 쉬었다. 약 30분쯤 지나자, 그녀는 한결 개운해졌고 다시 아이들과 긍정적으로 소통할 수 있었다.

· 나 되돌아보기 ·

1. 당신이 가장 나다웠다고 느꼈던 순간을 떠올려 보자.
2. 그때 어떤 감정을 느꼈는지 차분히 돌아보자.
3. 변화의 삼각형과 평온함, 유대감, 호기심, 연민이라는 길잡이가 당신이 더 편안한 마음으로 양육하는 데 어떻게 도움을 줄 수 있을지 생각해 보자.

위 사례의 세 부모는 모두 변화의 삼각형과 평온함, 유대감, 호기심, 연민을 길잡이 삼아, 열린 마음 상태의 진정한 자아로 돌아가고자 하는 분명한 의지를 보였다.

진정성은 우리가 가장 나다운 모습으르, 소중히 여기는 가치와 신념에 따라 행동할 때 자연스럽게 드러난다. 이것이 바로 열린 마음 상태의 핵심이다.

열린 마음 양육을 실천할 때, 다음과 같은 태도를 자연스럽게 기를 수 있다.

- **자기 이해 넓히기**: 부정이나 회피와 같은 방어를 사용해 감정을 억누르지 않고, 생각과 감정, 동기를 있는 그대로 알아차릴 수 있다.
- **실수 인정하기**: 자기 감정에 이름을 붙이고 받아들이며, 양육 과정에서 일어나는 실수 또한 솔직하게 인정할 수 있다. 그 과정에서 아이나 다른 가족을 불편하게 하거나 화나게 할 위험이 있더라도 진실을 외면하지 않는다.
- **자기 욕구 솔직히 말하기**: 자기 돌봄이 필요하거나 관계에서 선 긋기를 해야 할 때, 자신의 기대와 욕구, 필요를 억누르지 않고 자기 자신과 아이에게 솔직하게 말할 수 있다.

진정한 자아로 돌아가려면 우리 몸과 마음에서 어떤 일이 일어나고 있는지 알아차릴 수 있어야 한다. 우리가 내면에서 올라오는 감정을 두려워하면, 마음속에서 일어나는 일을 애써 외면하게 된다. 그러는 사이 내가 어떤 사람인지, 아이를 키우며 지키고 싶은 가치가 무엇인지에 대한 감각도 점점 흐려진다.

우리가 가장 나다운 모습으로 존재할 때, 평온함, 유대감, 호기심, 연민의 네 가지 역량은 시냇물처럼 자연스럽게 흐른다. 우리는 나 자신과 아이 모두와 연결되고, '왜 그럴까?'라는 질문의 늪에 빠져 헤매기보다, 호기심을 불러일으키는 '무엇이 일어나고 있을까?'라는 질문을 던질 수 있다. 열린 마음 상태에서는 힘든 상황에서도 차분함을 잃지 않고, 나 자신과 아이에게 연민을 건넬 수 있다. 또 이 상태에서는 나와 아이의 마음을 동시에 살필 수 있고, 욱해서 말하거나 행동하기보다 한 박자 쉬어가며 어떤 말과 행동이 더 나을지 선택할 수 있다.

다음 질문을 스스로에게 던져 보자.

- 지금 마음이 평온한가?
- 아이와 긍정적으로 연결돼 있다고 느끼는가?
- 나의 마음과 아이의 마음을 모두 살피고 있는가?
- 나 자신과 아이 모두에게 연민을 느끼고 있는가?
- 지금 이 순간, 호기심을 가질 수 있는가? 즉각적으로 인식하는 것보다, 감정적으로 더 많은 일이 내 안에서 일어나고 있을지도 모른다는 가능성을 받아들일 수 있는가?

열린 마음 양육의 여정을 이어 가며

우리는 변화의 삼각형을 실천하며 진정한 자아로 살아가는 법을 계속 배워 갈 것이다. 이는 단기간에 끝나는 일이 아니라, 평생 이어지는 과정이다. 이 여정에서 변화의 삼각형은 언제나 가야 할 방향을 가리키는 북극성이 돼 줄 것이다. 이 길잡이와 함께라면 당신의 내면 깊은 곳에 이미 존재하는 열린 마음을 지닌 부모의 모습에 조금씩 더 다가갈 수 있다.

완벽한 부모가 되려고 노력할 필요는 없다. 그저 열린 마음 양육을 시도해 보려는 마음과 하루에 단 몇 분의 시간만 있으면 충분하다. 열린 마음 양육을 연습하는 방법은 깊은 복식 호흡 한 번일 수도 있고, 그 호흡이 몸에 어떤 느낌을 남겼는지 알아차리는 일일 수도 있다(머리끝부터 발끝까지 몸을 천천히 살피며 몸의 감각을 느끼는 것을 잊지 말자). 혹은 잠시 멈춰 자신의 감정에 이름을 붙이고 인정하는 일일 수도 있고, 이 책에 소개한 '나 되돌아보기' 연습 중 하나를 실행해 보는 것일 수도 있다. 어떤 연습을 선택하든 그 자체로 충분히 의미가 있다.

양육은 끝이 없는 여정이다. 이 여정에서 앞으로 닥쳐올 어려움을 모두 통제할 수는 없지만, 우리는 자신의 감정을 연민과 다뜻함으로 마주하고, 아이들 역시 그렇게 하도록 가르칠 수는 있다. 이것만으로도 충분히 큰 힘이 된다.

이 책을 끝까지 읽어 낸 당신에게 진심으로 축하를 보낸다. 이제 당신은 자신의 방어를 알아차리고, 수치심과 죄책감, 불안을 헤쳐 나가는 데 도움을 줄 길잡이를 갖췄다. 또 자신의 핵심 감정에 이름을 붙이고, 아이들 역시 그렇게 할 수 있도록 도울 수 있다.

이 책의 각 장이 당신에게 언제든 기댈 수 있는 믿음직한 친구가 되기를 바란다. 필요할 때마다, 언제든 다시 펼쳐 보길 바란다. 당신이 참으로 자랑스럽다!

감사의 글

힐러리의 감사 인사

이 책의 공동 저자인 줄리 프라가Juli Fraga에게 최고의 글쓰기 파트너가
돼 줘서 진심으로 고맙다는 말을 전하고 싶다. 또 나의 수많은 아이디어
와 프로젝트를 늘 지지해 준 에이전트 리차드 애버트Richard Abate에게 깊
이 감사드린다. 아울러 이 책의 가치를 믿고 끝까지 함께해 준 편집자 로
라 애퍼슨Laura Apperson에게도 감사의 마음을 전한다.

　속성경험적 역동심리치료AEDP(이하 AEDP)를 개발한 다이애나 포샤Diana
Fosha의 천재성에 경의를 표한다. 그리고 진정한 모습으로 현재에 머무르
는 법을 가르쳐 준, 최고의 AEDP 수련감독 벤 립튼Ben Lipton에게도 깊은
감사를 전한다. 늘 힘이 돼준 AEDP 동료들, 특히 항상 변함없는 지지를
보내준 나타샤 프렌Natasha Prenn에게 고마움을 전한다. 또 변화의 삼각형

에서 평온함, 유대감, 호기심, 연민을 활용하는 것을 흔쾌히 허락해 준, 내면가족체계Internal Family Systems , IFS 치료 개발자 리처드 슈워츠Richard Schwartz에게 진심으로 감사드린다.

초고를 읽고 피드백을 해 준 아만다 울프Amanda Wolf, 존 헨델Jon Hendel, 앤 허쉬Ann Hirsch, 로리 스펙터Laurie Spector, 사만다 코트Samantha Cote에게 감사드린다. 언제나 따뜻한 격려를 아끼지 않은 모니카 호지스Monica Hodges와 루시 레러Lucy Lehrer에게도 고마운 마음을 전한다.

내 삶 전반에 걸쳐 양육에 관한 지혜를 나눠 준 여동생 아만다 울프에게 깊은 감사를 전한다. 내 아이들의 아버지인 제프 캐플런Jef Kaplan에게도 진심으로 감사를 전한다. 그는 훌륭한 공동 양육자로 함께해 줬고, 나의 불안이 아이들 양육에 어떤 영향을 미치는지 깨닫도록 도와줬으며, 힘든 시기마다 이를 헤쳐 나가도록 곁에서 힘이 돼 줬다. 나의 남편 존 헨델에게도 마음 깊이 감사드린다. 그는 20년이 넘는 긴 세월 동안 나의 든든한 버팀목이 돼 줬고, 내가 아이들과 더 깊이 연결될 수 있도록 사랑으로 이끌어 줬다. 우리가 두 가족을 하나의 따뜻한 공동체로 만드는 것도, 이 책을 완성하는 것도 그의 지지와 격려가 없었다면 불가능했을 것이다.

나의 내담자들에게 그들의 치유 여정에 동행할 수 있도록 허락해 줘서 깊이 감사드린다. 마지막으로, 언제나 차분함 속에서 호기심과 연민으로 깊이 공감해 준 어머니 게일 제이콥스Gail Jacobs에게 진심 어린 감사를 전한다.

줄리의 감사 인사

그동안 나에게 영감을 줬던 수많은 동료와 멘토, 심리치료사들에게 깊은 감사를 전한다. 특히 멜리사 휘포Melissa Whippo와 AEDP 연구소AEDP Institute, UCSF(미국 샌프란시스코의 최상위권 의학·보건 연구 대학 – 옮긴이), PINC(산후·주산기 정신건강을 전문으로 다루는 임상·교육 프로그램 – 옮긴이), 웬디 데이비스Wendy Davis와 미국 산후지원협회Postpartum Support International, PSI, 조이 버크하드Joy Burkhard, 캐런 클라이먼Karen Kleiman, 메그 얼스Meg Earls, 리 래더Lee Rather, 던 파버Dawn Farber, 낸시 바르다케Nancy Bardacke, 케이시 베이린Kasey Balin, 수잔나 로Susana Lowe, 셰릴 G 지글러Sheryl Gonzalez-Ziegler, 게일 로커드Gail Lockard, 패티 로즈브로우Patty Rosbrow에게 감사드린다.

이 책에 대해 소중한 피드백을 해 준 코니 장Connie Chang, 안나 골드파브Anna Goldfarb, 크리스틴 웡Kristin Worg, 제니 타이츠Jenny Taitz, 게일 콘월Gail Cornwall, 칼라 나움버그Carla Naumburg에게도 감사의 뜻을 전한다. 그리고 프로필 사진을 찍어 준 나의 가장 친한 친구 코트니 랭Courtenay Lange에게 진심을 담아 감사를 전한다.

나와 이 책을 믿어 준 에이전트 로라 메이저Laura Mazer에게 진심으로 고마움을 전한다. 그 고마움은 평생 잊지 못할 것이다. 그리고 알코브 프레스Alcove Press의 모든 팀원, 특히 훌륭한 편집자 로라 애퍼슨에게 깊은 감사의 마음을 전한다.

힐러리 제이콥스 헨델Hilary Jacobs Hendel에게도 진심으로 감사드린다. 그녀는 최고의 공동 저자이자 소중한 동료다. 그녀와 함께 이 책을 집필한 경험은 내 인생에서 가장 큰 기쁨 중 하나였다. 그녀를 알게 된 것은 내 인생의 큰 영광이다.

나의 모든 내담자에게도 감사의 마음을 전한다. 그들과의 상담 과정은 언제나 나에게 깊은 영감을 줬다. 나의 또 다른 가족이 돼 준 친구들에게도 마음 깊이 감사드린다. 마지막으로, 끝없는 사랑과 지지, 격려를 보내 준 가족들에게 고마움을 전한다. 특히 스티븐과 루시에게 깊은 사랑과 고마움을 전한다.

마음이 단단한 부모가 아이를 지킨다

초판 1쇄 인쇄 2026년 2월 19일
초판 1쇄 발행 2026년 2월 27일

지 은 이 | 힐러리 제이콥스 헨델·줄리 프라가
옮 긴 이 | 정윤희

펴 낸 이 | 심정섭
편 집 장 | 정효진
책임편집 | 이지은
디 자 인 | 오성민
마 케 팅 | 김호현 신재철
제   작 | 정수호

펴 낸 곳 | (주)서울문화사
등 록 일 | 1988년 12월 16일 | 등록번호 제2-484호
주   소 | 서울특별시 용산구 한강대로 43길 5
문   의 | 02-791-0757(편집) / 02-791-0708(구입)
메   일 | book@seoulmedia.co.kr

ISBN 979-11-7371-906-6 (03590)